저 별은
어떻게
내가 되었을까

Impact:
How Rocks from Space Led to Life, Culture, and Donkey Kong

Copyright © 2022 by Greg Brennecka
All rights reserved.

Korean translation copyright © 2024 by Woongjin Think Big Co., Ltd.
Korean translation rights arranged with Janklow & Nesbit Associates through
Imprima Korea Agency.

이 책의 한국어판 저작권은 Imprima Korea Agency를 통해 Janklow & Nesbit Associates
와 독점 계약한 ㈜웅진씽크빅에 있습니다.

저작권법에 의해 한국 내에서 보호를 받는 저작물이므로 무단 전재와 무단 복제를 금합니다.

IMPACT

저 별은 어떻게 내가 되었을까

지구, 인간,
문명을 탄생시킨
경이로운 운석의 세계

그레그 브레네카
지음

이충호
옮김

웅진 지식하우스

일러두기
- 단행본은 겹낫표(『』)로, 논문·기사·단편·시·장절 등의 제목은 낫표(「」)로, 신문·잡지 등 정기간행물은 겹격쇠《》, 영화·음악·미술 등 예술 작품의 제목은 홑격쇠〈 〉로 표기했다.
- 본문의 각주는 저자 주이고, 옮긴이 주는 본문 중 괄호 안에 '옮긴이'를 별도로 표기했다.

셀레스트와 할루미와 코스모에게.
그리고 답을 찾으려 노력하고,
참된 자아를 추구하고,
삶을 즐길 줄 알 정도로 충분히 용감한 모든 이에게.

차례

프롤로그 모든 것은 이렇게 시작되었다 9

1장 초기의 중요한 운석 충돌 사건 25
어린 시절의 태양계 | 지구에 일어난 최초의 운석 충돌 | 달을 탄생시킨 충돌이 지구에 미친 결과 | 초기의 운석들이 가져온 물질 | 계속된 달의 도움 | 더 최근에 충돌한 큰 운석들 | 공룡의 죽음 | 대멸종의 결과

2장 초기 인류를 위한 우주 극장 63
역사 속의 초신성 | 역사 속의 혜성

3장 인간과 하늘의 충돌 87
철기 시대 이전의 철 | 고대 이집트 | 메소포타미아의 운석 | 고대 중국 | 오스트레일리아 원주민 | 조로아스터 | 고대 그리스인과 로마인 | 기독교와 우주의 연관성 | 불교 | 운석과 이슬람교 | 살아남은 운석 물질

4장 예언, 공포, 과학의 발전 139
그리스인의 공로 | 혁명적이고 계몽적인 좌절 | 역사적인 낙하 암석들 | 화학의 기여

5장 성공의 요소 181
생명을 구성하는 '복잡한 분자'란 무엇인가? | 복잡한 유기 분자가 지구에서 생겼을 가능성 | 지구의 물은 어디서 왔을까? | 좌회전성과 우회전성 문제 | 복잡한 유기 분자의 기원은 지구 밖 우주? | 하늘에서 떨어지는 물질의 양 | 하늘에서 떨어지는 물질의 구성 성분 | 어떻게 외계 물질에 유기 화합물이 들어 있을까? | 운석에 들어 있는 추가적인 생명의 필수 성분 | 큰 그림

6장 화성에서 온 공짜 표본 215

붉은색 너머의 화성 | 화성 붐 | 오늘날 더욱 가속되는 화성 연구 | 이 운석들이 화성에서 왔다는 걸 어떻게 아는가? | 앨런힐스 84001 이야기 | ALH 84001이 가져온 결과 | 화성의 물 | 표본의 나이를 알아내는 방법 | 표본의 중요성

7장 우주 공간에서 실험실로 253

운석 채집의 냉혹한 현실 | 널라버 평원 | 아타카마 사막 | 오만 | 위대한 사하라 사막 | 암석과 얼음의 노래 | 운석 채집에서 표본 분배까지 | 투손보석광물박람회 | 운석 거래의 결과

8장 운석이 초래하는 피해와 완화 전략 289

여전히 상존하는 위험 | 작은 감자들 그리고 비슷한 크기의 암석들 | 문제가 있음을 깨닫는 것이 첫걸음 | 가능한 완화 전략

9장 오늘날의 운석 연구 309

운석 낙하 추적: 신선한 표본 구조 활동 | 운석과 인류학 | 화성의 생명체? | 유기 분자: 우주에서 어떤 유기 분자들이 왔으며, 그것들은 어떻게 생겨났을까? | 우주 임무: 운석의 기원을 찾아서 | 행성들의 배열: 태양계는 특별한 장소인가? | 태양계 생성: 시작의 방아쇠를 당긴 것은 무엇? | 운석학에는…… 마을 전체가 필요하다

부록 운석 연구의 기초 337

부록1 운석의 분류

부록2 장비 혁명

감사의 말 405

참고 문헌과 추천 자료 408

도판 출처 414

프롤로그

모든 것은
이렇게 시작되었다

우주와 태양계. 지구. 생명. 인류. 종교. 물론 동키콩도 빼놓을 수 없다. 이것들은 그 자체로도 굉장히 매력적인 주제이지만, 모두를 아우르는 공통점이 있는데, 그것은 이 다양한 점들을 연결하는 끈에 해당하는 물리적 실체이다. 100만 명을 무작위로 선택해 이 점들을 연결하는 것이 무엇이라고 생각하느냐고 물었을 때, 선뜻 운석이라고 대답하는 사람은 아마 한 명도 없을 것이다. 하지만 우주에서 날아다니는 암석들은 우리의 물리 세계를 만들고 생명의 존재를 위한 기반을 닦았을 뿐만 아니라, 다양한 무형의 문명 요소에도 막대한 영향을 미쳤다. 운석은 단지 공룡의 멸종을 상기시키는 박물관의 전시품이나 인터넷에서 구매할 수 있는 흥미로운 물품이 아니다. 운석은 지구와 인류를 만들어낸 기원에 해당한다.

우주에서 날아온 암석은 이야기를 만들 뿐만 아니라 이야기를 들려주기까지 한다. 이 과학적 연구 대상은 수십억 년 동안 축적된 정보의 타임캡슐 역할을 하면서 태양계의 탄생을 현재와 연결시킨다. 우리는 우주 전체에 걸친 물리적 환경의 생성과 진화에 대한 지식을 추구하는 과정에서 운석을 다양한 방식으로 활용한다. 운석은 그런 환경이 생겨나던 당시의 상황을 들여다보게 해주는 유일한 창인 경우가 많다.

어떤 사람들에게는 운석이 멋진 장식품으로 보일 수 있지만, 어떤 사람들에게는 치명적인 공포의 대상으로 비칠 수 있다. 운석은 문을 괴어두기에 적당한 돌이 될 수도 있는 반면, 과거를 연구하는 데 놀라운 단서를 제공하는 과학적 도구가 될 수도 있다. 이 책에서는 운석이 우리 행성(탄생한 이후부터 현재에 이르기까지)에 어떤 영향을 미쳤으며, 우리가 과학적 연구를 통해 우리의 물리적 환경에 대해 어떤 것들을 알아냈는지 살펴볼 것이다.

시간과 공간의 시작

뒤뜰에서 직접 보건, 허블우주망원경처럼 환상적인 망원경으로 촬영한 이미지를 보건, 망원경으로 우주를 바라볼 때, 우리는 사실상 과거로 시간 여행을 떠난다. 100만 광년 거리에 있는 천체에 망원경의 초점을 맞추었을 때, 우리 눈에 들어오는 빛은 실제로는 그곳에서 100만 년 전에 출발한 것이다. 이해하기 쉽게 인간의 시간 척도로 바꿔 비유한다면, 이것은 2015년 월드 시리즈를 이제서야

눈앞에서 처음 보는 것과 비슷하다. 우주는 아주 오랜 시간 동안 계속 팽창했으므로, 시간상으로나 공간상으로나 우리에게서 아주 멀리 떨어진 물체들이 있다. 그 덕분에 천문학자들은 수십억 년 전에 존재한 물체들을 수많이 볼 수 있고, 이를 통해 은하와 행성계가 어떻게 생겨나고 진화했는지 실마리를 찾을 수 있다. 모든 것이 시작된 시점—137억 년 전에 일어난 '빅뱅'—을 들여다보려면, 망원경과 입자물리학, 그리고 많은 수학 계산을 결합한 노력이 필요하다. 그때의 우주는 지금과는 아주 달랐다. 무엇보다도 우주에 존재한 원소는 몇 가지밖에 없었다. 그중 대부분은 수소와 헬륨이었고, 리튬과 베릴륨이 극소량 존재했다. 그게 다였다. 알루미늄도 철도 네온도 아인슈타이늄도 없었다. 상당히 오랫동안 우주는 양성자와 중성자, 전자로 이루어진 뜨거운 구름이 계속 팽창하는 상태에 머물러 있었다. 그러다가 얼마 후 초기의 별 내부에서 핵융합이 일어나기 시작했다. 핵융합은 기본적으로 수소와 헬륨 같은 가벼운 원소들이 결합해 더 무거운 원소가 만들어지는 과정인데, 이 과정은 오랜 시간이 지나는 동안 차례로 다음 단계로 옮겨가면서 더 무거운 원소들을 만들어냈다. 그리고 탄생한 별들은 결국 죽기 시작했다.•

• 별의 수명을 좌우하는 주요인은 크기이다. 별은 클수록 수명이 짧다. 큰 별은 연료가 많지만, 연료를 아주 빨리 소모한다. 작은 별은 큰 별만큼 밝게 빛나거나 뜨겁지 않지만, 연료를 천천히 태우기 때문에 훨씬 오랫동안 존재할 수 있다.

생애의 막바지에 이른 별은 속에 있던 물질을 여러 방식으로 우주 공간에 토해내는데, 이 물질은 다음 세대의 별들이 약간 더 무거운 출발점에서 같은 과정을 반복하는 씨앗 물질(철이나 네온처럼 더 무거운 원소들)이 된다. PBS에서 방영한 〈코스모스 Cosmos〉에서 칼 세이건 Carl Sagan은 이것을 다음과 같이 묘사했다.

> 우주는 우리 안에도 있습니다.
> 우리는 별의 물질로 만들어졌습니다.

어떤 사람들에게는 이 유명한 구절이 자주 듣던 비유처럼 들리겠지만, 여러분이 이 말을 이전에 많이 들었건 처음 듣건 간에 이 구절에는 많은 의미가 함축돼 있다. 아주 단순해 보이는 이 구절은 우주의 본질을 꿰뚫고 있다. 그것은 바로 우주는 거대한 규모의 재활용이 일어나는 장소라는 사실이다.

우리가 이 놀라운 재활용 과정에 대해 많은 것을 알아낼 수 있었던 주된 이유는 망원경을 사용해 시간을 거슬러 먼 과거의 다른 행성계들을 볼 수 있었기 때문이다. 하지만 좀 더 국지적인 범위, 즉 우리 자신의 행성계가 어떻게 탄생하고 진화했는지에 관심이 있는 사람들에게는 불행하게도, 우리는 현재의 재활용 과정에만 접근할 수 있다. 우리는 폭발한 별들의 잔해에서 태양계가 태어났다는 사실을 알고 있다. 태양과 행성, 혜성, 운석, 지미 팰런 Jimmy Fallon(미국의

TV 쇼 진행자, 희극인, 배우)을 비롯해 태양계의 모든 것은 이전 세대에 존재했던 행성계들의 잔해에서 만들어졌다. 이와 같이 특정 원자 입자들이 조립되는 과정은 우주의 역사에서 반복적으로 일어났는데, 태양계의 탄생은 가장 최근에 일어난 조립 과정이었다. 그런데 우리는 태양계와 비슷한 행성계들의 초기 단계를 어떻게 알까? 태양에서 출발한 빛은 불과 8분 20초 만에 지구에 도착하기 때문에, 45억 년 전에 태양계에서 어떤 일이 일어났는지 알려고 할 때에는 과거를 들여다보는 방법은 별로 도움이 되지 않는다. 다행히 우리에게는 과거로 돌아가 우리 행성계 근방을 볼 수 있는 방법이 있는데, 태양계의 기원에 관한 사건들이 기록된 화석이 남아 있기 때문이다. 그 화석은 다름아닌 운석이다. 태양계가 탄생하고 진화한 과정을 알아내는 데 가장 큰 도움을 준 것이 바로 운석이다.

그렇다면 운석이란 무엇인가?

운석은 생애 중 어느 단계인지에 따라 제각각 다른 이름으로 불린다. 태양 주위의 궤도를 돌 때에는 소행성이라 부르고, 지구 대기권으로 들어와 밝게 빛나면서 하늘을 가로지르는 짧은 순간에는 유성 또는 별똥별이라 부르고, 지구에 도착한 외계 침입자로 땅에 떨어졌을 때에는 운석이라 부른다. 하지만 이것들은 모두 같은 물

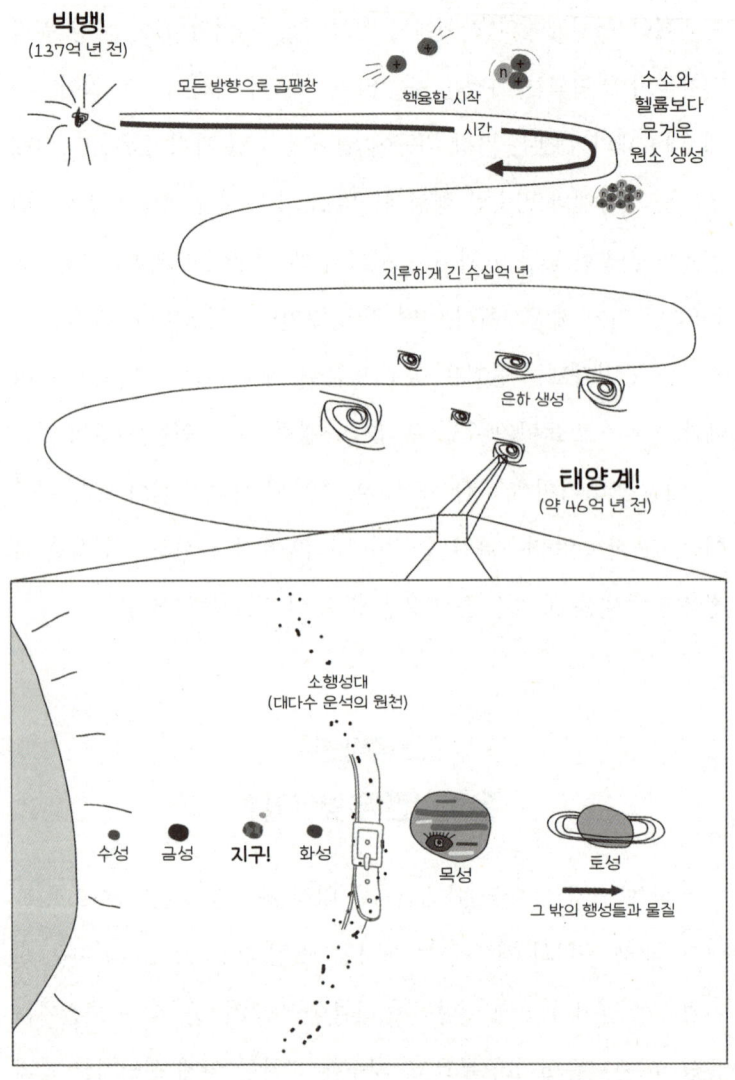

우주의 역사를 간단하게 묘사한 이 그림은 실제 크기 비율대로 나타낸 것이 아니다.
아래의 사각형에 든 그림은 현재 태양계의 상태를 확대한 것이다.

체이고, 존재한 시기에 따라 다른 이름으로 불릴 뿐이다. 그러니까 음악가 프린스Prince와 비슷하다. 그는 미네소타주에서 프린스 로저스 넬슨Prince Rogers Nelson이라는 이름으로 태어났지만, 유명한 세계적 슈퍼스타가 되면서 단순히 '프린스'라는 이름으로 알려졌다. 그러고 나서 발음할 수 없는 사랑의 기호로 이름을 바꾸었는데, 그 무렵에 그는 "이전에 프린스라고 불리던 아티스트"로 널리 알려졌다. 결국에는 기호 이름을 버리고 원래의 이름으로 돌아갔다. 하지만 여러 차례의 개명에도 불구하고, 그는 늘 자주색 옷을 즐겨 입고 다방면에서 뛰어난 재능을 발휘한 아티스트였으며, 거기서 한 치도 벗어난 적이 없었다. 끝내주는 기타 연주와 화려한 무대 존재감만 없을 뿐, 이 점에서는 소행성/유성/운석도 똑같다.

명명법에 관련된 문제를 제쳐놓고 아주 간단히 말하면, 대다수 운석은 초기 태양계에서 행성에 합류하지 못하고 남은 부스러기 물체이다. 이것들은 우주 먼지와 은하 쓰레기가 모여서 생긴 암석 물체인데, 우주 공간을 떠돌다가 우연히 지구 표면에 떨어졌다. 지구에 떨어진 운석 중 대부분은, 화성과 목성 사이의 궤도에서 지구 주위를 도는 암석들이 모여 있는 소행성대에서 온 것으로 추정된다. 소행성대에는 먼지와 작은 돌, 원시 태양계 물질로 이루어진 큰 암석 덩어리, 이전의 행성이 부서지면서 생긴 파편, 그리고 충분히 크게 성장하지 못해 다소 비하하는 듯한 이름이 붙은 '미행성체'를 비롯해 다양한 물체가 존재한다.

현재 소행성대를 이루고 있는 우주 암석들은 주로 목성과 태양*의 중력 상호 작용 때문에 비교적 안정적인 궤도를 유지하고 있지만, 가끔 서로 충돌한다. 이런 충돌이 일어날 때, 거기서 떨어져 나온 파편들이 안정적인 궤도에서 이탈할 수 있다. 태양계에서 어떤 물체가 안정적인 궤도에서 벗어나면, 주변 지역에서 중력이 가장 강한 곳으로 끌려가는데, 그곳은 대개 태양이다. 지구는 소행성대와 태양 사이에 위치하기 때문에, 태양을 향해 끌려가는 물체의 진행 경로에 가끔 놓일 수가 있는데, 그렇게 해서 큰 충돌이 일어나면 대멸종이 닥칠 수 있다. 하지만 충돌체는 기념품으로 삼기에 딱 좋을 만한 크기의 우주 암석에 그칠 가능성이 훨씬 높다. 충돌의 결과는 충돌하는 물체의 크기에 달려 있다.

멸종을 초래할 만한 크기가 아니라면, 운석은 우리에게 아주 소중한 보물이 될 수 있다. 먼 옛날에 생긴 이 암석은 아주 오랜 시간 동안 아무것도 하지 않고 우주 공간을 떠다녔지만, 먼 과거의 정보를 담고 있으며, 오랜 시간이 지났는데도 큰 변화를 겪지 않았다. 즉, 수십억 년의 시간이 지났는데도 과거의 모습을 그대로 간직하고 있는 것이다. 이렇게 놀랍도록 긴 시간이 지나는 동안 공간에서 일어난 사건이 상대적으로 빈약했기 때문에, 운석에는 아주 오래전

---

* 토성과 그 밖의 거대 기체 행성도 영향을 미치지만, 영향력의 크기는 스모 시합처럼 질량과 위치에 크게 좌우된다.

에 이 암석이 생성될 무렵에 주변에서 일어난 사건들을 보여주는 스냅 사진이 담겨 있다. 기본적으로 이것은 과거를 들여다보는 또 하나의 방법인데, 망원경 대신에 물리적 표본의 도움으로 그렇게 한다는 점이 다를 뿐이다.

우주 법의학

운석에 관한 정보를 연구하고 전파하는 유일한 국제 학회인 운석학회는 회원 수가 1000명이 채 안 된다. 지난 수십 년 동안 그 수는 꾸준히 증가하긴 했지만, 여기에는 은퇴자와 파트타임 연구자, 대학원생도 포함돼 있다. 그래서 온 시간을 연구에 투입할 수 있는 전문 운석 연구자는 전 세계를 통틀어 100여 명에 불과할 것이다. 이것은 결코 많은 수가 아닌데, 많은 문제에서 균형감 있는 관점을 원할 때 플로리다주를 보는 것이 유익할 때가 많으니 우리도 그렇게 해보자. 플로리다주의 한 지역에는 200여 명의 사람들이 순전히 악어 사육에 의존해 살아가고 있다. 그렇다면 생각해보라. 운석은 최고 포식자 수백 종을 순식간에 멸종시키고 전 세계를 오랫동안 어둠 속으로 몰아넣은 적이 여러 차례 있었다. 우리 인간도 우주에서 날아온 큰 암석 때문에 멸종의 불운을 맞이힐 수 있다. 하시만 현재 전 세계에서 운석을 연구하는 사람들의 수보다 미국의 한 주에서 악어를 사육하면서 살아가는 길을 선택한 사람들의 수가 더 많다. 내가 파충류를 재료로 한 기묘한 상품에 특별히 반대하는 것은 아니다. 단지 대다수 사람들이 두려워하는 동물을 적극적으로 사육하는 사람의 수가 대다수 사람들이 흥미를 느끼는 다른 행성들의 표본을 연구하는 사람의 수보다 많다는 사실을 지적하고 싶을 뿐이다. 만약 이것이 운석에 관한 대중 과학 책을 쓰려는 진지한 동기가 될 수 없다면, 어떤 것이 그런 동기가 될 수 있을지 궁금하다.

나는 운석 연구를 '우주 법의학'과 같다고 생각하길 좋아한다. 운석은 범행 장면(태양계 생성이라는)의 목격자이고, 운석을 연구하는 사람들의 목표는 이 목격자를 심문함으로써 알고 있는 정보를 털어놓게 하는 것이다. 그리고 우리의 심문 기술은 운석을 작은 조각들로 자르고, 다양한 부분을 산으로 녹이고, 흥미로운 부분에 고속 레이저를 쏘는 방법 등을 포함한다. 그렇기 때문에 어떻게 보면 운석학자는 제임스 본드 영화에 나오는 악당과 비슷하다. 하지만 우리는 어디까지나 과학의 이름으로 운석을 심문할 뿐, 세계 정복에는 털끝만큼도 관심이 없다. 적어도 대다수 운석학자는 그렇다.

좀 기이하게 들릴지 모르지만, 우주 암석을 연구하는 사람들은 기본적이고 매우 중요한 몇 가지 질문에 대한 답을 찾으려고 한다. 아무 운석학자나 붙잡고 왜 이 분야에서 일하는지, 그리고 다음 질문들 전부 또는 일부에 대한 답을 얻길 원하는지 물어보라.

- 태양계는 어떻게 탄생했는가?
- 현재 모습과 같은 태양계가 만들어지기 위해 어떤 사건들이 연속적으로 일어났을까?
- 저 밖의 우주에 태양계와 비슷한 행성계들이 있을까?
- 태양계에서 생명은 어떻게/왜 생겨났을까?
- 우주에서 생명의 발달은 얼마나 독특한 사건인가?

어느 모로 보나 이것들은 큰 질문들이고, 지구에서 호기심 많은 사람들이 품을 만한 질문들이다. 그리고 이 질문들의 답을 찾는(적어도 답에 접근하는) 것은 가능하지만, 오로지 우주과학을 통해서만 그 답을 얻을 수 있는데, 우주과학에서는 운석이 막대한 비중을 차지한다. 운석은 태양과 행성들을 만든 출발 물질의 성분에 대한 단서를 제공한다. 운석에는 특정 과정의 지속 시간이 기록된 시계가 들어 있다. 또한 운석에는 태양이 막 탄생하기 시작했을 당시의 환경 조건을 들여다볼 수 있는 온도계와 그 밖의 흥미로운 것들이 들어 있다. 운석은 행성계가 어떻게 생겨나고 진화하는지 알아내기 위해 동역학자가 만드는 모형에 필요한 '실측 정보'를 제공한다. 운석에는 태양보다 오래된 다이아몬드와 오래전에 폭발한 행성계의 잔해가 포함돼 있고, 심지어 일부 운석에는 놀랍게도 생명이 기본 요소인 아미노산과 상당량의 물도 들어 있다.

운석을 연구하는 이유

뭔가를 아는 것은 멋진 일이고, 아직 발견되지 않은 답을 찾는 것은 흥미진진하고 고상한 노력이지만, 그것 외에 외계의 물체를 연구하는 데에는 여러 실용적인 이유도 있다. 예를 들면, 지구에서는 스마트폰을 만드는 데 필요한 귀금속인 팔라듐이 고갈되고 있다. 채굴되는 팔라듐 중 대부분은 운석에서 유래했는데, 지구가 생성될 때 생겼던 팔라듐은 지금은 모두 핵에 있기 때문이다. 우리는 인내심이 강한 종이 아닐뿐더러 팔라듐 중독에 빠진 우리를 구해주기 위해 금속을 많이 함유한 운석이 더 떨어지길 마냥 기다리고만 있을 수는 없다. 그래서 소행성에서 원자재 채굴 가능성을 조사하기 위한 회사가 다수 설립되었다.

아마도 여러분은 소비 지상주의에 빠진 사람이 아니고 인류의 생존을 더 염려하는 사람일 것이다. 우리의 손으로 파괴되건 외부의 힘으로 파괴되건, 지구는 결국 더 이상 살 수 없는 곳으로 변할 것이다. 왜 지구가 생명이 살기에 적합한 장소인지 이해하려면, 다른 곳에도 생명체 거주가 가능한 장소가 있는지 알기 위해서 태양계의 구성 성분과 조건을 파악할 필요가 있다. 그러려면 운석이 필요하다. 운석에는 최초에 이 모든 것을 시작하게 한 재료 물질을 포함해 태양계 전체의 역사가 기록돼 있다. 제2의 지구를 찾는 데에는 초고성능 망원경과 아주 빠른 우주선, 멋진 우주복도 분명히 필요하다. 하지만 몸에 딱 맞는 베르사체 우주복을 입고 멋진 우주선에 올라타는 것보다 급한 일은 우선 무엇을 찾아야 할지 아는 것이다.

적어도 내게는 이 실용적인 이유들도 충분히 중요하지만, 많은 동료들이 운석을 과학적으로 연구하는 주된 이유는 이전에 알려지지 않은 정보를 발견하는 즐거움 때문이다. 그것은 자극적이고 흥미진진하며, 악어를 사육하는 것보다 훨씬 덜 위험하다.

운석은 우리에게 수많은 과학적 정보를 제공했지만, 그것 외에도 운석이 과학적 연구 대상이 되기까지 겪었던 여정 역시 아주 흥미진진한 역사 이야기이다. 그 이야기의 무대는 인류가 존재한 기간을 거의 다 망라한다. 인간과 운석의 상호 작용은 우리에게 기록하는 능력이 생기기 이전부터 일어났고, 운석은 문명의 요람 지역들에서 중요한 역할을 했다. 고대 메소포타미아와 이집트, 중국 문명은 운석과 흥미로운 상호 작용을 했고, 그 결과는 이들 문명의 발달 과정에 영향을 미쳤다. 운석이 문화의 궤적에 어떤 영향을 미쳤는지 들려주는 방대한 이야기에는 흥미로운 반전이 많고, 한두 번의 유턴, 대단한 인물들, 세상에서 가장 많은 신도를 거느린 일부 종교의 출현, 섬뜩한 황제 살해, 신과 같은 능력을 얻으려고 우주 암석을 먹은 사람들, 심지어 적절한 집을 짓는 방법에 관한 메모도 등장한다. 인류의 역사에서 일어난 인간과 운석의 상호 작용 이야기는 기이하고, 때로는 우스꽝스럽고 실망스러울 때도 많지만, 언제나 재미있다.

  나는 여러분이 이 책을 읽고 나서, 운석이 우주에서 날아와 가끔 생명을 죽이는 암석에 불과한 존재가 아니란 사실에 동의하길 기대한다. 운석은 믿을 수 없을 정도로 중요한 물체로, 지구와 우리의 문화를 만드는 데 결정적 역할을 했다.

1장

초기의 중요한
운석 충돌 사건

우리는 태양계를 예측 가능한 장소라고 생각하는 경향이 있다. 즉, 행성들은 정해진 궤도를 따라 충실하게 태양 주위를 돌고, 위성들도 그와 비슷하게 움직이면서 자신의 행성 친구와 함께 더 작은 규모의 왈츠를 춘다고 생각한다. 가끔 먼 곳에서 온 혜성이 밤하늘에서 밝은 빛을 내뿜으면서 지나가지만, 전체적으로는 중력 덕분에 우주의 질서가 충분히 신뢰할 만한 수준으로 유지된다. 인류가 지구에 출현한 이후의 아주 짧은 시간만 생각한다면, 항상성恒常性을 기반으로 한 이 견해는 현실과 크게 동떨어진 것이 아니다. 하지만 초기의 태양계는 상대적으로 평온한 이 상태와는 반대로 혼돈이 난무하는 세계였다. 행성만 한 크기의 물체들이 생겨났다가 파괴되는가 하면, 강렬한 복사가 곳곳에 넘쳐났고, 온 세상이 혼돈의 아수라장이었다. 하지만 이렇게 행성의 생성과 파괴를 동반한 혼돈 상태로 수천만 년이 지나자, 모든 것이 다소 진정되기 시작했다. 아직 '안정'한 상태라고는 말할 수 없었는데, 언제라도 에베레스트산만 한 악당 소행성이 지구에 충돌하는 사건이 일어나 대륙 크기의 암석이 순식간에 녹으면서 거대한 마그마 바다가 생겨날 수 있었기 때문이다. 하지만 적어도 이런 종류의 사건은 그렇게 자주 일어나진 않았다.

어린 시절의 태양계

태양계에 대해 알아두어야 할 중요한 사실이 한 가지 있는데, 과거의 태양계는 현재와 같은 모습이 전혀 아니었다. 첫째, 태양의 행동이 현재와는 아주 달랐다. 태양 같은 천체는 처음 생겨났을 때, 안정 단계로 접어들기 전에 여러 단계를 거친다. 태양의 경우, 불안정한 이 단계를 '미운 200만 년'이라고 부를 수 있다. 막 태어났을 때 태양은 현재보다 희미했지만, 그 행동은 훨씬 거칠었다. 자전 속도가 더 빨랐던 것이 하나의 원인인데, 그 때문에 태양은 에너지가 넘쳐났다. 빠른 자전과 여분의 에너지 때문에 자기장과 태양풍도 더 강했고, 방출되는 자외선과 X선도 지금보다 수십 배나 강했다. 물론 어린 태양의 상태를 어떻게 그리 잘 아느냐고 물을 수 있다. 그것은 너무나도 오래전에 일어난 일이고, 그때 우리는 그곳에 있지도 않았는데 말이다. 하지만 흥미진진한 천체물리학 분야가 그 답을 제공한다. 밝기와 수명 같은 별의 속성을 좌우하는 주요인은 별의 크기*이다. 우리는 태양의 크기를 알고, 따라서 태양이 태우는 핵연료(대부분 수소와 헬륨)의 양도 알고 있으므로, 그저 라그랑주 합동을 그 역유전율에서 발산하는 점까지 적분하고…… 그것을 가지고…… 수학 계산, 수학 계산, 수학 계산과…… 전문 용어, 전문 용어, 전문 용어……를 거쳐 죽 나아가면, 빙고! 태양의 역사가 드러난다! 이보다 더 나은 방법이 있는데, 저 밖의 우주에 있는 수많은 별들을 바라보면서 비슷한 크기의 별들이 생애의 각 단계에서 어떤 행동을 하는지 관찰하는 것이다. 어쨌든 이 두 가지 방법은 기본적으로 동일한 결과를 내놓는다. 어린 태양은 신경질적이고 다루기 힘든 아이였다.

어린 태양의 행동은 주변을 편하게 하지 않았지만, 어린 태양계에서 성장 중이던 행성들에게는 염려해야 할 더 격렬한 위험들이 있었다. 정말이다. 행성들끼리 서로 다투고 괴롭히는 일이 일어났는데, 안정한 궤도를 보장하는 자리를 놓고 경쟁하면서 충돌하는 사건이 빈번하게 일어났다. 초기의 태양계에는 미행성체와 암석 물체가 오늘날보다 훨씬 많이 널려 있었다. 게다가 많은 행성들의 현재 궤도는 태양계가 탄생한 이래 많은 변화를 겪으며 진화해왔다.** 이러한 행성들의 이동과 그 주변을 떠돌아다닌 많은 물체

• 여러분은 아마 "뭐니뭐니해도 크기가 중요하다." 같은 경구를 내심 기대했겠지만, 그런 것은 너무나도 뻔한 말이기 때문에, 나는 이 각주 외에 별도의 이야기는 하지 않으려고 한다.

1장 | 초기의 중요한 운석 충돌 사건

들 때문에 암석 물체들 간에 수많은 싸움이 일어났고 대부분의 분쟁 당사자들은 행복한 결말을 맞이하지 못했다. 특히 목성과 토성처럼 거대한 행성은 큰 질량과 중력으로 현재 행성들의 궤도를 정하는 데 큰 영향력을 행사했다. 이 거대 기체 행성들이 원시 태양계 원반에서 마침내 각자 안정적인 자리를 잡는 데에는 약 2억 년이 걸렸기 때문에, 그동안 안쪽과 바깥쪽으로 이동하는 과정에서 태양계 내에 떠돌던 물체들의 질서를 크게 뒤흔들었고, 큰 암석 물체들을 가차없이 끌어당기거나 밀어보내면서 서로(혹은 더 높은 확률로는 태양과) 충돌하게 만들었다. 그런 과정이 오래 진행된 끝에 마침내 모든 것이 제자리를 잡게 되었다.

행성들의 이동으로 일어난 혼란이 대충 마무리되자, 그 결과로 암석 행성 4개(수성, 금성, 지구, 화성)와 거대 기체 행성 4개(목성, 토성, 천왕성, 해왕성), 그리고 그 사이에 소행성대가 각자 제자리를 잡게 되었다. 흥미롭게도 다른 행성계의 관측에서 얻은 자료와 비교해 보면, 태양계의 행성 배열은 분명히 일반적이지 않다. 대다수 외계 행성계에서는 태양계와 달리 거대 기체 행성이 중심 별에 더 가까이 위치하고 있다. 작은 암석 행성은 거대 기체 행성보다 발견하기 어렵다는 점을 감안하면, 현재 우리가 알고 있는 외계 행성계들의

  •• 이것은 일반적으로 '그랜드 택Grand Tack' 모형이라고 부른다. 택tack은 배의 침로를 가리키는데, 행성의 경로가 변경된 규모가 아주 크기grand 때문에 이런 이름이 붙었다.

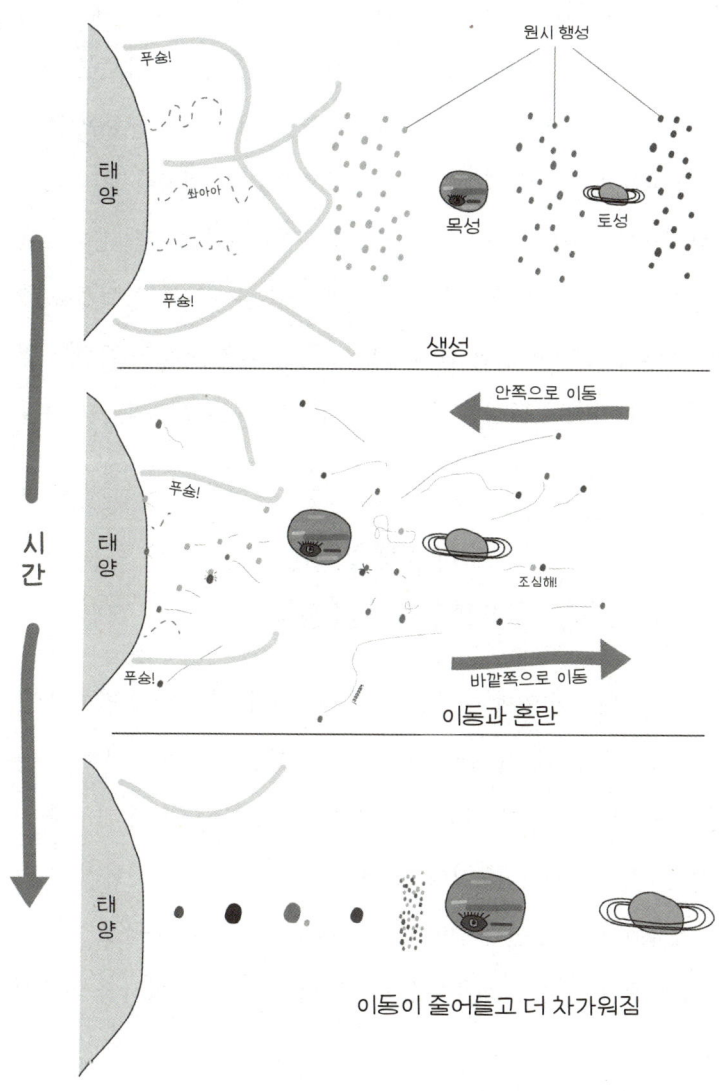

어린 태양의 격렬한 활동과 거대 행성들의 이동은
심각한 수준의 파괴와 혼란을 낳았다.

모습은 왜곡되었을 가능성이 있다. 하지만 현 시점에서 태양계와 우리은하의 다른 행성계들 사이의 일반적인 차이는 실재하는 것으로 보이며, 태양계의 배열이 정말로 특별한 예외일 가능성이 있다. 이 배열은 지금까지 생명이 존재한다고 알려진 행성이 오직 지구밖에 없다는 사실과 중요한 관계가 있을까? 이런 종류의 흥미로운 질문들에 제대로 대답하려면, 암석 행성이 존재하는 행성계를 훨씬 더 많이, 그리고 그와 함께 생명이 사는 다른 행성을 발견할 필요가 있다. 그러니 최대한 빨리 그럴 수 있도록 노력하자.

지구에 일어난
최초의 운석 충돌

지구에 위성이 있다는 사실은 누구나 안다. 거의 매일 밤마다 달은 밤하늘에서 눈길을 끌며 나타나고, 우리는 두어 번 그곳에 가서 골프공을 치고 깃발을 꽂았다. 하지만 왜 그리고 어떻게 지구에 위성이, 그것도 상당히 큰 위성*이 생겼는가라는 질문에 대한 답은 인류 역사에서 얼마 전까지만 해도 알려지지 않았다. 아폴로 계획을 통해 달에서 가져온 암석 표본과 그것을 연구한 과학자들 덕분에

• 위성이 딸린 '진짜' 행성들(명왕성에게는 미안하지만) 중에서 크기 비율로 따질 때 행성과 위성의 크기가 가장 비슷한 것은 지구-달계이다.

우리는 이 질문에 대한 답을 알아냈는데, 결론부터 말하자면, 달은 아주 거대한 운석 때문에 생겨났다.

우리와 운석 사이에 흥미롭고 문화적으로 중요한 관계가 시작되기 훨씬 이전부터 우주 암석들은 지구에 충돌했는데, 그 공격은 사실상 지구가 생겨나는 순간부터 시작되었다. 지표면에는 운석이 충돌하면서 생긴 운석 구덩이가 수백 개나 남아 있는데, 오래된 것은 수십억 년 전까지 거슬러 올라간다. 이 모든 운석 충돌은 국지적인 지질학과 생물학뿐만 아니라, 지구의 진화 과정 전체에도 흥미로운 결과를 낳았다. 하지만 오래전에 일어난 이 운석 충돌 중 가장 중대한 결과를 낳은 것은 지구가 갓난아기에 해당하던 시절, 그러니까 태양계가 탄생하고 나서 1억 5000만 년이 지나기 전에 일어났다. 이 충돌로 생긴 운석 구덩이는 남아 있지 않은데, 그 이유는 역설적이게도 그 충격이 너무나도 컸기 때문이다. 그 충돌로 지구 표면 전체와 맨틀 중 상당 부분이 순식간에 녹았다. 충돌한 물체는 화성만 한 크기의 원시 행성으로, 테이아$_{Theia}$* 라는 이름까지 붙어 있다. 테이아는 갓 태어난 지구와 격렬하게 충돌하면서 지구에 합쳐져 완전히 사라져버렸다. 이 충돌이 일어났을 때, 지구와 테이

• 이 이름은 그리스 신화에 나오는 테이아라는 티탄(거인족)에서 유래했다. 테이아는 달의 여신인 '셀레네'를 낳았는데, 셀레늄이란 원소 이름은 셀레네에서 유래했다. 과학과 종교가 함께 손을 잡고 나란히 걸어온 이런 이야기는 아름답지 않은가?

아의 규산염 성분(맨틀과 지각의 주요 성분) 중 상당 부분이 용융 상태의 지구 표면에서 떨어져 나가 지구 주위에서 준안정 궤도*를 돌게 되었다. 이 충돌에서 떨어져 나간 물질이 결국 한데 뭉쳐 지구에 조석 고정된 달이 되었는데, 그 결과로 약 40억 년 뒤에 우리는 지구보다 밀도가 낮고 상대적으로 아주 큰 이 위성을 경이로운 눈으

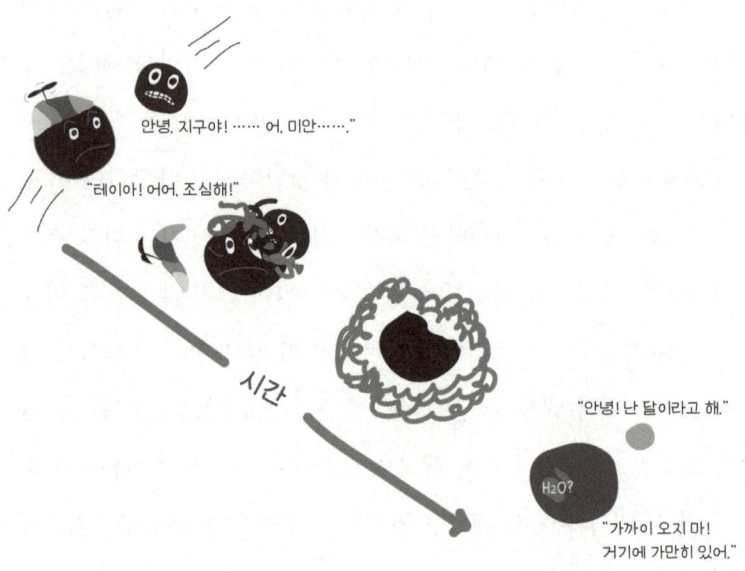

정확한 것은 아니지만, 달의 생성 과정을 대충 묘사한 그림.

- 이 격렬한 충돌의 결과로 떨어져 나간 물질 중 일부는 결국 태양으로 향했지만, 지구 탈출 속도보다 낮은 속도로 튀어 나간 물질은 지구의 중력을 뿌리치지 못하고 다시 지구로 돌아와 합쳐졌을 것이다.

로 바라보게 되었다. 인류 역사를 통해 달은 늘 우리에게 그날 하루 동안 겪은 중요한(혹은 하찮은) 문제를 곱씹으며 바라보기에 편리하고 친근한 대상이었다. 하지만 오늘날 우리는 지구에 생명이, 따라서 인간도 존재하게 된 주요 원인이 지구에 달이 위성으로 딸려 있다는 사실뿐만 아니라, 그 생성 과정에 있다는 사실을 알게 되었다.

달을 탄생시킨 충돌이 지구에 미친 결과

한쪽 방향으로만 전개된 타임라인을 되감아 다른 조건에서 다시 돌릴 수 없는 것처럼, 태양계의 역사에서 X나 Y가 일어나지 않았더라면 어떤 일이 일어났을지 그 결과는 알기 어렵다. 우리는 크고 작은 수많은 사건의 연쇄를 거쳐 현재의 이 상태에 이르렀는데, 각각의 사건은 지구의 전반적인 진화와 그 결과로 생겨난 광범위한 서식지에 나름의 기여를 했다. 하지만 이것만큼은 확실하다. 만약 지구의 역사에서 달의 탄생을 낳은 충돌이 그때 일어나지 않았더라면, 그 후에 지구에서 일어난 일들은 아주 달라졌을 것이다. 물론 초기의 이 극적인 충돌과 그에 따른 고온 살균 사건이 없었더라면, 지구에서 약 10억 년 더 일찍 지능 생명체가 발달하고, 테이아는 그저 호버보드(공중 부양 보드)와 우주여행의 발달을 방해하는 데 그쳤을 가능성도 충분하다. 하지만 지구가 태어난 지 1억 5000만 년이 지나기 전에 테이아가 지구에 충돌해 리셋 버튼을 누르지 않았더라면, 지구에서 생명이 출현해 자리를 잡는 과정이 순탄하게 진행되지 않았을 테고, 그 결과로 태양계에 몰리 맥버터(저칼로리 대체 버터)나 〈에이스 벤츄라〉 같은 것이 영원히 존재하지 않을 가능성이 훨씬 더 높다.

테이아와 지구의 만남이 즉각적으로 가져온 생태학적 결과는 충돌에서 발생한 어마어마한 열이었는데, 그 때문에 뜨거운 액체 마그마* 바다가 생겼다. 달을 탄생시킨 충돌이 일어나기 이전에 지구에서 생명이 시작되었다는 증거는 없지만, 만약 그런 생명이 나타났다 하더라도, 이 충돌 사건으로 그러한 진전은 완전히 말살되었을 게 거의 틀림없다. 물론 '이론적으로는' 1500°C의 액체 마그마에서도 유유히 배영을 하며 살아가는 생명체가 존재할 가능성은 있다. 하지만 그런 생명체는 우리가 지금까지 마주쳤거나 희박한 확률로라도 가능성이 있다고 상상하는 생명체와는 완전히 다를 것이다. 왜냐하면, 그렇게 높은 온도에서는 아미노산과 단백질처럼 복잡한 분자를 만들고 유지하는 것이 불가능하기 때문이다. 그렇게 뜨거운 상태에서는 분자들을 이어주는 결합이 보존되지 않는다. 따라서 지

● 뜨거운 액체 마그마liquid-hot magma 라는 표현은 영화 〈오스틴 파워〉에서 이블 박사가 처음 사용했는데, 지금은 지질학계에서 일반적으로 사용되고 있다. 적어도 나는 계속 그렇게 사용되길 바란다.

구의 역사에서 우리가 아는 생명의 탄생으로 나아가는 출발점은 마그마 바다 단계를 지나 그다음에 시작된 것이 분명하다.

테이아의 충돌은 비단 생물학적 측면과 지구 표면에 '리셋'에 해당하는 변화를 가져왔을 뿐만 아니라, 대기의 진화에도 막대한 영향을 미쳤다. 행성의 대기는 기체와 중력, 온도, 의외의 행운 사이에서 복잡한 균형을 찾는 과정을 거쳐 진화한다. 비교 사례로 금성을 살펴보자. 금성은 태양에서 두 번째로 가까운 행성이다. 크기는 지구와 비슷하고, 기본 구성 물질도 지구와 비슷하며, 태양과의 거리도 지구와 대략 비슷하다. 하지만 금성은 대기가 매우 짙어 대기압이 지구의 약 100배에 이르며, 표면 온도는 태양계의 어떤 행성보다도 높다. 만약 언젠가 금성에 상당량의 물이 존재한 적이 있었다 하더라도, 폭주 온실 효과 때문에 펄펄 끓어서 모두 증발해 이산화탄소가 96%를 차지하는 대기 중으로 들어가고 말았을 것이다. 또한 금성의 대기에는 〈배트맨〉에 등장하는 악당 조커가 편안하게 여길 만한 수준을 훌쩍 뛰어넘는 농도의 황산이 포함돼 있다. 지구와 금성은 비슷한 점이 많은데도, 대기 조성에서 이토록 큰 차이가 나는 이유는 무엇일까? 그것은 테이아 때문일지 모른다.

테이아 충돌 이전과 이후의 지구 대기가 정확하게 어떤 상태였는지는 알기 어려운데, 현재 지구 대기의 진화를 이해하기 위한 연구가 활발하게 진행되고 있다. 초기의 지구에서 지배적인 기체 성분이 무엇이었는지 설명하는 가설은 다양한데, 그중 많은 것은 처음에 지구를 만든 물질의 여러 가지 가능성에서 유래했다.* 지구의 정확한 원래 구성 성분이 무엇이었건 간에, 많은 과학자는 달을 탄생시킨 충돌이 일어나기 전의 지구의 대기는 금성과 비슷한 길을 걸어갔을 것이라고 추측한다. 즉, 폭주 온실 효과 때문에 매우 적대적인 환경으로 변해서, 가학적 성향이 매우 강한 외계인의 고문용 전초 기지 외에는 아무 쓸모가 없고, 어떤 생명체도 발달하지 못했을 것이라고 본다. 정확한 출발점이 무엇이었건 간에, 테이아가 충돌하자 게임에 큰 변화가 일어났다. 그런 충돌은 본질적으로 전체 계를 완전히 리셋했다. 그 거대한 충돌은 단지 처음 1억 5000만 년 동안 발달했던 대기 중 상당량을 우주 공간으로 날려보냈을 뿐만 아니라, 더 중요하게는 지구 맨틀에 갇혀 있던 원시 기체를 해방시켰다. 이때, 휘발성이 강한 기체 성분, 예컨대 바다에 존재했거나 맨틀 속에 갇혀 있던 물이 엄청난 열기를 뿜어낸 대규모 충돌의 여파로 완전히 사라졌을 것이다. 하지만 우주에서는 크기가 '정말로' 중요하다. 행성이 액체 암석이건 고체 금이건, 그것은 중력에 중요하지 않다. 중력은 모든 물체를 서로 끌어당기며 들러붙게 하는데, 아무리 세게 두들겨맞고 액체 마그마 상태로 변했다 하더라도, 지

• 지구를 만드는 운석의 종류가 달라지면, 서로 전혀 다른 초기의 대기 모형들이 생겨난다. 이것은 대체로 구성 성분의 환원 상태나 산화 상태, 그리고 계 내에서 사용 가능한 산소와 기타 기체 성분의 양과 밀접한 관계가 있다.

구의 중력은 휘발성 물질 대부분이 멀리 달아나지 못하게 붙잡아 둘 만큼 충분히 강했다. 이 물질들은 결국 도로 지구로 돌아왔다. 그 결과로 충돌 이후의 지구 대기는 수소와 일산화탄소, 물 같은 성분이 풍부했다.* 화학적으로 환원 상태인 이들 성분은 아주 중요한데, 환원 대기는 화학 에너지가 풍부하기 때문이다. 환원 대기는 생명으로 발달해 지구를 정복하려고 결심한 용맹무쌍한 유기물이 사용할 화학 에너지를 넉넉히 공급할 수 있다. 환원 대기(수소, 메탄, 암모니아)와 산화 대기(이산화탄소, 비활성 기체)의 차이는 먹을 것이 사방에 무한정 널린 에너지 뷔페에서 발달하고 증식하려는 것과 살기 힘든 불모의 암석 조각 위에서 발달하고 증식하려는 것의 차이만큼 크다.

그래서 약 44억 년 전에 유리한 조건으로 리셋된 환경 덕분에 탄소를 함유한 무생물 분자가 우리가 '생명'(그 정확한 정의가 무엇이건)이라 부르는 것으로 전환할 수 있는 기회(그리고 사용 가능한 에너지)가 생겨났다. 아마도 이 모든 것은 테이아라는 거대한 운석과의 우연한 만남 덕분에 가능했을 것이다.

---

* 지구에 존재하는 물 중 대부분이 어디서 왔는지는 아직 밝혀지지 않았다. 생각해볼 수 있는 가능성으로는 ① 달을 탄생시킨 충돌이 일어날 때 지구 맨틀에서 해방되었을 가능성, ② 테이아에서 왔을 가능성, ③ 나중에 물을 많이 함유한 운석이나 혜성에서 왔을 가능성이 있다. 혹은 이 모든 가능성이 합쳐진 것일 수도 있다. 아직 확실한 답은 모른다.

초기의 운석들이 가져온 물질

달을 탄생시킨 충돌은 지구를 용융 암석으로 이루어진 거대한 공으로 만들었다. 이것은 그러한 충돌의 자연적 결과처럼 보이겠지만, 이 결과가 중요한 이유가 여러 가지 있다. 첫째, 화학적 관점에서 볼 때, 물체가 녹을 때에는 지구화학적 과정이 빠른 속도로 일어난다. 원소마다 화학적 선호가 제각각 다른데, 모든 것이 액체가 되었을 때에는 원소들이 마음대로 돌아다니면서 자신의 화학적 욕망을 만족시키기가 훨씬 쉽다. 대도시에서 사람들이 각자 자신과 비슷한 문화를 찾아가 끼리끼리 모이면서 서로 분리되는 것처럼 행성의 화학 원소들 사이에서도 이런 일이 일어난다. 철과 니켈처럼 밀도가 아주 큰 물질은 행성의 중심으로 내려가 핵을 이룬다. 또한 철 가까이에 있길 간절히 원하는 원소들(이들을 철과 친한 원소라고 하여 '친철원소'라고 부른다.)이 있는데, 지구가 용융 상태에 있을 때 이리듐과 금 같은 친철원소 중 상당량이 철과 함께 핵으로 따라 내려가 지각에는 극히 일부만 남게 되었다.* 반대로 마그네슘과 칼슘, 알루미늄처럼 금속질 핵에 머무는 것에 아무 관심이 없고 지표면 가장자리로 나오길 원하는 원소들(이 원소들을 돌과 친한 원소라는

• 예를 들면, 지구에 존재하는 이리듐 원소 중 99.9% 이상은 달을 탄생시킨 충돌 직후에 핵으로 이동했다.

뜻으로 '친석원소'라고 한다.)도 있다. 그래서 이 원소들이 지각과 맨틀의 주요 성분이 되었다. 이러한 화학적 행동을 감안할 때, 만약 달을 탄생시킨 충돌 이후에 운석 물질이 추가되는 사건이 더 일어나지 않았더라면, 우리는 금과 이리듐, 그리고 그 밖의 화학적으로 비슷한 원소들에 접근할 방법이 사실상 없을 텐데, 이 원소들은 모두 핵에 모여 있을 것이기 때문이다. 하지만 지각에는 약간 있다. 이리듐도 소량 있다. 모두 핵에 모여 있어야 할 그 밖의 원소 물질들도 지각에 적은 양이나마 포함돼 있다. 이 물질들은 어떻게 지각에 남아 있을까? 그것은 달을 탄생시킨 충돌 이후에도 운석이 계속 충돌했기 때문이다. 그리고 이 원재료들이 파티에 늦게, 즉 지구의 핵이 생성되는 과정이 끝난 뒤에 도착했다는 사실이 중요하다. 맨틀과 지각이 더 이상 액체 상태의 암석이 아니었기 때문에, 철을 좋아하는 이 불쌍한 원소들은 영화 〈터미널〉에 나오는 톰 행크스 같은 신세가 되고 말았다. 이들은 연옥에 갇혀 판의 활동에 따라 지각과 맨틀 사이에서 떠돌기만 할 뿐, 간절히 가고 싶은 핵으로는 도저히 갈 수 없는 신세가 되었다.*

---

* 달 탄생 이후에 운석이 계속 충돌해 지구에 추가로 물질이 공급된 이 단계를 '후기 강착late-accretion'이라고 부르는데, 때로는 '후기 베니어late-veneer'라고도 부른다. 자신이 선호하는 고향으로 가지 못한 친철원소들이 불쌍해 보일 수도 있지만, 이 귀금속들의 존재는 건강한 사회의 중추를 이루는 보석 산업에는 분명히 큰 도움이 되었다.

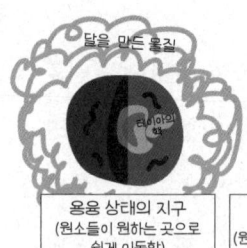  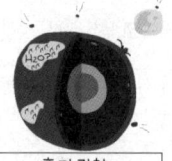 

| 용융 상태의 지구 | 고체 지구 | 후기 강착 | 판들의 활동 |
| (원소들이 원하는 곳으로 쉽게 이동함) | (원소들이 원하는 곳에 머묾) | (지구가 고체가 된 후에 추가된 물질) | (원소들이 이동하지만 핵으로는 가지 못함) |

달을 탄생시킨 충돌 이후에 지구에 도착한 물질이 맨틀과 지각에 일부 금속을 공급했으며, ① 많은 물과 ② 기본적인 유기 물질도 공급했을지 모른다.

    우리가 금, 백금, 이리듐 같은 일부 귀금속에 접근할 수 있게 된 것이 나중에 도착한 운석들 덕분이라는 사실은 이론의 여지가 없다. 우리 사회에 이 원소들이 실제로 얼마나 필요한가 하는 것은 합리적인 논쟁의 대상이 될 수 있다. 하지만 이것들을 더 많이 손에 넣으려는 과정에서 많은 제국과 왕국이 건설되고 파괴되었기 때문에, 이 반짝이는 원소들은 인류 사회에 부인할 수 없는 큰 영향력을 미친 게 분명하다. 그런데 나중에 도착한 이 운석들은 단지 지각에 귀금속을 추가하는 것에 그치지 않았다. 이 운석들은 생명의 발달을 촉발한 유기* 물질과, 심지어 현재 지구에 있는 물도 공급했을 가능성이 있다. 하늘에서 드문드문 불규칙적으로 떨어진 암석들치고는 꽤 대단한 일을 한 셈이다.

- '유기organic'란 용어는 '생물학적biological'이란 용어와는 엄연히 뜻이 다르지만, 두 용어는 종종 혼용된다. '생물학적'이란 용어는 살아 있는 생명체와 관련이 있다는 뜻을 내포하는 반면, '유기'란 용어는 단순히 탄소를 함유한 화학 물질을 뜻한다. 생화학 물질은 모두 유기 물질이지만, 유기 물질이라고 해서 모두 생화학 물질은 아니다.

계속된 달의 도움

생명의 구성 성분이나 생명 자체가 후기 강착 물질을 통해 지구에 왔건 오지 않았건 간에, 적어도 38억 년 전에 지구에 생명체가 많이 존재했다는 사실은 의문의 여지가 없다. 다양한 암석에 남아 있는 미화석(黴化石)이 그 증거이다. 덜 직접적인(따라서 훨씬 논란이 많은) 증거에 따르면, 지구에 생명이 출현한 시기가 약 43억 년 전(즉, 약 44억 년 전에 달이 생성된 직후)까지 거슬러 올라간다고 시사한다. 테이아가 지구의 환경을 만드는 데 즉각적으로 준 도움 외에, 충돌 후에 완전히 생성된 달 자체는 지구에서 생명이 출현한 사건과 관련해 여러 사고 실험의 대상이 되었다. 많은 연구자들은 달이 없었더라면 지구는 생명이 전혀 살지 않는 따분한 암석 덩어리로 남아 있거나, 적어도 생명의 발달이 실제로 일어난 것과는 아주 다르게 진행되었을 것이라고 주장한다.

달이 초기 생명의 역사에 미친 가장 중요한 효과는 오늘날 지구의 해양 생물에 미치는 것과 동일한 효과일 가능성이 매우 높은데, 그것은 바로 조석이다. 오늘날 일어나는 조수 간만의 차는 장소에 따라 0에서 16m 이상에 이르는데, 이것은 해수면 높이에 상당히 큰 변화를 가져온다. 오늘날 밀물과 썰물은 24시간마다 약 두 차례씩 일어난다. 하지만 40억 년 전에는 지구는 자전 속도가 훨씬 빨랐고, 달은 훨씬 가까이 있었다. 이 차이 때문에 밀물과 썰물이 더 자주 일어났고, 조수 간만의 차도 훨씬 컸다. 일부 장소에서는 조수 간만의 차가 약 50m에 이르는 밀물과 썰물이 다섯 시간마다 한 번씩 일어났을 것이다. 이것이 생명의 발달과 도대체 무슨 관계가 있을까 궁금할 것이다. 생명의 기원을 연구하는 과학자들과 우주생물학자들의 설명에 따르면, 조석은 초기에 출현한 지구의 생명과 밀접한 관계가 있다고 한다. 유기 분자들이 가득 섞여 상호 작용하던 지구 초기의 혼합물을 과학자들은 '원시 수프'란 근사한 이름으로 부르는데, 그런 수프를 만들려면 유기 분자들을 상호 작용할 수 있는 수준까지 농축시키는 게 중요했다. 바꿔 말하면, 상당량의 물을 제거하는 게 필요했다. 상당량의 물을 쉽게 제거하는 한 가지 방법은 증발시키는 것이지만, 원시 수프를 딱 알맞은 상태로 만들려면, 그 과정을 무수히 반복해야 한다. 효율적 과정을 위해 굳이 기발한 방법을 생각하지 않아도 된다. 자연적인 조석의 결과로 그런 일이 일어난다. 조석에 따라 국지적 수위가 반복적으로 변하는데, 이것은 유기 물질을 농축시키기에 완벽한 메커니즘이다. 밀물 때마다 유기 분자들을 포함한 물이 반복적으로 바위 위로 밀려오는데, 종종 여기저기에 작은 조수 웅덩이가 생긴다. 썰물일 때에는 조수 웅덩이에 갇힌 물이 증발하면서 물속에 있던 유기 물질이 농축된다. 날마다 전 세계 각지에서 이 과정이 하루에 여러 차례 반복되므로, 바닷물이 들어왔다 빠졌다 하는 지역(조간대)은 생물 발생 이전의 유기 물질들 사이에 무작위적인 상호 작용이 활발히 일어나는 장소였다. 그 결과로 무생물로 가득 찬 수프가 생명이 발생하는 수프로 도약하는 일이 일어날 수 있었다. 달과 달이 일으키는 조석이 없었더라면, 이러한 탄소 화합물 농축 도가니는 결코 나타나지 않았을 것이다.•

    달과 달이 생명의 발달과 진화에 미친 중요한 역할을 완전하게 논의하는 것은 이 책의 주제에서 많이 벗어난다. 달이 복잡한 생명의 발달에 중요한 역할을 한 이유는 여러 가지가 있다. 이 주제를 포괄적으로 다룬 연구를 원한다면, 리처드 레이드Richard Lathe 박사 같은 사람들이 한 연구를 참고하라. 하지만 달이 현생 인류의 삶에 미친 영향에 대해 덜 학술적이면서 더 외설적인 설명을 원한다면, 새드 로버츠Thad Roberts의 이야기를 읽어보라. 미국항공우주국(NASA)에서 인턴으로 일하던 로버츠는 동료 인턴들과 공모해 아폴로 우주 비행사들이 가져온 월석 표본을 빼돌리는 만행을 저질렀다. 간단히 설명하면, 이들은 약 8kg의 월석을 성공적으로(그리고 매우 인상적인 방법으로) 빼돌렸는데, 로버츠는 연인인 티파니와 함께 달에서 온 그 물질을 침대 위에 죽 펼쳐놓고 그 위에서 섹스를 하기로 결정했고,•• 그리고 나

• 분명히 짚고 넘어가자면, 생명이 조간대에서 맨 처음 나타난 게 확실하다고 말할 수는 없다. 하지만 소간내는 탄소 화합물의 자연적 농축이 반복적으로 자주 일어나기 때문에, 그런 일이 일어났을 가능성이 가장 높은 장소 중 하나이다.

•• 그래서 딴 세계에서 온 최음제를 훔쳐서 판매하려고 시도한 과정을 기술한(다소 서툴게) 이 책의 제목은 『달 위에서 섹스를Sex on the Moon』으로 정해졌다.

서 그 위에서 정사를 벌인 암석을 관심을 가진 구매자들에게 팔려고 시도했다. 불행하게도(적어도 월석 위에서 정사를 나눈 당사자들에게는) 그것을 사겠다고 나선 사람들은 소중한 도난품을 회수하기 위해 함정 수사를 펼친 FBI 요원이었다. 어쨌거나…… 이 월석 표본은…… 진한 애정 행각의 장소가 된 뒤에는 연구 대상으로서 가치가 좀 훼손되었다고 말할 수 있다. 그렇더라도 이것은 아주 흥미로운 이야기이다.

더 최근에 충돌한 큰 운석들

판들의 활동(대륙 규모로 일어나는 지구의 재활용 계획)은 긴 지질 시대에 걸쳐 상당량의 암석 기록을 지우고 교체하는 작업을 아주 잘 수행했지만, 그래도 지질학자들은 가장 멀게는 24억 년 전에 일어난 운석 충돌의 흔적을 발견했다.* 알려진 것 중 두 번째로 오래된 운석 구덩이인 남아프리카공화국의 브레드포트Vredefort 운석 구덩이는 약 20억 년 전에 생겼는데, 지름이 약 300km로 지구에 남아 있는 충돌 구조 중에서 가장 크다. 하지만 더 오래되고 더 큰 운석 구덩이들이 언젠가 지표면에 존재한 게 거의 틀림없는데, 판의

• 이것은 러시아 카렐리아에 있는 지름 약 16km의 수아브야르비Suavjärvi 운석 구덩이이다.

활동 그리고/또는 풍화 작용으로 파괴되거나 다른 물질로 덮였을 것이다. 지표면의 약 70%가 물로 덮여 있다는 사실도 감안해야 한다. 따라서 지구의 역사에서 일어난 충돌 중 적절한 수준으로 보존될 가능성이 조금이라도 있는 것은 30%뿐이다. 확인되었건 않았건, 큰 것이건 작은 것이건, 충돌이 지구에 미친 영향은 여러 가지가 있다. 첫째, 남아 있는 충돌의 흔적은 우주 공간을 날아다니는 다양한 크기의 암석들이 지구에 충돌하는 일이 잦으며, 수십억 년 동안 그런 일이 계속 일어났음을 보여준다. 둘째, 끊임없이 이어지는 이 폭격은 단지 태양계의 과정과 중력 동역학에서 흥미로운 각주에 불과한 게 아니라, 살아 있고 살아남길 원하는 동식물에게도 아주 중요한 의미를 지닌다. 사실, 큰 암석이 예컨대 시속 6만 4000km(총알보다 약 25배 빠른 속도)로 지구에 충돌하면, 온 세상이 아수라장으로 변할 수 있다.

그토록 빠른 속도로 날아온 운석이 초래할 수 있는 종류의 손상 중에서 가장 잘 보존되고 가장 쉽게 접근 가능한 사례는 애리조나주 북부에 남아 있는 미티어 크레이터Meteor Crater가 아닐까 싶다. 지름이 약 1.2km인 이 운석 구덩이는 지름 약 50m의 운석이 충돌하면서 생긴 것으로 추정된다. 지름 50m라면 49쪽 사진에서 간신히 식별할 수 있는 방문객 안내소와 비슷한 크기이다(검은색으로 보이는 부분은 훨씬 큰 주차장이니 오해하지 말도록). 이 운석 구덩이 가장자리에 서 있으면, 약 5만 년 전에 일어난 충돌 장면이 저절로 눈앞에

떠오를 것이다. 미티어 크레이터가 지구상에 생긴 운석 구덩이 중에서 그렇게 큰 것이 아니라는 사실을 감안하면, 이 충돌이 불러일으키는 공포는 그저 애들 장난 수준에 불과하다.*

우리와 나머지 생물들에게는 다행스럽게도 충돌 빈도는 사건의 규모에 반비례한다. 이것은 작은 충돌은 자주 일어나고 큰 충돌은 드물게 일어난다는 이야기를 근사하게 표현한 것이다. 쿡 찌르는 시비는 자주 일어나고, 가끔 잽을 얻어맞는 일도 있지만, 턱에 강타를 당하는 일은 아주 드물게 일어난다. 쿡 찌르거나 약한 잽에 해당하는 수준의 충돌도 그 지역 주변의 생물에게는 파괴적인 효과를 미칠 수 있지만, 멀리 떨어진 생물 군집에는 거의 아무 영향도 미치지 않는다. 반대로 드물게 일어나는 아주 큰 충돌은 지구 전체에 파멸적 효과를 초래할 수 있다. 과열된 대기와 수 킬로미터 높이의 초대형 쓰나미, 지구를 둘러싼 채 몇 년 동안 햇빛을 차단하는 대기 중의 먼지를 생각해보라. 지금까지 지구에 살았던 모든 생물에게는 다행하게도 지름 100km 이상의 운석 구덩이를 남기는 엄청나게 큰 운석 충돌은 극히 드물게 일어난다. 지난 20억 년 동안 그런 사건은 다섯 차례만 일어났고, 그중에서 지구의 일부 동물종들이 척

• 비교를 위해 예를 들자면, 캐니언 디아블로Canyon Diablo 운석이 이 장소에 충돌했을 때 방출된 에너지는 제2차 세계 대전이 끝날 무렵에 히로시마에 투하된 원자폭탄보다 약 650배나 강했다. 그렇듯, 운석 충돌이 일어날 때에는 어마어마한 양의 에너지가 방출된다.

위 | 애리조나주 북부에 있는 미티어 크레이터와 방문객 안내소를 하늘에서 내려다본 모습.
아래 | 운석 구덩이를 가까이에서 조사하는 용감한 지질학자들.

추˙가 발달할 만큼 충분히 진화한 다음에 일어난 사건은 단 세 차례뿐이었다.

고생물학자는 암석의 기록을 연구하고 생명의 역사를 기술하느라 많은 시간을 보낸다. 그런데 생명의 역사에서 반복적으로 나타나는 경향이 한 가지 있는데, 생명은 천천히 그리고 행복하게 점점 더 복잡한 생물로 진화해가다가 어느 날 갑자기 닥친 환경 재앙과 함께 대멸종이 일어난다. 이 책은 운석에 관한 책이기 때문에, 모든 대멸종 사건이 운석 충돌과 밀접한 관련이 있다는 주장을 기대한 독자가 있을지도 모르겠다. 물론 우주의 암석이 끊임없이 우리의 생물권을 파괴하고 개조한다는 주장은 매우 유혹적이긴 하지만, 그 주장이 반드시 옳다고는 할 수 없다. 지구에서 일어난 다섯 차례의 '대멸종' 사건 가운데 운석 충돌 때문에 일어났다고 일반적으로 인정되는 것은 오직 하나뿐이다.˙˙ 운석 충돌과 관련이 있는 것으

---

* 척추의 진화는 약 5억 4000만 년 전에 생물의 종이 갑자기 확 늘어난 '캄브리아기 대폭발' 때 일어났다. 그 당시 생물들은 많은 실험을 하면서 빠르게 진화했고, 몸을 만드는 최선의 방법을 모색하고 가장 좋은 먹이를 구할 수 있는 장소로 진출하는 것을 포함해 새로운 시도를 다양하게 시험하며 크게 번성했다.
** 나머지 네 차례의 대멸종 중 세 차례의 직접적 원인은 분명히 밝혀지지 않았고, 열띤 논쟁이 벌어지고 있으며, 여러 가지 환경 요인이 결합되어 일어났을 수도 있다. 놀랍게도, 현재 우리가 경험하고 있는 급격한 해수면 상승과 지구 온난화 같은 요인들은 거의 모든 대멸종 사건과 깊은 관련이 있다고 한다. 허걱!

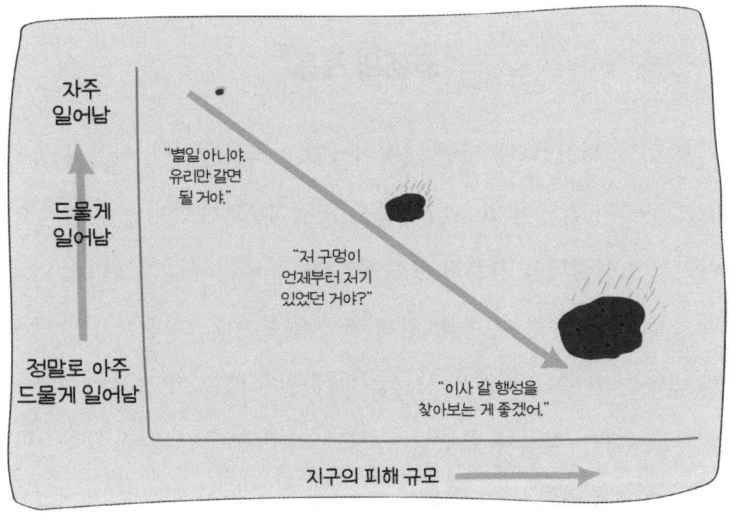

로 밝혀진 소규모 멸종 사건은 두 차례가 있는데,* 이 사건들은 틀림없이 생명의 역사에서 진화의 경로를 변화시키는 역할을 했을 것이다. 하지만 운석 충돌과 직접적 관련이 있는 대멸종 사건은 딱 한 번밖에 없었는데, 그것이 무엇인지는 여러분도 잘 알고 있을 것이다.

• 그러한 '소규모' 멸종 사건 중 하나는 에오세-올리고세 멸종(약 3400만 년 전에 일어난)인데, 시베리아의 포피가이Popigai 운석 구덩이와 관련이 있다. 이 사건으로 지질학적 시간으로는 눈 깜짝할 순간에 전체 해양 생물종 중 10% 이상이 사라졌는데, 상당히 많은 종이 멸종한 것을 감안하면 '소규모 멸종 사건'이라는 표현이 무색해 보인다. 그래도 굳이 '소규모 멸종'이라고 부르는 이유는 지구의 역사에서 일어난 훨씬 광범위하고 치명적인 대멸종 사건과 비교하면 새 발의 피에 불과하기 때문이다.

공룡의 죽음

1950~1960년대에 자란 사람이라면 기억하겠지만, 달이나 화성 또는 우주와 관련이 있는 것은 무엇이건 전 세계 대다수 선진국 어린이들의 상상력을 사로잡은 주제였다. 그 당시 초강대국이던 미국과 소련은 그 유명한 '우주 경쟁'에 돌입했는데, 대다수 뉴스 방송과 대화는 이 주제에 많은 시간을 할애했다. 비록 이 경쟁은 학문적 호기심보다는 정치와 자부심, 군사력 과시에 더 치우쳐 있었지만, 많은 소년 소녀와 성인 남녀에게 큰 영감을 주어 하늘을 올려다보면서 저 먼 지평선 너머에 무엇이 있을까 상상하게 만들었다.

하지만 1980년대와 1990년대에 자란 어린이들은 우주보다는 공룡에 관심이 더 많았을 것이다. 〈아기 공룡 베이비〉와 〈공룡 시대〉 같은 어린이 영화는 할리우드가 공룡 열풍에 편승해 돈을 벌려고(그리고 그러한 열풍을 부추기려고) 시도한 증거이다. 1990년대 초에는 마이클 크라이턴Michael Crichton의 『쥐라기 공원』과 지각이 약간 있는 블루칼라 공룡 가족이 주인공으로 나오는 ABC의 시트콤 〈공룡〉이 나오면서 공룡 열풍을 누구나 생생하게 느낄 수 있었다. 한때 지구를 지배한 전설적인 파충류의 이야기와 정보에 대중이 이렇게 열광한 계기는 무엇이었을까? 나는 그 배경에 과학이 있다고 생각한다. 이 주장을 뒷받침하는 증거는 정황 증거밖에 없지만, 내 말을 끝까지 들어보라. 1980년 무렵에 세인트헬렌스산의 폭발적 분화로 사람들이 지질학의 중요성과 어머니 자연의 힘을 실감했을 때, 과학자들이 아주 중요한 발견을 하면서 대중의 호기심을 사로잡을 만한 이론들을 발전시켰다. '지질학'과 '열광'이라는 단어를 함께 엮어서 사용하면 대개는 모순 어법처럼 들리지만, 화산 폭발과 거대한 운석 충돌, 공룡 멸종처럼 특별한 지질학적 사건들을 인과 관계로 엮어서 설명하면, 사람들은 거기에 관심을 보이지 않을 수 없다.

1980년 이전까지만 해도 공룡이 왜 멸종했는지는 아무도 몰랐다. 그 당시에는 여기서 우리의 지식에 큰 구멍이 나 있는 것처럼 보였고, 집채만 한 덩치를 가지고서 아무도 두려워하지 않고 땅 위를 걸어다녔던 파충류 수백 종이 갑자기 한꺼번에 사라진 원인은 그저 추측의 영역에 머물러 있었다. 공룡은 왜 멸종했을까? 공룡이 어떻게 멸종했는지 알아낸다면, 그 원인이 무엇이건, 우리도 같은 원인으로 멸종하는 길을 피할 수 있을 것이다. 그리고 만약 언젠가 공룡이 다시 돌아온다면, 그들을 쉽게 제압할 수 있도록 그 취약점을 알아두면 큰 도움이 될 것이다. 각자의 정확한 동기야 무엇이건 간에, 공룡의 멸종 원인은 여러 가지 이유로 많은 사람들에게 중요했던 것처럼 보이고 실제로 중요했다. 공룡의 멸종을 설명하는 가설은 아주 많았고, 과학적으로 덜 엄밀한 가설들 중에는 터무니없는 것도 많았다. 그중에는 지구 기온이 크게 상승하면서 모든 공룡 자손이 수컷만 태어났다는 가설, 식욕이 왕성한 애벌레들이 식물을 모두 먹어치웠다는 가설, 매우 치명적인 공룡 헤르페스가 퍼져 멸종했다는 가설도 있다.● 그런데 지구를 지배했던 공룡이 왜 멸종했는지 설명할 수 있는 구체적인 증거가 1980년경에 최초로 나타나기 시작했다. 부자 관계인 루이스 알바레즈Lewis Alvarez와 월터 알바레즈Walter Alvarez 팀은 지구 전역에 퍼져 있는 한 얇은 퇴적층에 포함된 이리듐 원소의 농도가 비정상적으로 높다는 사실을 발견했다. 이것은 그다지 대단한 사실처럼 들리지 않겠지만, 이리듐은 지각의 암석에 아주 낮은 농도로 들어 있는 반면, 운석에는 상당히 높은 농도로 들어 있다. 그리고 이리듐 농도가 높은 이 지층의 위와 아래에 있는 지층에는 종류가 아주 다른 화석들이 들어 있었는데, 이것은 이 지층을 경계로 생물권에 매우 급격한 변화가 일어났음을 말해준다.

그렇다면 이 발견 이후에 상황이 일사천리로 진행되었을 것이라고 생각하기 쉽다. 하지만 과학자들은 잘 흥분하는 사람들이긴 하지만 매우 신중한 사람들이기도 하다. 소행성이 지구에 충돌해 공룡을 멸종시켰다는 개념은 과학적으로 매우 매력적이다. 하지만 과학계의 일치된 견해에 이르기 위해서는 그저 전 세계의 몇몇 장소에서 이리듐 함량이 높은 퇴적층이 공룡 멸종과 일치하는 위치에

● 이 중에서 마지막 가설은 내가 지어낸 것이지만, 기이한 것이건 아니건, 실제로 제안된 가설들에 관심이 있다면, 2013년에 출판된 브라이언 스위텍Brian Switek의 『내가 사랑하는 브론토사우루스My Beloved Brontosaurus』를 읽어보라. 이 책에는 그런 가설들이 자세히 소개돼 있으며, 그 밖에도 흥미로운 이야기가 많이 실려 있다.

이탈리아 구비오 근처의 이리듐 함량이 높은 지층(이 지층은 판의 활동으로 나중에 기울어졌다.)에서 포즈를 취하고 있는 루이스 알바레즈(왼쪽)와 월터 알바레즈(오른쪽). 월터의 오른손은 공룡 시대의 마지막 지층 위에, 루이스의 왼손은 공룡 화석이 존재하지 않는 지층 위에 놓여 있다.

놓여 있는 것이 발견된 사실 말고도 더 많은 증거가 필요했다. 어쨌거나 지질학은 오랜 시간에 걸쳐 느리게 일어나는 변화를 연구하는 학문인 반면, 격변적 사건들이 갑작스럽게 일어났다는 이야기는 성경 같은 종교 텍스트에 어울리는 게 아닌가? 알바레즈 부자가 조사했던 것과 같은 시기의 암석들을 찾는 조사가 계속 진행되었고, 점점 더 많은 장소에서 같은 결과가 나왔다. 이리듐 함량이 높은 지층 아래의 지층에서는 공룡 뼈가 나왔다. 하지만 이리듐 함량이 높은 지층 위에 쌓인 지층에서는 공룡 뼈가 전혀 발견되지 않았다. 지구상의 어디에서나 이 데이터는 비슷했기 때문에, 이것은 국지적 사건이 아니라 전 세계에 걸쳐 광범위하게 일어난 사건임을 말해주었다. 이리듐 함량이 높은 지층을 더 자세히 조사하자, 약 6600만 년 전에 운석 충돌이 일어났음을 강하게 뒷받침하는 증거가 나왔다. 첫째, 이 지층에는 충돌 때 생성되는 미소 구체microspherule가 들어 있었다. 이 미소 구체는 거대한 충돌이 일어났을 때 일부 암석이 녹아서 공중으로 튀어올랐다가 아주 작은 구형으로 변하기 때문에 생긴다. 둘째, 이 지층에는 충돌로 충격을 받은 광물들도 들어 있었는데, 부분적으로 손상된 구조에 충돌의 흔적이 기록돼 있었다. 이것은 자동차 옆면에 움푹 들어간 자국을 보고서 누가 자동차를 들이받았다는 사실을 알 수 있는 것과 비슷하다.

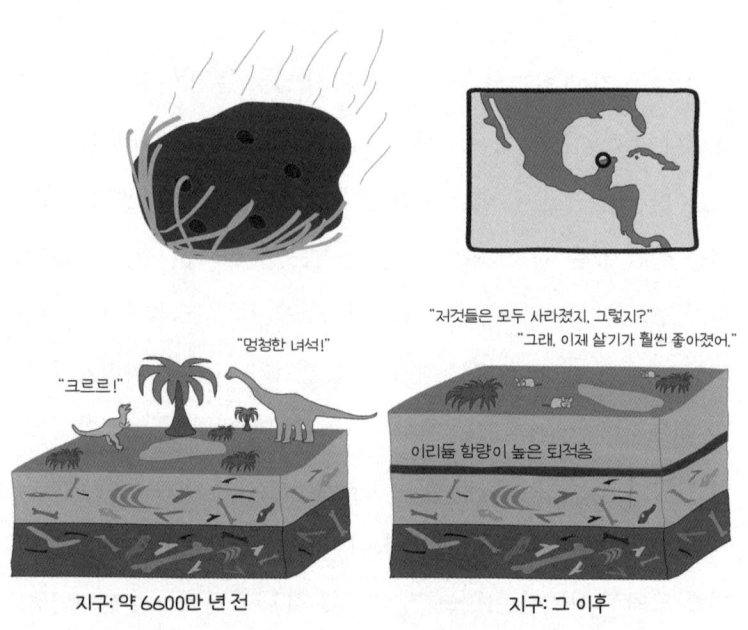

지구를 지배하던 공룡의 멸종과 털로 덮인 작은 포유류의 등장.

지구 역사에서 가장 중요한 지층 중 하나에 대해 이렇게 연구가 계속 진행되면서 지층의 두께와 충격을 받은 광물들이 발견된 장소 같은 증거들을 종합하자, 충돌의 진앙은 점점 중앙아메리카로 좁혀졌다. 그러다가 결국 1990년에 멕시코에서 이리듐 함량이 높은 퇴적층과 같은 나이의 거대한 운석 구덩이가 발견되면서 과학자들이 애타게 찾던 마지막 증거가 나왔다. 이로써 운석이 공룡을 멸종시키고,* 지구의 역사를 확 바꾸었다는 사실이 명백해졌다.

지구상에 존재하던 전체 종 중 75% 이상을 멸종시킨 운석 충돌의 효과가 어느 정도였을지는 가늠하기 어렵다. 탄산염과 황산염 광물로 뒤덮인 얕은 카리브해에 폭 10~15km의 소행성이 시속 약

• 비록 이 책의 주요 주제는 운석이지만, 백악기 말 대멸종의 원인을 놓고 만장일치에 가까운 이 견해에 매우 강력하게(그리고 매우 합리적으로) 반대하는 사람들이 있다는 사실을 언급하지 않을 수 없다. 데칸 트랩(인도 중서부 데칸고원에 위치한 거대한 면적의 용암 지대)에 대규모 분화가 일어난 시기는 백악기 말 멸종과 일치하는 것으로 드러났다. 이 대규모 분화는 치명적인 양의 독성 기체를 대기로 분출하여 공룡이 살아가기에 매우 힘든 환경을 빚어냈을 테고, 공룡 시대의 종말을 초래하는 원인이 되었을 수 있다. 일부 연구자들은 이 분화가 공룡 멸종의 1차적 원인일 수 있다고 주장한다. 어떤 연구자들은 우주에서 초음속으로 날아온 암석과 땅 밑에서 분출한 암석과 기체가 함께 손을 잡고 공룡 시대의 종말을 가져왔다고 주장한다. 지구에서 대멸종이 아주 드물게 일어난 이유는 생명의 진화와 적응 능력을 압도하려면 전 지구적 규모의 여러 가지 스트레스가 복합직으로 작용해야 하기 때문일지도 모른다. 지질학자들은 알려진 스트레스의 순서와 규모를 계속 조사하고 있는데, 앞으로 다른 스트레스가 더 발견될지도 모른다. 하지만 우주에서 거대한 암석이 빠른 속도로 날아와 지구에 충돌한 사건이 공룡 집단에게 결코 긍정적인 것은 아니었다는 데에는 거의 모든 연구자가 의견을 같이한다.

4만 km로 충돌한 것으로 추정된다. 그 흔적은 오늘날 멕시코 유카탄반도에 지름 180km의 칙술루브Chicxulub 충돌구로 남아 있지만, 그 효과는 결코 국지적이지 않았을 것이다. 과학자들은 거대한 충돌 직후에 일어난 효과를 다양한 모형으로 만들어보았는데, 개별적인 효과에 대해서는 많은 논쟁이 있는 반면, 그 당시 살고 있던 생물에게 아주 나쁜 소식이었다는 데에는 이견이 없다. 해안선 근처의 모든 지역에는 대규모 쓰나미가 몰아닥쳤을 것이다. 많은 모형은 대기의 온도가 급상승해 전 세계 각지의 숲들이 불탔을 것이고, 그 후에는 대기 중으로 솟아오른 미립자들이 햇빛을 몇 달 동안 가리는 바람에 전 세계의 기온이 급강하했을 것이라고 예측한다. 충돌 장소에서 황산염 퇴적물이 기화하면서 전 세계적으로 산성비가 일상적으로 내리는 등 흥미로운 현상들이 일어났다. 간단히 말해, 엄청나게 빠른 속도로 날아온 거대 암석에 강타당한 후의 지구는 살아가기에 편안한 곳이 결코 아니었다. 다행히도 모든 것이 사라지지는 않았다. 『쥐라기 공원』에서 이안 말콤이 한 말(그리고 그 뒤를 이은 수백만 개의 밈)처럼 "생명은 어떻게든 방법을 찾아낸다."*

• 손무孫武가 『손자병법』에서 말한 "혼돈 속에 기회가 있다."(서양에서는 이 표현이 『손자병법』에 나오는 것처럼 알려져 있지만, 『손자병법』에는 이와 똑같은 뜻을 가진 구절이 없다. "적의 내부를 혼란시켜 기회를 엿보아 공격한다."라는 구절은 있지만, 이것이 영어로 저렇게 오역되었는지는 알 수 없다. ― 옮긴이)나 〈왕좌의 게임〉에서 피터 베일리시Petyr Baelish가 말한 "혼돈은 사다리다."가 더 나은 표현처럼 보이지만, 『쥐라기 공원』에 나오는 이 구절을 사용하고 싶은 유혹을 뿌리치기 어려웠다.

대멸종의 결과

어떤 기준으로 보더라도, 공룡은 큰 성공을 거둔 동물 집단이었다. 공룡은 약 1억 7500만 년 동안 발달하고 진화하고 분화해갔다. 그중에는 몸길이가 50m에 이를 정도로 거대한 종, 닭과 비슷한 크기의 작은 종도 있었지만, 이들은 중생대의 먹이 그물에서 핵심 생물 집단이었다. 칙술루브에 치명적인 충돌이 일어나기 전부터 이미 공룡 시대가 저물어갔다는 증거가 있긴 하지만, 약 6600만 년 전의 백악기-고제3기$_{K-Pg}$ 멸종 사건 직후에 생물군에 아주 큰 변화가 일어났다는 사실은 의문의 여지가 없다. 이것은 특히 화석 기록에서 명백하게 드러나는데, 백악기 직후에 무게가 25kg을 넘어서는 동물 중 살아남은 것은 단 한 종도 없었다. 몸무게가 100톤이나 나가는 거대한 동물들이 어슬렁거리며 지구를 돌아다녔는데, 지질학적 시간으로 눈 한 번 깜빡이는 순간이 지나고 나자 바셋하운드보다 큰 동물이 단 한 마리도 살아남지 않았다는 사실을 생각해보라. 즉각적으로 일어났건 다소 꾸물거리며 일어났건, 공룡이 지구상에서 사라진 사건은 이전에 억눌려 살던 종들에게는 절호의 기회였다. 누구보다 그 기회를 잘 활용한 동물 집단은 온몸이 털로 덮이고 몸집이 작은 기회주의자 동물, 포유류였다.

포유류는 지구를 지배하던 파충류가 사라진 뒤에 나타난 게 아니다. 최초의 포유류는 2억 년도 더 전에 파충류 지배자와 나란히 진화했다. 하지만 거대 파충류의 그늘 아래에서 살아가야 했던 중생대의 포유류는 맛있는 먹잇감으로 최후를 맞이하지 않도록 눈에 띄지 않으려고 애쓰면서 주로 작은 야행성 동물로 진화했다. 하지만 K-Pg 멸종에서 살아남은 포유류는 완전히 새로운 가능성이 활짝 열린 세계에서 최대의 수혜자였다. 도처에서 자신을 잡아먹으려고 호시탐탐 기회를 노리던 거대 파충류가 사라졌다는 사실은 유리한 점이었지만, 전 세계의 상당 지역이 불타고 식물이 제대로 자라지 않아 먹이 부족 때문에 큰 어려움을 겪었다. 그래도 '거대 파충류'가 사라진 것은 살아남는 데 큰 도움이 되었다. 포유류는 새로 맞이한 자유를 만끽하면서 크게 번성했다. 고제3기가 시작될 때 포유강은 종 수가 크게 늘어났고, 몸 크기도 사막쥐처럼 작은 것에서부터 오늘날의 대왕고래(지구 역사상 가장 큰 동물)처럼 큰 것에 이르기까지 아주 다양하게 발달했다. 포유류는 기하급수적으로 다양하게 불어났고, 얼마 지나지 않아 육지뿐만 아니라 바다와 공중에서도 크게 번성했다. 우리가 속한 종인 호모 사피엔스*Homo sapiens*는 포유류가 처음 나타나고 나서 약 2억 년이 지난 뒤에야 진화했다. 하지만 이 긴 진화 기간에서 가장 생산적인 시기는 마지막 6600만 년 동안이었는데, 이제 포유류는 공포의 파충류 압제자의 눈에 띄지 않으려고 전전긍긍할 필요 없이 자유롭게 다양한 실험을 하며 진화했다.

달을 탄생시킨 충돌, 초기 지구에 원재료 물질이 추가된 후기 강

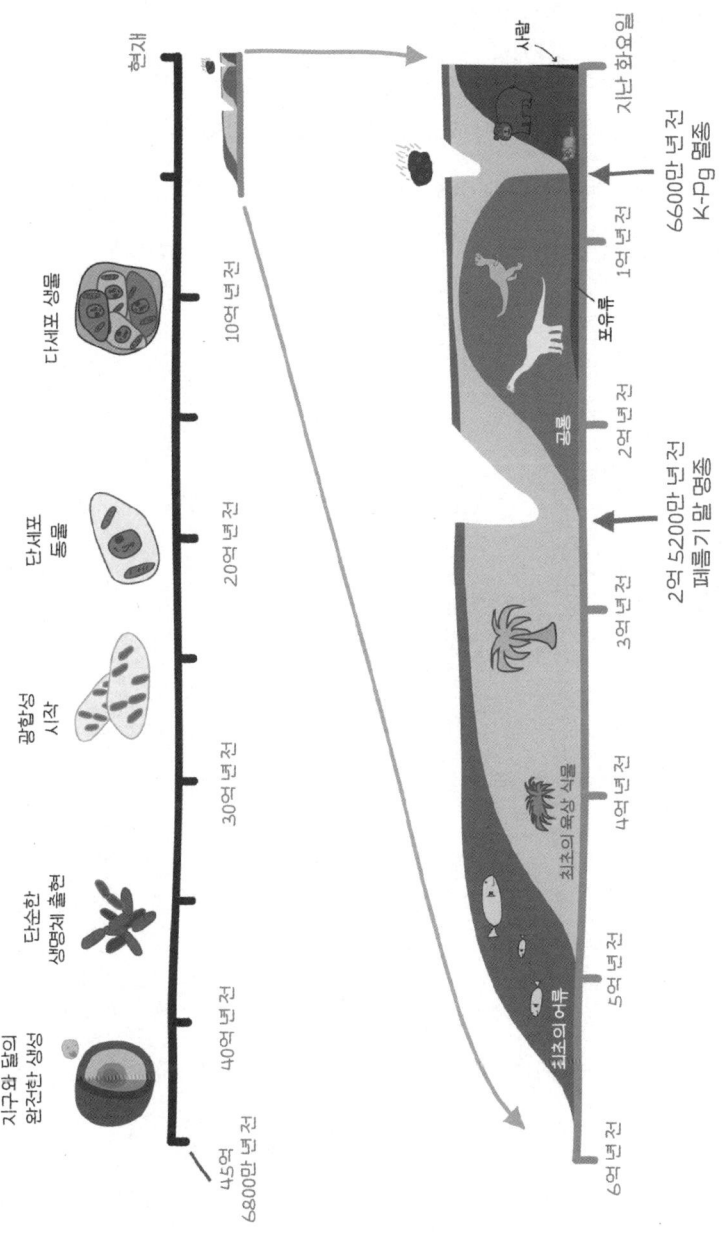

지구에서 생명이 진화한 역사.

1장 | 초기의 중요한 운석 충돌 사건

착, 작은 운석들의 주기적 충돌, 또는 대멸종을 초래하면서 진화의 역사를 바꾼 충돌 같은 사건들을 전체론적 시각으로 바라보건 한 번에 하나씩 일어난 별개의 사건으로 바라보건 간에, 운석 덕분에 인류가 존재하게 되었다는 표현은 결코 과장이 아니다. 그 이유들은 이제 막 드러나기 시작했다.

2장

초기 인류를 위한
우주 극장

    일식과 월식, 혜성 접근, 초신성 폭발처럼 눈길을 끄는 천문학 현상은 지구가 탄생한 이래로 하늘에서 간헐적으로 일어났다. 이런 사건들은 지구의 역사 내내 일어났고, 지난 45억 년 동안 정말로 인상적인 우주 쇼도 가끔 일어나면서 우주의 막강한 힘을 보여주었다. 만약 공룡이 의사소통 능력이 좀 더 뛰어났더라면, 후대에 굉장한 이야기를 들려주었을지도 모른다. 하지만 불행히도 하늘 극장에서 펼쳐지는 역사적 이야기는 뇌가 크고 아주 특별한 능력을 지닌 사람만이 들려줄 수 있는데, 사람은 지질학적 시간의 마지막 순간에 등장했다. 인간과 우주의 상호 작용 중 아주 일찍 일어난 것들은 대부분 역사에 남아 있지 않다(기록 부재 때문에, 또 좀 더 먼 과거에는 문자와 말의 부재 때문에). 하지만 기록은 남아 있지 않더라도, 우리는 아주 오래전부터 하늘에서 일어나는 일에 주목했을 것이다. 하늘 관측은 결국 초기의 항해에 도움을 주었지만, 그보다 더 이전에 하늘은 낮에는 하나의 거대한 밝은 빛이 전체를 압도하는 장소로, 그리고 밤에는 수많은 빛의 점이 반짝이는 장소로 여겨졌을 것이다. 날이 가고 달이 가도 하늘은 가만히 정지해 있는 것처럼 보이지만, 관찰력이 뛰어난 사람의 눈에는 태양과 달의 움직임 외에 미묘한 변화들이 보인다. 가끔 하늘에서는 아주 극적인 일이 일어나는데, 아주 무심한 영장류조차 그것을 알아챌 수 있다. 혜성 출현이나 먼 별의 폭발 또는 운석의 공중 폭발처럼 극적인 사건들은 우리의 문화를 현재의 모습으로 빚어내는 데 영향을 미쳤을 것이다.

인류의 역사에서 대다수 사람들은 지상에서 일어나는 일상적인 활동에만 몰두했다. 이것은 충분히 이해할 수 있다. 하지만 가끔 저 위의 하늘에서 이상한 일이 일어났고, 때로는 그 일이 큰 소동을 불러일으켰다. 3000년 전에 농부가 배추밭에서 열심히 일하고 있는데, 갑자기 한낮에 구름 한 점 없는 하늘에서 태양이 사라진다면, 그 농부가 얼마나 놀랄지 상상해보라. 예기치 못한 그런 사건이 얼마나 큰 불안을 야기할지는 쉽게 상상할 수 있다. 만약 농부가 쉽게 흥분하는 유형이라면 '히스테리' 상태에 빠질지도 모른다.

인류의 역사에서 얼마 전까지만 해도 우리는 하늘과 그 위에서 무슨 일이 일어나는지 제대로 이해하지 못했다. 일식 같은 사건이 일어날 때 사람들이 가끔 평정심을 잃은 것은 아마도 그 때문일 것이다. 지금은 물론 수백 년 동안의 연구와 닐 디그래스 타이슨Neil deGrasse Tyson이 진행하는 TV 다큐멘터리 덕분에 달이 태양과 지구

사이에 들어가 그 그림자가 우리가 있는 지역을 덮을 때 일식이 일어난다는 사실은 누구나 안다.(월식의 경우에는 지구가 태양과 달 사이에 들어가 그 그림자가 달을 덮을 때 일어난다.) 일식은 수십 년 뒤에 일어나는 것까지 충분히 예측할 수 있지만(분 단위까지 정확하게), 일어날 때마다 중요한 뉴스로 크게 보도되고 많은 목격담이 잇따른다. 마찬가지로 우리는 밝은 혜성이 언제 어떤 모습으로 나타날지 기본적으로 예측할 수 있지만, 그런데도 혜성이 나타나면 전 세계적으로 큰 뉴스거리가 된다. 이런 사례들은 우리가 무슨 일이 왜 일어나는지 잘 아는 현대에 와서도, 우주의 사건이 인간에게 얼마나 큰 영향을 미치는지 보여주는 증거이다.

그런 사건에 대해 호기심 많은 인간이 나타내는 반응 중 주목할 만한 예는 일식을 최초로 목격한 기록에서 찾아볼 수 있다. 이것은 아일랜드 러프크루의 세 돌기둥에 나선 모양의 암각화로 남아 있다. 이전에 이 지역에서 볼 수 있었던 일식들을 역산한 결과를 바탕으로 추정할 때, 돌에 새겨진 태양과 달과 지평선의 배열은 기원전 3340년 11월 30일에 일어난 일식을 나타냈을 가능성이 높다. 하지만 암각화와 관련해 의문스러운 사실(고대의 예술가/저자가 의도적으로 누락한 것으로 보이는)이 한 가지 있는데, 불에 탄 시신 40여 구의 뼈가 안치된 공동묘지가 이 지역에 있다는 점이다. 어떤 사람들은 이것이 태양과 관련이 있는 신에게 바친 인신 제물이라고 생각한다. 혹은 그냥 역사에서 흔히 일어나는 우연의 일치일지도 모르는데,

일식. 옛날 사람들을 공포에 떨게 한 사건.

불에 그을린 시신 수십 구가 아무 이유 없이 고대의 천문대 곁에 묻혔다가 발굴된 것일 수도 있다.

러프크루에서 일어난 일은 사람들이 일식을⋯⋯ 지나치게 극적인 사건으로 간주하는⋯⋯ 특이한 사례가 아니다. 강렬한 반응과 창조적인 시나리오 설정은 예외가 아니라 인간의 일반적인 행동처럼 보인다. 많은 고대(그리고 현대) 문화에서 일식과 월식은 거대한 존재들이나 신적인 존재들 사이의 싸움으로 간주되었고, 문화에 따라 다양한 방식으로 반복되었다. 예를 들면, 베트남 전설에서는 거대한 개구리가 태양을 삼킬 때 일식이 일어난다고 이야기한다. 바이킹은 일식을 하늘에서 두 늑대가 세상을 영원한 어둠* 속에 잠기게 하려고 태양을 집어삼키기 위해 펼치는 추격전이라고 보았다. 고대 중국인은 일식을 용(달)이 황제(태양)를 공격하는 것이라고 생각했다. 명민한 황제라면 당연히 용의 공격을 피하고 싶었을 테고, 중국 황제들은 그런 사건을 예측하기 위해 점성가를 두었다. 기원전 2300년에는 황제의 두 점성가가 일식 예측을 제대로 하지 못해 목이 잘리는 일도 있었다. 그것은 다소 부당한 처사였는데, 예측이 실패했다고 해서 황제가 하늘의 거대한 용에게 잡아먹히는 일은 일어나지 않았기 때문이다.

　머리가 잘려나가는 이야기가 나왔으니 덧붙이자면, 일식을 힌두교 신화에서는 가끔 라후 신의 몸에서 떨어져 나와 하늘 위로 솟아오른 머리가 태양을 삼킨다고 이야기한다. 라후의 머리는 불멸의 상태이지만 나머지 몸은 그렇게 못한데, 라후가 불사의 술인 암리타를 마시는 도중에 비슈누 신이 머리를 잘라버렸기 때문이다. 그 결과로 이제 불멸의 상태가 된 라후의 머리는 신들에게 자신이 암리타를 마시는 것을 일러바친 고자질쟁이(태양과 달)를 집어삼켜 복수를 하려고 한다. 라후는 태양(혹은 월식이 일어나는 경우에는 달)을

---

* 　바이킹이 살던 북유럽 지역에서 겨울철을 잠깐 지내본 사람이라면, 영원한 어둠이 얼마나 무서운지 충분히 이해할 것이다.

집어삼켜도 몸통이 없기 때문에, 태양은 라후의 목을 통과해 무사히 반대쪽 끝으로 나올 수 있다. 그래서 "복수는 천체의 예측 가능한 움직임과 우연히 일치하는 간격으로 계속 나오는 음식이다."라는 속담이 생겼는지도 모른다.

고대 바빌로니아인은 어렴풋이 일식과 월식을 예측할 수 있었지만, 이것을 나쁜 징조로 받아들였는데, 특히 왕의 건강에 해가 닥칠 징조로 보았다. 그래서 일식이 예고되면, 하층민 중에서 한 사람을 뽑아 옥좌에 앉는 '영예'를 주었는데, 평소에 그 자리에 앉아 있던 사람에게 닥칠 불운을 피하기 위한 조처였다. 일식이 끝나면 대역은 그 보상을 받았는데, 여러분이 추측한 대로 즉각 처형되었다.

무슨 일에서건 실망시키는 법이 없는 고대 그리스인은 일식이나 월식을 불운의 전조로 여겼다(비록 실제로 일식이나 월식이 일어날 때마다 나쁜 일이 생긴 것은 아니었지만). 전쟁의 역사에서 아주 기묘한 사건 중 하나로 꼽히는 일이 기원전 585년에 일어났는데, 한참 치열하게 교전 중이던 리디아Lydia와 메데스Medes의 군대는 갑자기 하늘이 어둑해지자 싸움을 멈추었다. 이 사건은 역사에 '일식 전투'로 기록되었다. 양측은 일식을 무기를 내려놓으라는 하늘의 계시로 받아들였고, 10년 이상 지속된 싸움을 끝내고 평화 조약을 맺었다. 그 조약 이후에 그 지역에서 정치적 긴장은 더 이상 발생하지 않았다. 이 모든 것이 일식 때문에 일어났다.

아마도 짐작했겠지만, 일식에 대한 군사적 반응이 항상 이처럼 평화적이었던 것은 아니다. 역사적으로 일식에 대해 가장 유명한 반응을 초래한 것은 아마도 1135년에 북유럽에서 일어난 개기 일식이 아닐까 싶은데, 마침 그때 영국 왕 헨리 1세가 사망했다. 이 일식은 사람들의 마음도 어둡게 한 것으로 보이는데, 빈 왕좌를 놓고 왕국이 거의 20년 동안이나 혼돈과 내전에 휘말려들었기 때문이다.• 그 당시의 역사를 감안하면, 이 혼란은 하늘에서 태양이 사라지지 않았더라도 불가피했을 것이다. 하지만 인간의 혐오스러운 본성과 지배권을 차지하기 위한 투쟁을 탓하기보다는 천문학적 사

기생성 무악동물인 칠성장어를 먹다가 죽음을 맞이한 영국 왕 헨리 1세.

- 현대 역사학자들은 이 혼돈의 시기에 애정 어린 명칭을 붙였는데, "무정부 상태 the Anarchy"라는 용어가 그것이다.

건을 탓하는 게 당연히 훨씬 흥미진진하다. 흥미로운 역사적 주석에 따르면(사려 깊은 독자라면 놀라운 사실도 아니지만), 왕을 죽인 것은 사실 일식이 아니었다. 헨리 1세는 프랑스 북부로 잠깐 여행을 떠났다가 그 지역의 별미인 칠성장어를 배 터지게 먹었다. 그러고 나서 소화불량으로 그다음 일주일 동안 심하게 앓다가 결국 죽음을 맞이했다. 미끌미끌한 기생성 무악동물인 칠성장어를 실컷 포식했다가 이승에서의 마지막 식사를 맞이했다니, 참 지지리도 운이 없었던 왕이다. 하지만 죽음은 다양한 방법으로 찾아온다.

신뢰할 수 있는 수준의 일식 예측이 처음으로 가능해졌을 때, 극소수 지식인과 운 좋은 사람만이 그 정보에 접근할 수 있었다. 사실, 아메리카 대륙의 '발견자' 크리스토퍼 콜럼버스Christopher Columbus는 그의 성격을 잘 드러낸 일화에서 초기의 천문표를 활용해 위기에서 벗어났다. 1503년 여름, 콜럼버스가 탄 배는 불운하게도 자메이카 해안에서 좌초되고 말았다. 현지 주민은 매우 우호적이고 친절해 조난자들에게 여섯 달 동안 음식과 보급품을 제공했다. 하지만 1504년 3월이 되자, 현지 지도자들은 콜럼버스와 그 부하들이 너무 오래 빌붙어 지낸다고 판단하고서 더 이상 보급품을 지원하지 않기로 결정했다. 이 난국을 타개하기 위해 고심하던 콜럼버스는 배에 있던 책력에서 해결책을 찾았다. 그 책력에는 1475년부터 1506년까지의 천문표가 포함돼 있었는데, 운 좋게도 그 지역에서 일어날 월식 날짜가 적혀 있었다. 월식이 일어나기 하루 전날 밤에 콜럼버스는 이전에 친절을 베풀었던 부족민들을 불러 그 지도자들에게 그들의 대접(혹은 최근의 소홀한 대접)에 신이 노했다면서, 다음 날 밤에 신의 분노를 보여주는 징조가 나타날 것이라고 말했다. 정말로 그날 밤에 예정대로 월식이 일어나자, 크게 놀라고 두려움에 사로잡힌 원주민들은 신의 분노를 더 부추기지 않으려고 곧장 달려가 음식과 보급품을 잔뜩 가져왔다. 좋은 사람이었던 콜럼버스는 자신들을 환대해준 그 땅의 주인들을 기꺼이 주종 관계로 예속시켰다.

일식과 월식은 악의적이지 않은 방식으로 사용할 수도 있는데, 고대부터 과학적 소질이 있는 사람들은 일식과 월식을 연구해 중요한 결과를 얻었다. 칼데아(신바빌로니아)의 천문학자들은 일식과 월식을 사용해 오늘날 사로스Saros 주기(같은 장소에서 거의 같은 상태의 일식이나 월식이 일어나는 주기)라고 부르는 것을 발견했다. 사로스 주기는 약 18년 11일 8시간으로, 그때마다 태양과 지구와 달이 이전 주기 때와 똑같은 방식으로 정렬하면서 일식이나 월식이 일어난다. 거추장스러운 '8시간' 때문에 지구에서 일식을 완전히 볼 수 있는 지역에 변화가 생기는데, 동등성을 위해서는 좋은 일이다. 고대 그리스인은 월식을 이용해 지구와 달 사이의 거리를 정확히 알아냈다. 그리고 아리스토텔레스Aristoteles는 월식 때 달에 비치는 지구의 그림자 윤곽을 보고서 지구가 둥글다고 확신했다. 예수가 태어나기 300년도 더 전에 지구가 둥글다는 증거가 이미 나와 있었다는 사실에 주목할 필요가 있다. 이것은 누구나 할 수 있는 아주 간단하고 분명한 관찰 결과이지만, 폐기된 지 2300년이 더 지난 개념에 집착하고 있는 평평한 지구 학회 The Flat Earth Society 회원들을 설득하기에는 역부족으로 보인다.*

일식과 월식은 현대에 와서도 과학에 도움을 주었다. 슬프게도 미국 대통령이던 도널드 트럼프 Donald J. Trump가 2017년 여름에 북아메리카에서 일어난 개기 일식을 아무런 보호 장비 없이 맨눈으로 직접 보기로 결정한 것과 미국 국립과학재단의 예산을 두 배로 늘리기로 결정한 것**은 여기에 해당하지 않는다. 잠깐 이야기가 옆길로 샜는데, 알베르트 아인슈타인 Albert Einstein이 일반 상대성 이론을 발표했을 때, 일식은 그 이론을 검증할 기회를 제공했다. 아인슈타인은 이 획기적인 이론에서 질량이 아주 큰 물체 주변에서는 시공간이 휘어진다고 주장했고, 영국 천문학자 아서 에딩턴 Sir Arthur Stanley Eddington은 1919년 5월 29일에 일어난 개기 일식 때 태양 곁을 스쳐 지나온 별빛이 아주 미소하게 휘어지는 것을 측정함으로써 이 주장이 옳음을 확인했다.

위에서 소개한 것들은 인류의 역사에서 일어난 수많은 일식과

---

* 2017년 농구 스타 카이리 어빙 Kyrie Irving은 평평한 지구를 믿는다고 공개석상에서 밝혔다. 클리블랜드 팀은 그 직후에 그를 트레이드했지만, 평평한 지구를 믿는 그의 신념이 직접적 원인이었는지는 불분명하다.
** 실제로는 두 가지 일 중 한 가지만 일어났다.

미국 국립과학재단의 예산을 두 배로 늘린
도널드 트럼프가 2017년 개기 일식 때 태양을 맨눈으로 바라보는 장면.

월식 중 극히 일부와 그것들과 관련된 몇몇 이야기에 지나지 않는다. 일식 같은 사건은 물론 아주 극적이지만, 실제로 일어나는 일은 한낮에 몇 분 동안 세상이 어두워지고 기온이 약간 내려가는 것에 지나지 않는다. 갑작스런 이상 현상에 약간 으스스한 느낌이 드는 것은 사실이지만, 세상이 캄캄해지는 일이야 매일 밤마다 일어나며, 단지 엉뚱한 시간에 같은 일이 일어나는 것뿐이다. 지구에서 24시간 이상 머문 사람에게는 약간의 어둠은 그렇게 낯선 현상이 아니다. 자, 이제 엉뚱한 시간에 닥친 약간의 어둠을, 여태껏 하늘을 가로지르며 지나간 것 중 가장 밝은 빛을 뿜어내고 지금까지 들은 것 중 가장 큰 폭음을 내며 날아오는(아마도 여러분을 향해) 거대한 화구火球(매우 밝은 유성. 대개 금성 이상의 밝기를 가진 것을 가리키며, 때로는 폭음을 내며 공중에 불꽃을 남기기도 한다.—옮긴이)와 비교해보자. 대다수 사람들은 "가장 공포스러운 대상" 목록에서 "거대한 초음속 화구"를 꼭대기 근처에 둘 것이고, 서커스 광대가 풍선을 들고서 마을 하수도 주위를 천천히 걷고 있는 모습을 목격한 것보다 아마도 훨씬 더 높은 곳에 둘 것이다.

어쨌거나 역사 속에서 사람들이 상대적으로 따분한 일식과 월식에 어떻게 반응했는지를 감안하면, 초신성이나 혜성, 특히 거대한 유성이 나타났을 때 온 사회가 몇 년 동안 충격과 공포를 느낀 것은 충분히 이해할 수 있다.

역사 속의 초신성°

폭발하는 별인 초신성은 아주 드물게 나타나지만, 엄청나게 많은 에너지를 뿜어내는 사건이어서 눈 깜짝할 사이에 은하 전체의 밝기에 큰 변화를 가져온다. 우리에게는 다행히도 은하는 아주 거

- 노파심에서 이야기하자면, 초신성을 가리키는 영어 단어는 supernova인데, 그 복수형은 super novae이다. 따라서 이와 관련된 집합 명사는 a 'blast' of supernovae로 쓰자고 제안하고 싶다. 영어는 이렇게 재미있다.(blast는 '폭발'이란 뜻인데, 물고기 떼를 a school of fish로 부르는 것처럼 초신성 집단을 나타내는 표현으로 a blast of를 쓰자고 말장난 삼아 제안한 것이다.—옮긴이)

대해서 초신성 폭발의 치명적인 에너지가 우리에게 큰 영향을 미치지는 않는다. 이 드문 사건이 일어날 때에는(설령 아주 먼 곳이라 하더라도) 하늘에 갑자기 나타난 밝은 빛이 상당히 오랫동안 지속된다. 185년에 중국 천문학자들은 '객성客星'이 나타났다고 기록했는데, 이것이 인류가 초신성을 분명히 관측한 최초의 사례였다. 지금은 'SN 185'라고 다소 격이 떨어져 보이는 이름이 붙은 이 초신성은 하늘에서 8개월 동안이나 볼 수 있었고, 폭발의 잔해는 현대 천문학자들이 지금도 연구하고 있다.

SN 185 이후에 초신성은 세계 각지의 문화들에서 여러 차례 목격되었지만, 이 사건들 중에서 전쟁이나 대규모 죽음과 직접적 관련이 있었던 것은 하나도 없다. 하지만 1006년과 1054년에 특별히

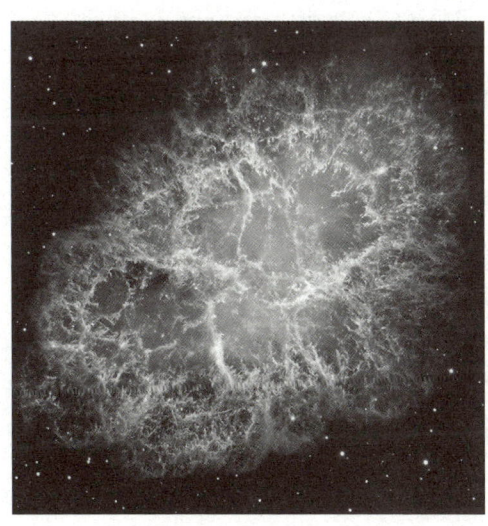

더 이상 맨눈으로는 볼 수 없지만, 1054년에 중국 천문학자들이 기록으로 남긴 초신성은 밤하늘에 게성운이라는 아름다운 흔적을 남겼다.

인상적인 모습으로 나타난 초신성은 미국 남서부 지역에서 발견된 다수의 암각화에 영향을 미쳤고, 1572년에 초신성이 나타났을 때에는 전설적인 천문학자 티코 브라헤Tycho Brahe가 그것을 하늘이 불변의 장소가 아님을 보여주는 중요한 증거로 내세웠다.

역사 속의 혜성

기록된 역사가 시작된 때부터, 아니 필시 그 이전부터 사람들은 하늘을 바라보다가 기묘한 것을 발견했다. 혜성(얼음과 암석, 먼지로 이루어진 공 모양의 천체로, 이심률이 아주 큰 타원 궤도로 태양 주위를 돈다.)은 몇 주일 동안에 걸쳐 심지어 낮에도 볼 수 있을 정도로 밝고 긴 꼬리를 끌며 나타나는 경우가 많기 때문에 눈길을 끌게 마련이다. 그래서 혜성은 처음부터 사람들의 주목을 끈 천체 중 하나였다. 먼 옛날부터 사람들은 혜성을 다양한 방식으로 묘사했다. '긴 머리털을 가진 별', '긴 수염을 가진 별', '악마 별', '빗자루 별' 등으로 불렸고, 개인적으로 마음에 드는 표현으로는 '우주의 위협'이 있다. 다양한 문화에서 귀엽거나/무시무시한 어떤 이름을 붙였건 간에, 대개 혜성은 운 나쁘게 그것을 본 사람에게 불운을 가져다주는 징조로 간주되었다. 아마도 혜성이 하늘의 아름다운 질서를 깨뜨렸기 때문에 그랬을 것이다. 아니면 뚜렷한 이유 없이 두려움을 확산시키기 때문에, 그런 주장을 펼치는 사람이 주목을 받기에 좋은 방법이어서 그랬을 수도 있다. 어쨌든 고대 문화에서는 광범위한 이주가 드물었기 때문에, 개인적 이익을 위해 겁을 주어 사람들을 쫓아내려면 공포를 조장하는 전술을 사용해야 했다.

어떤 고고학자들은 특정 바위그림과 암각화에 혜성이 묘사돼 있다고 주장하는데, 개중에는 제작 시기가 적어도 기원전 2000년경까지 거슬러 올라가는 것도 있다. 브라질의 토카두코즈무스와 스코틀랜드의 트레이프레인로, 아르메니아의 게감산맥을 비롯해 세계 각지의 여러 장소에서 발견된 이미지들은 분명히 혜성을 묘사한 것처럼 보이긴 하지만, 추가 증거와 기록이 없는 상황에서 고대의 이 이미지가 혜성 목격을 구체적으로 묘사한 것이라고 확실히 단정하기는 어렵다. 하지만 바빌로니아의 대서사시 『길가메시』에서는 혜성이 분명히 어떤 역할을 하는 것으로 나온다. 약 4000년 전의 이 신화에서 혜성은 화재와 홍수, 유황 세례를 몰고 왔기 때문에, 왜 혜성이 후대 사람들 사이에서 큰 공포를 불러일으켰는지 이해하는 데 도움을 준다.

혜성을 분명히 묘사한 최초의 기록은 기원전 2세기에 남긴 중국(한 왕조)의 글과 그림인데, 후난성 창사 동쪽 교외에 위치한 마왕퇴馬王堆에서 발굴되었다.(이를 마왕퇴백서馬王堆帛書라 부르는데, 백서는 비단에 기록한 서책을 뜻한다. 마왕퇴는 '마왕馬王의 무덤'이란 뜻으로, 오대五代 시절에 이 지역을 다스린 마은馬殷의 무덤으로 잘못 전해져 붙은 이름이다. 훗날 마왕퇴는 전한 경제 시대 지방 관리의 가족묘로 밝혀졌다.—옮긴이) 이 비단에는 여러 종류의 혜성 그림이 그려져 있는데, 각각의 혜성이 무엇을 의미하는지 설명까지 달려 있다. 이 인상적인 목록은 혜성의 겉모습과 색, 크기, 꼬리 등의 특성을 바탕으로 작성되었다. 아마 여러분도 추측했겠지만, 혜성은 모양에 상관없이 모두 불길한 징조로 여겨졌다. 29점의 그림과 그 '의미'를 해석하면, 대부분 다음과 같은 내용이다.

장군이 죽는다.
전쟁과 기근.

장군의 죽음이나 기근을 대수롭지 않게 여기는 사람이 있다면, 중국인에게 훨씬 불길한 운명을 예고한 혜성도 있다. 예컨대 이런 내용이 있다.

온 천하에 질병이 창궐하고
나라에 재앙이 닥친다.

어떤 혜성은 여전히 파괴적인 재앙을 가져오는 것으로 해석되었지만, 한편으로는 약간의 너그러움을 보여주는 것으로 묘사되었다. 예컨대 다음과 같이 대조적인 내용이 짝을 이룬 경우도 있다.

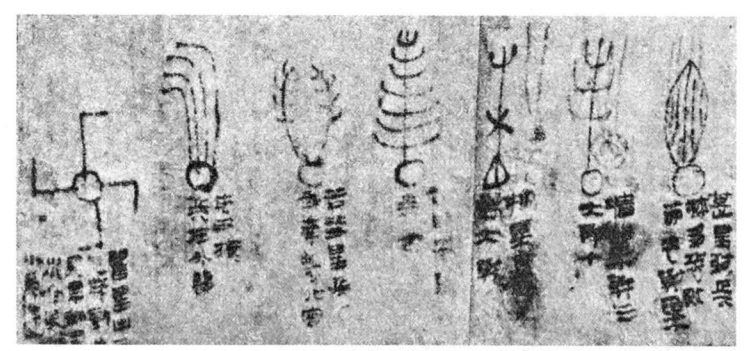

비단에 기록된 혜성.

내전, 대풍작

작은 전쟁, 풍작

그리고 내가 가장 좋아하는 내용은 이것이다.

소인小人이 눈물을 흘린다.

혜성은 서양 문화와 종교에서도 중요한 역할을 했는데, 아마도 가장 중요한 것으로는 예수가 탄생할 무렵에 나타난 혜성을 들 수 있다. 기원전 5년 무렵에 나타난 혜성이 그 유명한 '베들레헴의 별'이라는 추측이 널리 퍼졌다. 이 혜성의 출현은 이 지역의 여러 역사 기록에서 언급되었고, 중국 천문학자들도 기록했다. 그리고 조토 디 본도네Giotto di Bondone의 유명한 그림 〈동방박사의 경배〉(그 일이 있고

조토의 〈동방박사의 경배〉
배경에 혜성이 그려져 있다.

나서 무려 1300여 년 뒤에 그려진)에 혜성이 등장하면서 그것은 사실로 굳어졌다. 만약 실제로 혜성이 나타나지 않았다면, 조토가 왜 그림에 혜성을 그런 식으로 묘사했겠는가? 그래, 맞아!

예수가 죽고 나서 얼마 후, 로마 황제 네로는 기원후 60년에 나타난 혜성을 자기 구미에 맞게 해석해 많은 정적을 학살한 자신의 행위를 정당화했다. 이러한 집착은 네로가 로마 시가를 불태우거나 역사적 인공물을 파괴하는 데 골몰하지 않을 때 즐기던 취미 중 하나였다.

역사에서 가장 유명한(그리고 가장 큰 영향력을 떨친) 혜성 중 하나는 핼리 혜성이다. 이 혜성이 최초로 분명히 관측되고 기록된 것은 기원전 240년 무렵이었고, 74~79년마다 다시 돌아오는 것이 목격되었다. 핼리 혜성이 나타날 때마다 세상에는 흥미로운 일이 일부 일어나는 것처럼 보였지만, 다른 경우들보다 훨씬 중요한 사건이 일어난 적도 있었다. 정복왕 윌리엄 1세는 인상적인 핼리 혜성의 출현을 자신과 노르만인 군대가 영국인에게 결정적 승리를 거둘 징조로 해석해 공격에 나섰고, 역사상 중요한 전투에서 승리를 거두었다. 이 사건과 혜성의 인과 관계를 사람들이 어떻게 생각하는지 시험해보고 싶다면, 영국인 악센트를 가진 학생을 아무나 붙잡고 '헤이스팅스 전투'를 언급해보라. 그러면 틀림없이 '1066년'이라는 대답이 튀어나올 것이다.

1222년에 핼리 혜성이 다시 돌아와 매우 밝은 빛을 내며 서쪽으로 향했는데, 이 혜성은 칭기즈 칸이 수백만 명을 몰살시키면서 유럽 남동부를 침공하는 사건을 예고했다고 회자됐다. 하지만 몽골군은 실제로는 그전부터 이 지역을 정복할 계획을 세웠던 게 틀림없는데, 칭기즈 칸이 무엇보다 차지하길 원했던 두 가지는 땅과 여자였기 때문이다. 따라서 이 경우에는 혜성과의 인과 관계는 잘해야 의심스러운 정도에 그친다.

오늘날 대다수 사람들은 혜성의 존재에 익숙하며, 설령 직접 혜성을 본 적이 없다 하더라도, 미국의 풍자가이자 작가인 마크 트웨인Mark Twain이 태어난 해와 죽은 해에 핼리 혜성이 나타났다는 다소 놀라운(그리고 사실인) 잡동사니 정보를 알고 있을 가능성이 높다. 잘 모르는 사람을 위해 설명하자면, 트웨인은 1835년에 핼리 혜성이 근일점(태양 주위를 도는 천체의 궤도에서 태양에 가장 가까운 지점)을 통과한 지 2주일 뒤에 태어났다. 물론 트웨인과 혜성의 연결 관계는 여기서 끝나지 않았고, 트웨인 자신도 그 사실을 전혀 잊지 않았다. 1909년에 출판된 자서전에서 트웨인은 다음과 같이 썼다.

> 나는 1835년에 핼리 혜성과 함께 이 세상에 왔다. 핼리 혜성은 내년에 다시 올 텐데, 나는 혜성과 함께 떠나길 기대한다. 만약 내가 핼리 혜성과 함께 가지 않는다면, 내 인생에서 가장 실망스러운 일이 될 것이다. 전능하신 신은 분명히 이렇게 말했다. "이제 여기에 설명할 수 없는 두 괴짜가 있다. 둘은 함께 왔고, 함께 떠나야 한다."

트웨인에게는 다행스럽게도(?) 그는 1910년에 나타난 핼리 혜성이 근일점을 통과한 다음 날에 죽었는데, 필시 만면에 미소를 머금은 채 눈을 감았을 것이다.

혜성의 출현과 죽음에 얽힌 덜 흐뭇한 현대의 이야기에는 헤일-봅 혜성과 사이비 종교 집단 천국의 문이 등장한다. 1997년 샌디에이고에서 마셜 애플화이트(Marshall Applewhite)가 이끈 천국의 문 신도들은 애플화이트의 말에 속아 헤일-봅 혜성의 밝은 꼬리 뒤에 자신들을 "인간을 초월하는 수준의 존재"로 데려갈 우주선이 있다고 믿었다. 하지만 그 우주선에 타려면, 신도들은 페노바르비탈과 애플소스와 보드카를 섞은 독극물을 섭취해 지구에 매인 신체를 떠나야 했다. 광신적 믿음은 결국 39명의 신도가 집단 자살하는 비극으로 끝났다. 또한 애플화이트는 죽을 때 행성 간 여행 경비로 정확하게 5.75달러를 가져가야 한다고 말했다. 애플화이트가 환율을 어떻게 그토록 정확히 알았는지, 혹은 어떻게 신도들에게 25센트 동전 23개를 가져가야 행성 간 통행료 징수소에서 영원히 발이 묶이는 불상사를 피할 수 있다고 설득했는지는 불분명하다. 아마도 천국의 문 공부 모임에서는 경제학이나 물리학을 높은 수준으로 공부하지 않았던 것 같다.

불행하게도 헬리 혜성이 마크 트웨인의 죽음과 연관이 있다거나 인상적인 혜성의 출현이 스스로의 인간적 선택을 넘어서서 죽음을 선택한 것과 직접적 연관이 있다는 과학적 증거는 거의(아니 전혀) 없다. 혜성이 지나가는 동안 지구에 있는 어떤 존재에라도 물리적으로 해를 끼친다는 증거도 전혀 없다. 그러나 사람들이 혜성을 죽음과 파괴의 징후로 생각했다고 시사하는 역사적 증거는 차고 넘치며, 그 결과로 혜성은 상당히 많은 2차적 피해의 간접적 원인이 되었다. 하지만 일식과 월식, 초신성, 혜성, 2차적 피해에 관한 이야기는 이제 그만하기로 하자. 지금 우리는 무엇보다도 1차적 피해를 보여달라고 요구하는 시대에 살고 있다.

3장

인간과
하늘의 충돌

 인류의 역사에서 혜성 출현이나 갑자기 하늘을 환하게 밝히며 나타나는 초신성, 일식과 월식 같은 현상은 전 세계 많은 지역에서 목격된 큰 사건이었다. 이런 사건들은 때로는 그 당시 사람들에게 지속적이고 중요한 결과를 낳는 행동을 촉발시켰고, 때로는 역사의 물줄기를 확 바꾸기도 했다. 하지만 혜성과 일식 같은 사건은 실제로는 거대한 규모의 빛에 지나지 않았다. 그리고 거대한 규모의 빛은 인신 제물을 바치게 하거나 그 뒤에 일어난 전투의 평계가 되거나 심지어 한두 왕국의 변화를 가져왔다. 그럼에도 불구하고, 거대한 규모의 빛은 자신이 지닌 다른 세상의 속성을 후세대에게 상기시키는 물리적 흔적을 전혀 남기지 않는다. 운석은 번득이는 섬광으로 사람들을 놀라게 하지만, 그 외에 공포스러운 음속 폭음과 실제로 하늘에서 떨어지는 암석 덩어리도 수반한다. 이렇게 추가적인 차원의 속성, 그리고 어쩌면 가장 중요하게는 그 사건을 기념하는 물리적 표본 때문에, 운석은 그저 번득이는 빛보다 훨씬 깊은 차원에서 인류에게 큰 영향을 미쳤다. 인류의 시대에 하늘에서 떨어진 운석은 단지 이야기와 전설 속에 스며드는 데 그치지 않고, 여러 인간 집단의 종교적, 문화적 가르침을 만들어내 수십억 명에게 지속적인 영향을 미쳤다. 물론 운석이 종교의 원인은 아니며, 인간 문화를 만들어내지도 않았다. 우주에서 암석이 떨어지건 그렇지 않건, 어쨌든 인간은 그런 것을 만들어냈을 것이다. 하지만 우주에서 날아온 암석은 오랜 시간에 걸쳐 문화와 종교적 가르침에 영향을 미치는 데 아주 중요한 역할을 했고, 그것은 들려줄 가치가 있는 이야기라고 나는 생각한다.

가장 이른 시기에 일어난 인간과 운석의 접촉 단서는 오늘날의 이란 지역인 테페시알크에 있는 기원전 4000년경의 한 무덤에서 발견되었다. 무덤에서 녹슨 구슬이 나왔는데, 분석했더니 운석으로 만들어진 것으로 드러났다. 무덤 속에 들어 있다는 사실은 이 구슬이 귀하게 여겨졌음을 강하게 시사한다. 그렇다면 이 장신구가 중요한 사람의 장례를 위한 종교 의식의 일부로 쓰였을 테고, 따라서 6000년도 더 전에 운석이 종교와 연결되었음을 알 수 있다. 하지만 우리는 운석 구슬의 목적은 알지 못한다. 이 지역 주민이 하늘에서 떨어지는 암석을 보고서 그것으로 구슬을 만들었는지, 아니면 그저 땅 위에 놓여 있던 '흥미로운' 금속 광석으로 구슬을 만들었는지는 알 길이 없다. 또, 테페시알크 주민이 이 구슬을 종교적 대상으로 여겼는지 아니면 무덤 속에서 잠든 사람과 함께 지낼 멋진 장신구로 여겼는지도 알지 못한다. 어느 쪽이건, 이 구슬이 무덤 속에 들어 있었다는 사실은 이 지역 주민이 운석의 가치와 독특함을 알아챘음을 보여준다.

연대순 기록이 시작되기 이전의 인간 문화를 연구하는 것은 아주 어려운 작업이다. 그 당시의 사건과 행동 뒤에 숨은 이유가 기록되기 이전에는 사건의 맥락과 당사자들의 생각을 알기가 사실상 불가능하며, 따라서 파악할 수 있는 근거를 바탕으로 어떤 일이 일어났는지 이런저런 추측만 할 수 있을 뿐이다. 하지만 기원전 3300년경에 문자가 발명되면서 큰 변화가 일어났다. 상형 문자와 설형 문자는 초기 문명의 중요한 문자 체계가 되었고, 사람들은 당시의 사건들을 기록하고 맥락을 설명하면서 인간의 행동에 영속적인 영감을 제공했다.

철기 시대 이전의 철

5000년도 더 전에 인간이 문자를 사용해 기록하는 방법을 궁리하던 무렵, 청동을 만드는 솜씨도 상당히 발달했다. 청동은 구리와 주석의 합금인데, 일상 도구와 전쟁 무기의 생산이라는 측면에서 이전에 사용하던 돌이나 뼈로 만든 도구보다 중요한 진전이 일어났음을 알려준다. 하지만 청동을 만들려면 구리와 주석 광석이 있

사람을 때리고 찌르는 기술의 간략한 역사

| 빙하기 | 기원전 1만 2000년경 석기 시대 시작 | 기원전 7000년경 동기 시대 시작 | 기원전 3300년경 청동기 시대 시작 | 기원전 1200년경 철기 시대 시작 | 1970년경 디스코 시대 시작 |

시대에 따라 대량 생산이 가능해진 기본 도구와 무기.

어야 하는데, 주석 광상은 희귀한 탓에 대다수 지역에서는 이 재료를 손에 넣기가 쉽지 않았다. 상당 기간은 광범위한 교역이 그 간극을 메워주었지만, 만연한 전쟁과 늘 부족한 광석 자원 때문에 여러 문명이 일어났다가 사라져갔다. 그 당시에는 적절한 무기나 쟁기를 만들지 못하는 부족은 오래 살아남기 힘들었다. 모든 집단은 안정적인 금속 공급이 필요했는데, 그것을 확보하지 못하면 멸망할 수도 있었다.●

지각에 구리와 특히 주석의 매장량이 부족한 현실은 수천 년 동안 큰 장애물이었다. 그런데 그 당시 사용할 수 있었던 금속 중에 칙칙한 구리나 청동보다 더 신비하고 더 반짝이는 금속이 있었는

● 금속 공급을 고대 세계의 와이파이라고 생각해보라.

데, 그것은 바로 운석에 포함된 철 금속*이었다. 오늘날에는 철이 신비하거나 흥분을 불러일으키는 금속처럼 보이지 않지만, 5000년 전에는 사람들이 철을 만드는 방법을 전혀 몰랐다. 전에 본 적이 전혀 없지만 아주 유용한 물건을 우연히 발견한다면 흥분할 수밖에 없다. 이 반짝이는 금속이 하늘에서 떨어지는 것을 보았다면, 그 흥분과 신비감은 더 커질 것이다. 운석은 항상 경이롭고 신비로웠지만, 그것이 어디서 왔는지 알 수 없는 데다가 그 속에 만드는 방법을 모르는 금속까지 들어 있다면, 경이감과 신비감은 더욱 증폭될 수밖에 없었다. 철 원소는 지구의 지각에 아주 풍부하게 존재하지만, 여러분이 생각하는 반짝이는 금속의 모습으로는 존재하지 않는다. 지각에는 금속성 철이 사실상 전혀 없다.** 지각에 존재하는 철은 일반 암석과 철을 풍부하게 포함한 광석인 적철광(Fe_2O_3)과 자철광(Fe_3O_4) 속에 갇혀 있다. 쟁기와 칼 같은 것을 만들기 위해 철광석을 철 금속으로 바꾸려면, 철을 철광석에서 추출해야 한다. 이것은 청동을 만드는 것보다 훨씬 어려웠다. 간단히 설명하면, 철광석

- 철 '금속'은 여러 가지를 가리킬 수 있지만, 여기서는 '원소' 형태의 철(Fe^0)을 가리키며, 훨씬 흔하게 존재하는 '산화된' 형태(즉, Fe^{+2}나 Fe^{+3}. 이 두 형태의 철은 산소와 잘 결합해 FeO와 Fe_2O_3를 각각 생성한다)를 가리키는 게 아니다. 지각에서는 주변에 산소가 풍부하게 널려 있어 철은 산화된 형태로만 발견된다.
- 모든 것에는 예외가 있기 마련이다. '천연 철'은 몇몇 장소에 소량 매장돼 있긴 하지만, 유일하게 상당량이 매장된 곳은 그린란드 서해안에 위치한 디스코섬뿐이다.

을 가열해 불순물을 걸러내고, 산화철을 철 금속으로 바꾼 뒤에 그것을 두들기고 다듬어 원하는 모양으로 만드는 과정을 거쳐야 한다. 하지만 철 운석을 발견한다면, 두들기고 다듬는 과정(어쩌면 약간 가열하는 과정이 필요할 수도 있다.)만 거치면 된다. 이전에 그와 비슷한 것을 본 적이 없는 우아한 은빛 단도를 얻을 수만 있다면, 인간은 무한한 근육의 힘과 인내심을 발휘할 수 있었다.

철광석에서 질 낮은 철 금속을 소량이라도 만들려면, 용광로 온도를 1200°C까지 올려 오랫동안 지속시켜야 한다. 도자기를 굽던 초기의 가마는 온도를 약 900°C까지만 올릴 수 있었기 때문에, 온도가 더 높은 용광로를 발명해야 했다. 게다가 유용한 철 금속을 만들려면, 철광석에서 여러 가지 불순물을 제거해야 했는데, 이것은 또 하나의 기술적 장애물이었다. 더구나 최종 생산물에서 경도와 강도의 균형을 맞추려면, 도중에 탄소를 집어넣어야 한다. 이런 능력은 기원전 2000년경까지 발달하지 않았고, 기원전 1200~1000년경까지 이런 기술이 사용된 범위와 장소가 극히 한정돼 있었다. 그래서 고고학자들은 세계 각지에서 철 제련 기술이 나타난 것을 중요한 역사적 지표로 사용하는데, 이것은 단지 특정 문화의 기술 발전뿐만 아니라, 여행과 교역을 통한 정보와 인공물의 흐름을 강하게 시사하는 지표이다. 고고학적 관점에서는 인공 철과 철질 운석에서 얻은 철의 조성이 분명히 구별된다는 점이 중요하다. 운석 철은 인공 철보다 니켈 함량이 훨씬 높기 때문에 두 종류의 철을 쉽게 구별

기원전 1200년경 이전에
철 금속을 얻는 방법
(철질 운석을 발견하는 것)

기원전 1200년경 이후에
철 금속을 얻는 방법
(제련과 처리)

고대 사람들이 철을 만든 두 가지 방법.
기원전 2000년경까지는 철을 만드는 능력이 전혀 발달하지 않았다.
그리고 제련을 통해 철을 만드는 방법은 기원전 1200년경 이후에야 널리 퍼졌다.

할 수 있다. 그래서 고고학자들은 고대 유적에서 도구나 장신구, 부적을 발견하면, 거기에 포함된 철이 사람이 만든 것인지 운석에서 얻은 것인지 알 수 있다.

고대 이집트

고대 이집트는 지구에서 가장 먼저 나타난 문화 중 하나이고, 운석 물질은 기원전 3600~3350년경부터 이미 사용되었는데, 나일강 서안의 게르제 묘지에서 발견된 선사 시대의 쇠구슬이 그 증거이다. 하지만 앞에서 소개했던 이란 테페시알크의 구슬처럼 게르제의 구슬도 문자 시대보다 앞서기 때문에, 그들이 그 철을 어떻게 발견했으며, 그것이 왜 죽은 사람의 묘지에 들어가게 되었는지 설명해주는 기록이 전혀 없다. 따라서 이집트인과 운석의 관계에 대한 구체적 정보를 얻으려면, 문자가 나타날 때까지 기다리는 수밖에 달리 방법이 없다.

대다수 사람들이 생각하는 고대 이집트 전통 문화는 기원전 3150년경에 북부 지역과 남부 지역이 통일되면서 시작되었다. 이 시기가 우리의 논의를 시작하기에 딱 좋은 때인데, 이집트인이 상형 문자를 사용해 기록을 시작한 때이기도 하기 때문이다. 고대 이집트의 언어와 문화, 종교는 믿기 힘들 정도로 역동적이고 복잡했지만, 그들의 문화와 종교 전반에 하늘의 천체가 얼마나 큰 영향을 미쳤는지는 굳이 뛰어난 이집트학자가 아니더라도 충분히 이해할 수 있다. 이집트의 가장 강력한 최고신은 태양신 라이다. 그런데 고대 이집트인과 하늘의 관계는 여기서 끝나지 않는다. 대다수 고대 문화들과 마찬가지로 고대 이집트인은 밤하늘과도 깊이 연결돼 있었다. 이것은 그 당시에 광공해가 전혀 없었다는 사실, 그리고 어쩌면 넷플릭스가 없었다는 사실과도 어느 정도 관계가 있을 것이다.

고대 이집트의 무덤들에는 멀게는 문자 기록이 시작된 시점부터 귀족들이 운석을 장신구로 사용했다는 증거가 잘 보존돼 있다. 가장 흥미로운 예는 유명한 투탕카멘 왕의 무덤에서 발견된 왕의 단도인데, 이것은 철질 운석으로 만든 것이었다. 단도 옆에는 사후 세계로 가는 여행에 동행할, 운석으로 만든 구슬과 반지, 기타 장신구가 놓여 있었다. 이 인공물이 하늘에서 떨어지는 것이 목격된 암석으로 만든 것인지, 아니면 아직 인류가 만들 능력이 없었지만 땅위에서 가끔 발견되던 독특한 천연 철로 만든 것인지는 알 수 없다. 이를 알아내기 위해 약 2000년에 걸쳐 세워진 이집트 무덤들에서 니켈 함량이 높아 운석 철로 만들어졌을 가능성이 높은 인공물 30여 점을 수집했다. 비록 이 물체들이 전부 운석 철로 만들어졌다고 확인되지는 않았지만, 모두 지위가 높은 개인의 무덤에 들어 있었던 것으로 보아 나일강 유역의 주민들 사이에서 그 철제 물건이 매우 귀하게 여겨졌음을 알 수 있다.

투탕카멘 왕(위)의 무덤에서 발견된 멋진 단도(아래). 단도는 운석 철로 만들어졌고, 칼집은 금으로 만들어졌다. 이 장신구는 지금도 "소유하기에 아주 근사한" 물건으로 간주된다.

황금 헤드드레스와 운석 칼을 발굴하는 것만으로는 성에 차지 않는다면, 흥미진진한 법의어원학 forensic etymology 영역을 파고들어 고대 이집트의 문화와 운석의 관계를 다른 각도에서 바라볼 수도 있다. 많은 학자들은 기원전 3100년 이전부터 기원전 1300년경까지 고대 이집트어 '비아(bi3)'라는 단어는 운석 물질로 만든 인공물을 가리키는 데 사용되었다고 주장한다. 이것은 만약 모든 암석이 이집트 문화에서 평등하게 만들어졌다고 한다면, 어떤 암석들

비아엔페트에 해당하는 상형 문자. 문자 그대로 해석하면 '하늘에서 떨어진 철'이다.

은 다른 암석들보다 더 평등했음을 강하게 시사한다. 그런데 기원전 1300년경에 갑자기 비아엔페트(**bi3-n-pt**)라는 확장된 단어가 단지 운석 철뿐만 아니라, 인공 철과 운석 철을 가리지 않고 무차별적으로 쓰이기 시작했다. 고대 이집트에서 선철 제련 기술은 기원전 950년경까지는 존재하지 않았고, 그 후로도 300년 동안은 널리 퍼지지 않았다는 사실이 중요한데, 그렇다면 철이 생산되기 수백 년 전의 고대 이집트에서 철에 관한 어원이 그토록 극적으로 진화한 원인은 무엇일까? 가장 가능성이 높은 설명은 많은 사람들이 큰 철질 운석이 하늘에서 떨어지는 광경을 목격했다는 것이다. 다이앤 존슨Diane Johnson이 동료들과 함께 2013년에 발표한 연구에서 지적했듯이, 소수의 사람만이 목격한 국지적 사건이 언어에 그토록 갑작스럽고 극적인 변화를 초래했을 가능성은 희박하다. 하지만 많은 사람들이 다수의 운석이 우수수 떨어지는 광경이나 큰 철질 운석이 충돌하는 장면을 목격했다면, 땅 위에 놓여 있는 철이 하늘에서 왔다는 사실에 아무도 의심을 품지 않으면서 그러한 어휘 변화가 일어날 수 있다. 순전히 추측이 아니냐고? 맞다. 하지만 과학적 관찰에 기반을 둔, 근거 있는 추측이다.

그렇다면 고대 이집트에서 중요한 철 공급원뿐만 아니라, 새로운 어휘와 알려진 나머지 철의 기원에 대해 통찰력을 제공한 운석 충돌 사건이 정말로 목격되었을까? 만약 비유적인(그리고 다소 추측에 근거한) 스모킹 건을 원한다면, 이집트 남부에 폭 45m의 게벨카밀Gebel Kamil 운석 구덩이가 있는데, 지난 5000년 사이에 떨어진 철질 운석이 남긴 것이다. 한 문화의 구성원 전체가 모든 종류의 철을 '하늘에서 떨어진 철'로 거의 동시에 이야기하기 시작했는데, 그 근처의 거대한 운석 구덩이가 철질 운석 때문에 생겼다는 증거가 존재하는 것은 순전히 우연의 일치일 수도 있다. NFL의 와이드 리시버인 채드 존슨Chad Johnson이 등번호를 85번으로 했던 몇 년 동안 자신의 이름을 채드 오초친코Chad Ochocinco로 바꾼 것도 우연의 일치일 수 있다. 하지만 아마도 거기에는 어떤 연결 관계가 있으며, 이것들은 우연의 일치가 아닐 수도 있지 않을까?

죽은 자를 귀중하고 독특한 암석으로 예우하는 것은 그럴 수 있다 하더라도, 운석을 적극적으로 숭배하는 것은 우주 암석에 대한 또 다른 차원의 사랑이다. 이러한 행동은 심지어 오늘날까지도 이어지고 있지만, 고대 이집트인의 암석 숭배 열풍은 헬리오폴리스에 있는 태양신 신전에서 시작된 것으로 보인다. 이 신전에는 유명한 벤벤석이 있었는데, 원뿔 모양의 이 암석은 매일 아침마다 신전의 첫 번째 빛을 받을 수 있도록 높은 기둥 꼭대기에 올려져 있었다.** 비록 벤벤석은 오래전에 사라졌지만, 많은 학자들은 그 중요성과 빛과의 연관성, 원뿔 혹은 언덕 비슷한 모양 때문에 원래의 암석이 운석이었을 것이라고 생각한다.

이처럼 운석은 VIP의 장신구가 되거나 직접적인 숭배 대상이 되었지만, 이집트 문화에서 운석이 가장 중요하게 쓰인 사례는 죽은 자가 사후 세계에서 다시 먹고 마시고 숨 쉬고 말할 수 있도록 매장 직전에 사제가 거행하는 일련의 장례 절차인 '입을 여는 의식'에서였다. 실제로는 이 의식 때문에 많은 이빨과 얼굴뼈가 부러졌다. 초기에 사제들은 이 의식에 갈래진 주춧돌 칼을 사용했지만, 운석의 힘이 발견된 후로는 운석으로 만든 도구를 열정적으로 사용했다. 그 '힘'을 땅을 뒤흔든 추락 장면을 보고서 알았는지, 아니면 철제 도구가 그 당시 사용하던 어떤 것보다 더 강하고 내구성이 좋

• 가장 최근의 사례는 러시아의 '운석 교회'인데, 50여 명의 이 교회 신자들이 2013년 9월에 러시아에 극적으로 떨어진 첼랴빈스크Chelyabinsk 운석을 숭배하기 시작했다. 이 교회의 창시자 안드레이 브레이비치코Andrey Breyvichko는 이 운석은 너무나도 강력한 힘을 갖고 있어서 세계 종말을 촉발할 수 있다고 주장한다. 사실이건 아니건, 이 운석은 자동차 블랙박스에 촬영된 그 기묘한 추락 장면 영상을 유튜브에서 본 사람들 사이에 아주 큰 관심을 불러일으켰다.

•• '벤벤'이란 이름은 '솟아오르다' 또는 '밝게 빛나다'란 뜻의 이집트어 웨벤weben에서 유래했으며, 세계가 창조될 때 처음으로 빛이 비춰진 신성한 언덕 이름에서 딴 것이다.

다는 사실에서 알았는지, 혹은 둘 다에서 알았는지는 불분명하다. 어느 쪽이건, 운석 철로 만든 도구는 매장하기 전에 사람의 얼굴을 열어젖힐 때 사제들이 선호하는 끌이 되었다.

메소포타미아의 운석

고대 이집트인과 함께 메소포타미아의 아카드인도 인류 최초의 문자 기록 중 하나를 남겼다. 운석과 화구를 언급한 표현은 멀게는 기원전 2000년경까지 거슬러 올라가며, 발굴된 여러 인공 유물은 철질 운석을 장신구로 만드는 일이 문자 기록이 시작되기 전에 일어났음을 보여준다. 비옥한 초승달 지대 주민은 당연히 화구를 하늘의 계시로 간주했다. 하지만 기묘하게도 아카드인은 고대(그리고 현대) 세계의 다른 지역 사람들과 달리, 그런 일이 일어나더라도 흥분하거나 소스라치게 놀라지 않았다. 전설적인 역사학자 오토 노이게바우어 Otto Neugebauer 는 1945년에 이렇게 지적했다.

메소포타미아의 '점성술'은 현대적인 의미의 점성술보다는 하늘에서 관찰되는 현상에서 일기 예보를 하는 것에 더 가까웠다.

메소포타미아 주민은 화구와 혜성, 운석 등을 신의 표상이 아니라, 단순히 신이 보내는 메시지로 간주했다. 하늘의 징조를 언급하는 이야기는 무미건조한 진술로 기록되었고, 단순히 미래의 정보를 알리는 것일 뿐 그 이상도 그 이하도 아니었다. 만약 이 메시지들을 목록으로 만들어 이해한다면, 그 메시지들은 미래에도 통할 것이라고 믿었다. 그것은 마치 어린 시절에 말린 자두 26개를 간식으로 먹었다가 다음 날 체육 시간에 불편을 겪었다면, 앞으로는 말린 자두 26개를 먹고 나서 적어도 하루나 이틀은 체육 활동을 하지 말아야겠다고 마음속에 단단히 메모를 해두는 것과 비슷하다.

아래의 몇몇 예는 하늘의 징조에 대한 단순하면서도 거의 실용적으로 보이는 접근법이다.

> 일련의 화구가 남쪽에서 나타나 계속 나아가다가 멈춰서서 분해되고 햇빛이 흩어진다면, 원정에 나선 군주가 온갖 재물을 얻을 것이다.
>
> 만약 유성이 하늘 한가운데서 번쩍이며 나타나 서쪽으로(지평선 위로) 사라진다면, 나라에 큰 반란이 일어날 것이다.
>
> 만약 두우주(그들의 달력에서 네 번째 달로, 대략 6월/7월에 해당함) 14일에 일식이 일어나고 큰 별이 떨어진다면, 나라에 기근에 닥칠 것이다.

이 진술들은 지금 읽으면 실용적 측면과 예인적 측면을 모두 시닌 것으로 보이지만, 약간 다르게 해석할 수도 있다. 현실적으로 그 당시에 원정에서 돌아오는 군주는 많은 재물을 손에 넣었을 가능성이 매우 높다. 만약 그렇지 않다면, 그는 돌아오지 못했을 것이다. 또한 큰 반란과 기근은 하늘 극장에서 일어나는 큰 사건보다 훨씬 자주 일어났다. 따라서 이 예언은 기본적으로 그 원인이라고 주장되는 징조보다 훨씬 더 자주 일어나는 사건을 예고하는 것이어서 예언으로서의 위력이 떨어진다. 하지만 별자리가 궁수자리인 나는 날 때부터 별의 예언을 의심하는 기질이 강하다.

고대 역사에는 운석 낙하로 간주된 듯한 사건을 보여주거나 묘사하는 미술 작품과 이야기, 문서가 곳곳에 널려 있지만, 역사를 기록하는 사람들은 가끔 과장을 하는 경우가 있다. 그래서 어떤 것이 문자 그대로 "하늘에서 떨어졌는지" 아니면 이야기를 흥미진진하게 만들려고 창조적 자유를 가미했는지 알아내기가 매우 어려울 수 있다. 하지만 흥미롭게도 한 아카드 문서는 실제로 운석이 어느 사람의 땅에 떨어진 상황을 기록한 것처럼 보인다.

> 당신은 자신의 땅에 떨어진 별을 손에 들고 이 주문을 세 번 읊어야 한다. 그리고 그것을 흙 속에 보이지 않게 꼭꼭 묻어야 한다. '행복의 이미지들'을 강 속에 던지면서 다음과 같이 말하라. "하늘과 땅의 주인이시여, 이 징후를 제게서 떼어내소서!"

이 기록은 이 시대에 운석이 떨어진 사실이 알려지고 운석이 회수되었다는 증거라고 주장할 수 있는데, 그렇다면 이것은 운석이 떨어진 사건을 뒷받침하는 최초의 직접적 증거이다. 하지만 이것은 그런 일이 일어날 경우에 어떻게 해야 하는지 알려주는 대처법이라고 주장할 수도 있다. 이 주제에 관한 다른 구절들을 보면, 통계와 확률은 두 번째 가능성을 강하게 지지한다.

> 만약 하늘에서 어떤 사람에게 별이 떨어지면, 그 사람은 비방의 대상이 될 것이다. 만약 별이 그 사람의 집에 떨어진다면, 그는 근거 없는 비난을 들을 것이다.

지난 200여 년 동안 운석에 사람이 맞았다고 분명히 확인된 사례는 단 두 건밖에 없으며, 두 번 다 운석은 다른 물체에 먼저 충돌한 뒤에 튀어나와 사람에게 부딪쳤다는 사실을 명심할 필요가 있다.* 운석이 집에 충돌하는 사건은 오늘날 아주 조금 더 자주 일어나고, 지금은 사람과 집 모두 아카드인의 시대보다 훨씬 더 많이 존재한다. 따라서 이런 통계에 비춰볼 때, 어떤 아카드인이나 그 집에 운석이 떨어질 확률은 극히 희박하며, 위의 구절은 그런 사건이 일어날 경우를 위한 대처법일 가능성이 높다. 어느 쪽이건, 고대 메소

---

* 어떤 물체에 먼저 충돌했는지 궁금해하는 사람을 위해 설명하자면, 두 물체는 큰 목제 라디오와 바나나나무였다. 여러분이 이것들을 짐작했을 확률은 0이니, 마치 미리 짐작했다는 듯이 생색을 낼 생각은 아예 하지 말도록.

포타미아에 떨어진 운석이 있었다면, 그것은 지금 강바닥에 묻혀 있을 가능성이 매우 높다.

고대 아나톨리아(오늘날의 튀르키예)를 비롯해 이웃 문화들에서 일어난 운석 조우 사건은 논란이 덜하다. 기원전 1900년경부터 기록이 시작된 많은 고대 문서에 따르면, 아무투$_{amūtu}$라는 귀금속은 금보다 값이 8배나 비쌌고, 시장에서 희귀한 것으로 유명했다. 아무투는 주로 장신구로 쓰인 것으로 보이는데, 운석 철이라고 확실하게 단정할 수는 없지만, 운석 철이라고 주장할 수 있는 사례가 분명히 있다. 물론 비밀스럽고 기술이 발달한 소집단이 수백 년 동안 아나톨리아 주변에서 은밀히 간헐적으로 철을 소량 제련했을 가능성이 있다. 아무에게도 그 비법을 알려주지 않은 채 그렇게 여기저기서 철을 제련하면서 아무투의 가격을 높이 유지했을 수 있다. 하지만 실제로 그랬을 가능성은 매우 낮다. 그보다는 부지런한 사람들이 큰 운석을 하나 또는 그 이상 발견해 거기서 파편을 쪼아내(반복적으로 두들기는 기존의 효율적인 기술을 사용해) 그 철 조각으로 흥미로운 물건을 만들었을 가능성이 훨씬 높다. 거대한 철 덩어리를 쪼아내는 데 지치거나 갑자기 큰 현금이 필요하면, 그들은 떼어낸 조각들을 모은 그대로 또는 장신구로 만들어 시장에 가져갔다. 불행하게도 그러한 고대 유물 표본은 극소수이다. 하지만 알라자 회위크의 한 무덤에서 놀라운 철제 단도가 발견되었다. 단도가 발견된 무덤이 만들어진 시기는 기원전 2500년경으로, 제철 기술이 널리

튀르키예 알라자 회위크의 무덤에서 나온 단도. 기원전 2500년경에 운석 철로 만들어졌을 가능성이 높다. 톱니 모양의 날은 빵을 아주 얇게 자르기 위한 용도로 쓰였음을 알려준다.

퍼지기 시작한 기원전 1300년경보다 훨씬 이전이다. 예비 연구에서는 칼날의 니켈 함량이 높은 것으로 드러나 이 철이 운석에서 유래했음을 시사하지만, 이것은 아직 분명하게 확인되지 않았다. 게다가 내가 독자적으로 수행한 최첨단 영상 분석 결과에 따르면, 나는 삐죽삐죽한 그 단도에 찔리거나 베이고 싶은 생각이 전혀 없다. 현대적인 상처 치료와 항생제가 발명되기 이전 시기에는 더욱더 그랬을 것이다.

아나톨리아에 살던 사람들은 수백 년 동안 전쟁과 이주를 겪으며 한 문화에서 다른 문화로 변해갔는데, 많은 사람들이 각 집단의 다양한 문자로 파란만장한 역사를 기록했다. 그리고 솔직히 말하면, 대다수 고대 문서에는 운석에 대한 언급이 전혀 없으며, 언급이 있는 경우에도 그것을 어떻게 사용했는지 기술한 세부 내용은 매우 모호하게 표현돼 있다. 하지만 항상 그랬던 것은 아니다. 특히 여러 장소 중에서도 적절한 집을 짓는 방법에 관한 히타이트인의 의식

절차에 나오는 한 구절은 운석을 매우 구체적으로 언급한다.

> 섬록암은 땅에서 가져온다. 하늘의 검은 철은 하늘에서 가져온다.
> 구리와 청동은 알라시야(키프로스)의 타가타산에서 가져온다.

물론 이들이 묘사한 집의 건축 재료는 짚과 진흙으로 지은 오두막집에 살던 일반 영세농에게는 다소 호사스럽고 구하기 힘든 것이었다. 하지만 이 구절은 기원전 1500년경에 히타이트인이 철의 주요 공급원을 잘 알고 있었다는 사실을 알려준다. 철은 땅이 아니라 하늘에서 왔다. 내게는 3500여 년 전에 한 문화권 전체가 어떤 물질이 하늘에서 떨어질 수 있고 이 행성에서 나오지 않는다는 사실을 알았다는 점이 매우 흥미롭다. 하지만 그와 동시에 이 지식이 그 후에 사라지거나 무시되었다는 사실은 실망스럽다. 1800년대까지만 해도 그런 종류의 일은 절대 일어날 수 없고, 그런 일이 있었다는 보고는 그저 관심을 받길 원하는 어리석은 평민들의 이야기에 불과하다는 것이 '지식인'들 사이에서 일반적으로 통용되던 견해였다.

고대 중국

중국 문화는 동아시아와 동남아시아의 광대한 지역을 기반으로 5000년 이상 지속되었다. 그리고 고대부터 중국인은 사건들을 훌름하게 기록했는데, 특히 천문학적 사건들이 잘 기록돼 있다. 운석 낙하*를 분명하게 언급한 최초의 기록은 기원전 2133년 산시성 샤현에서 목격된 사건을 다루었다. 그 후 4000년 동안 중국 역사에는 중국의 여러 지역에서 운석 낙하 장면이 목격되거나 운석이 회수된 사례가 350건 이상 기록되었다. 이렇게 철저한 기록을 남기고 하늘에서 떨어진 암석 수집도 자주 일어났으니, 중국에는 고대의 낙하 운석이 많이 수집돼 있으리라고 예상하는 것이 합리적이다. 따라서 우리는 하늘에서 떨어지는 암석을 고대 중국인이 어떤 관점에서 바라보았는지 완전히 이해할 수 있을 것이라고 기대하기 쉽다.

문자 기록이나 제철 능력을 갖기 이전부터 중국인이 특별한 사람을 위해 특별한 무기를 만들 때 운석 철을 사용했다는 사실은 제작 연대가 잘 알려진 인공물에서 알 수 있다.** 그런 인공물 중에서 가장 오래된 것은 날을 운석 철로 만든 청동 도끼로, 제작 시기가 기원전 14세기(상 왕조 시대)로 추정되지만, 비슷한 유물 중에서 훨씬 잘 보존된 표본들은 주 왕조 초기(기원전 1000년경)에 제작되었

• 운석학에서 '낙하 운석fall'과 '발견 운석find'의 차이는 아주 중요하다. 낙하 운석은 하늘에서 떨어지는 장면이 목격된 운석이고, 빌건 운석은 낙하 상면이 목격되지 않은 채 그냥 땅 위에서 발견된 운석이다. 아주 잘 지은 이름 같지 않은가?

•• 중국에서 문자 기록은 기원전 1250년경부터 시작되었다. 중국 문화에서 철 제련이 일상화된 것은 기원전 5세기 무렵부터이다.

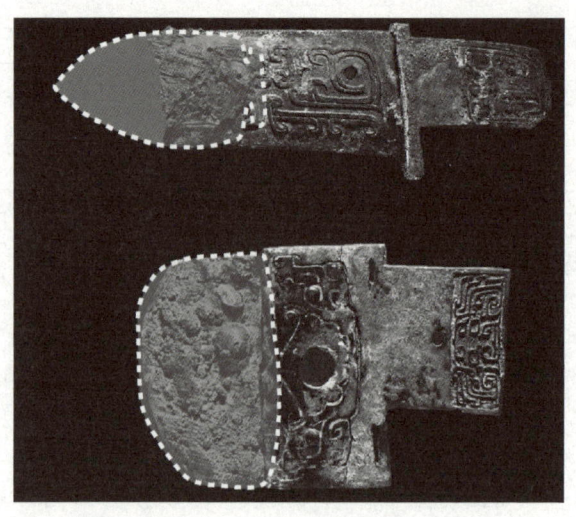

중국(주 왕조)의 단도와 도끼 무기.
이것들은 청동 주물과 운석 철 날을 결합해 만들었다.
점선으로 표시한 부분이 철로 만들어진 부분이다.

다. 불행하게도 이것들을 만드는 데 사용된 철 조각이 하늘에서 이 지역에 떨어진 것인지 아니면 교역을 통해 다른 곳에서 온 것인지 자세히 알려주는 기록이 없다. 하지만 니켈 함량이 높은 이 철의 분석 결과에 따르면, 이 철은 운석에서 유래한 것이 분명하다.

하지만 비록 중국이 상당량의 운석을 채집하기에 매우 유리한 조건(광대한 땅에 아주 오랜 시간 동안 많은 사람들이 퍼져 살았으므로)을 갖추긴 했지만, 실제로 운석 물질이 그리 많지는 않다. 이것은 오늘날에도 마찬가지인데, 운석학회의 운석 데이터베이스•에 수록된 중국의 운석 표본은 겨우 250여 점뿐이며, 그중 3분의 2는 지난

25년 동안의 운석 탐사 작업에서 회수된 것이다. 낙하 운석과 발견 운석이 2000점 이상이나 되는 미국 본토와 비교하면 상당한 차이가 있다. 미국은 알래스카주를 제외한 본토 면적이 중국과 거의 비슷하고, 인구는 훨씬 적으며, 역사가 비교도 안 될 정도로 짧다는 점을 감안하면, 이 차이는 더욱 두드러진다. 인구가 훨씬 적은(그리고 면적은 중국보다 조금 작은) 오스트레일리아조차도 발견된 운석 표본이 700점 이상이나 된다.

운석은 지구의 특정 지역에 불균형적으로 떨어지지 않으며, 특정 정치권을 다른 정치권보다 선호하지도 않는다. 즉, 지구 전체에 무작위적으로 떨어진다. 그렇다면 중국에 운석이 적게 떨어져야 할 자연적 또는 과학적 이유가 없는데도, 채집된 운석 표본의 차이가 이렇게 큰 이유는 무엇일까? 중국에 운석이 얼마 남아 있지 않은 이유는 중국인이 운석을 먹었기 때문이라는 주장이 매우 진지하게 제기되었다. 운석이 떨어지면 현지 주민이 그것을 회수해 창의적인 방법으로 섭취했는데, 운석이 병을 치료하는 효과가 있다고 믿었기 때문이다. 중국에서 분명히 목격된 최초의 낙하 운석은 1890년에 떨어진 젠스Jianshi 운석이다. 운석 연구자들에게는 다행스럽게도 젠스 운석은 무게가 600kg인 철질 운석이어서 운반하거

- 낙하 운석과 발견 화석에 관한 세상에서 가장 광범위한 데이터베이스는 다음과 같다. https://www.lpi.usra.edu/meteor/.

나 섭취하기가 어렵다. 운석을 먹는 행위가 기이해 보일 수 있지만, 운석을 즐겨 먹은 사람들은 단지 고대 중국의 시골 지역에 살던 주민뿐만이 아니었다. 1886년 러시아 노보우레이 부근에 큰 운석이 떨어졌는데, 흑연과 나노다이아몬드가 가득 든 독특한 종류의 이 운석은 나중에 그 지명을 따 '유레일라이트$_{ureilite}$'로 분류되었다. 그런데 2kg이 넘는 이 운석 중 상당량은 마을 사람들의 뱃속으로 들어간 것으로 보이는데, 그들은 하늘에서 온 암석을 먹으면 신의 능력을 얻을 수 있다고 믿었다.• 더 최근인 1992년에는 우간다의 음발레 부근에 다양한 크기의 암석이 비처럼 쏟아졌다.•• 그 당시 음발레는 후천 면역 결핍증(AIDS, 에이즈)가 한창 퍼지고 있었는데, 절박한 처지에 내몰린 주민들은 이것이 신이 보낸 치료약일지 모른다고 생각했다. 그래서 많은 운석 조각을 가루로 갈아 액체와 섞어 반죽으로 만든 뒤, 그것을 마시거나 피부에 붙였다. 사람들은 믿고

- 이런 행위가 놀라워 보이지 않을 수도 있지만 분명히 하기 위해 일러두는데, 운석을 먹는 것이 건강에 도움이 된다는 증거나 기록은 전혀 없으며, 오히려 건강에 해가 될 수 있다. 만약 소량을 먹는다면, 예컨대 석질 운석의 한 종류인 정상 콘드라이트(정상 구립 운석이라고도 한다.)를 한 찻숟가락 정도 먹는다면, 건강에 큰 문제가 되지는 않는다. 하지만 정상 콘드라이트에는 철이 약 10% 들어 있으며, 단기간에 과량의 철을 섭취하면 장기 손상이나 그 밖의 합병증이 생길 수 있다. 더욱 우려스러운 것은 운석에 높은 농도로 포함된 수은이나 카드뮴 같은 독성 금속이다. 그러니 운석은 먹지 않는 편이 좋다. 운석은 우주에서 날아온 암석이지, 음식이나 의약품이 아니다.
- •• 앞에서 바나나나무에 충돌한 뒤 튀어나와 한 아이를 맞혔다는 운석이 이 운석들 중 하나였다.

싶은 것을 믿는 법이다.*

오스트레일리아 원주민

오스트레일리아 원주민 문화는 문자가 없지만, 구전을 통해 알려진 그들의 역사는 누가 상형 문자를 사용하거나 고양이 영상을 리트윗하기 훨씬 이전인 수만 년 전까지 거슬러 올라간다. 오스트레일리아 원주민은 황량한 오스트레일리아 사막의 광활한 지역에서 아주 오랫동안 살아왔고, 주변 자연 환경과 깊이 연결돼 있으며, 그 결과로 자연 현상을 유심히 관찰한다. 그래서 이들이 이곳에 속하지 않은 암석을 발견하거나 큰 운석 충돌을 목격하고서 그 정보를 후세대에게 전달할 가능성이 매우 높다.

하지만 아웃백 주변에 많은 운석이 널려 있는데도 불구하고,** 오스트레일리아 원주민이 운석을 도구나 장신구에 사용했다는 증거는 거의 없다. 원주민에게 단단한 금속 덩어리를 유용한 도구로 만드는 기술이 없었던 것이 한 가지 이유이지만, 운석과 관련된 모든

- 멸종 위기에 처한 종을 먹는 문제에 관해 이와 비슷한 개념도 소개하고 싶어 입이 근질거리지만, 참기로 히겠다.
- 웨스턴오스트레일리아주, 특히 널라버 평원 지역은 지구에서 가장 생산성이 높은 운석 사냥터 중 하나이다. 주요 이유는 대다수 운석이 어두운 색인 반면, 널라버 평원 지역의 암석은 납작하고 옅은 색의 석회암이어서 외계 암석이 쉽게 눈에 띄기 때문이다.

것을 미신적 시각으로 바라보는 태도가 더 큰 이유였을 가능성이 높다. 원주민은 수천 년 동안 운석과 충돌 장소(실제 장소이건 추정 장소이건)를 경외심과 두려움에 가득 찬 시선으로 바라보았고, 피해야 할 대상으로 여겼다. 왜 원주민은 운석에 관련된 모든 것을 이토록 기피한 것일까? 이해할 만한 이 태도는 하늘에서 떨어진 물체를 맞닥뜨린 원주민의 개인적 경험에서 비롯되었을지도 모른다. 오스트레일리아에서 발견된 여러 운석 구덩이는 생긴 시기가 그렇게 오래되지 않았으므로 원주민이 충돌 장면을 목격했을 가능성이 있다. 적어도 헨버리 운석 구덩이는 현지 원주민이 목격한 것으로 보이며, 그 결과로 수백 세대 뒤까지 운석의 위험을 경고하는 말을 남겼다.

헨버리 운석구 평원에서는 유성체가 대기 중에서 분해되어 다수의 철질 운석 파편이 $1km^2$의 면적에 비처럼 쏟아졌고, 그 결과로 13개의 운석 구덩이가 생겼다. 운석 구덩이들이 생긴 시기는 약 4700년 전으로, 이 지역에 원주민이 살던 시기와 겹친다. 운석 충돌 사건의 목격담은 1930년대에 수집된 구전에 남아 있는데, 여기서 헨버리는 "태양에서 온 불의 악마가 지구로 내려와 운석 구덩이를 만든" 장소로 묘사된다. 그 정령은 "신성한 법을 어긴 사람들을 불태우고 잡아먹었다."라고 하며, 원주민은 지금도 "불의 악마가 자신들의 몸을 쇠로 채울까 봐 두려워하여" 운석 구덩이에서 물을 길으려고 하지 않는다. 오늘날까지도 많은 원주민은 운석 구덩이에서 수 km 이내의 장소에서는 야영을 하려 하지 않으며, 그것들을

"친두 치나 와루 칭기 야부"라고 부르는데, 대략 "태양에서 온 불의 악마 암석"이란 뜻이다. 조상들이 하늘에서 날아온 물체가 광대한 지역을 파괴하는 것을 목격했다면, 적절한 이름으로 보인다.

오스트레일리아 원주민이 하늘에서 떨어지는 암석과 그것이 초래하는 피해를 경계하는 태도는 헨버리와 비슷한 여러 지질학적 장소로 옮겨간 것으로 보인다. 예컨대 헨버리에서 1000km 이상 떨어진 울프크릭 운석 구덩이도 그중 한 곳이다. 울프크릭 운석 구덩이는 약 12만 년 전에 생겼기 때문에, 충돌 장면을 사람이 목격했을 가능성은 매우 희박하다. 하지만 이 지역의 구술 역사는 울프크릭 운석 구덩이의 생성 과정을 극적으로 묘사한다.

그들은 하늘에서 거대한 밝은 빛이 불덩어리처럼 내려오는 것을 보았다. 그것은 지축을 뒤흔들었다. 사람들은 동굴 속으로 숨었는데, 땅이 너무나도 강하게 흔들렸기 때문이다. 그들은 땅에서 먼지가 솟아오르는 것을 보았다. 먼지가 가라앉자, 그들은 서로에게 그것에 대해 말하기 시작했다. 그들은 그것이 떨어진 곳으로 가까이 다가가고 싶지 않았다. 그들은 그 지역을 절대로 만지지 않았다. 하늘에서 떨어진 별은 사악한 것이었다. 그것은 사악한 물체였다.*

• 이 기록의 출처는 다음과 같다. Artist's story. Jane Gordon, Billiluna. https://web.sas.upenn.edu/psanday/exhibition/painting-gallery/

위 | 울프크릭 운석 구덩이를 촬영한 항공 사진.
아래 | 이 지역과 생성 과정을 묘사한 원주민 미술 작품.

오스트레일리아 원주민의 구전 설화에서 땅과 사회에 형태와 질서를 부여한 무지개뱀은 창조자들 중에서 가장 유명하다. 무지개뱀은 "하늘에서 별들이 이동하듯이 이동하는 뱀"처럼 움직인다고 묘사된다. 이 같은 표현은 구체적인 의미가 무엇인지 분석하기 어렵지만, 원주민이 적어도 인상적인 우주 현상을 일부 목격한 것이 틀림없으며, 그것은 그들이 사는 땅뿐만 아니라 정신적, 문화적 견해를 형성하는 데에도 큰 영향을 미친 것으로 보인다.

운석과 형이상학적 믿음/경험의 연결 중 일부는 그들이 우리 자신과 시간상으로나 문화적으로(그것이 무엇이건 간에) 너무 멀리 떨어져 있다는 사실로 설명이 가능하다고 생각할 수도 있겠지만, 이러한 연결은 소수의 사람들에게만 국한되거나 수천 년 전의 일하고만 관련이 있는 것이 아니다. 운석이 종교와 사회에 미친 영향은 오늘날의 오세아니아에서부터 아메리카 원주민, 에스토니아의 민속 신앙에 이르기까지 세계 각지의 거의 모든 곳에 스며들어 있다—문화의 역사에서 어느 지점을 바라보건 간에.

조로아스터

기원전 1000년경에 오늘날의 이린 지역에서 신비스러운 예언자 조로아스터Zoroaster는 많은 이름으로 불린 많은 존재였다.* 하지만 그에 관한 일관된 전설 중 하나에 따르면, 그는 별을 잘 아는 사람이었고 그 지식을 잘 활용했다고 한다. 전설적인 이 예언자에 관해 확실하게 알려진 세부 사실은 드물지만, 조로아스터는 사자자리 유성우 같은 유성우의 주기성을 알아채고 그 시기를 예측했던 것으로 보인다. 하늘에서 많은 별이 떨어지는 현상을 정확히 예측하는 능력에 감명을 받아 열성적인 신도들이 그를 많이 따랐으며, 그래서 '살아 있는 별'로 번역되는 이름이 붙었을 가능성이 있다.

오늘날에는 조로아스터를 모르는 사람이 많겠지만, 그가 현대 문화에 미친 영향은 도처에 스며 있다. 가장 주목할 만한 것으로는 이원론이 있다. 조로아스터의 이원론은 선과 악의 충돌에 관한 것인데, 다소 역설적이게도 이원론은 최초의 일신교를 탄생시키는 기반이 되었다고 널리 인정받는다. 조금 더 부연 설명하면, 그의 이분법적 논리는 천국과 지옥, 천사와 악마, 심판의 날과 사탄 개념을 발전시켰다. 마지막으로 선과 악, 빛과 어둠 간의 대립에 관한 기본 원리는 〈스타워즈〉가 묘사한 대립과 너무나도 흡사하다.

조로아스터와 우주의 연결은, 단지 그 예측을 통해 많은 추종자를 끌어들인 우주의 불꽃놀이만이 아니었다. 그는 자신이 가장 선호하는 무기라고 소문난 무기를 통해 하늘과 더 긴밀하게 연결돼

• 조로아스터는 자라투스트라Zarathustra라는 이름으로도 알려져 있으며, 그 밖에도 Z나 S로 시작되는 여러 가지 이름이 있다.

있었다. 조로아스터는 "신에게 받은 거대한 돌"*로 다양한 악마를 무찔렀다고 전하는데, 그것은 분명히 운석을 가리키는 것처럼 들린다. 그리고 조로아스터가 그 지역에서 철이 생산되기 이전에 살았다는 사실을 감안하면, 운석 철로 만든 칼날은 그 당시의 어떤 금속 무기보다 월등했을 것이다. 마찬가지로 철을 제련하는 능력이 없었던 악마와 싸울 때에는 특히 큰 위력을 발휘했을 것이다. 조로아스터는 다양한 우주 암석 덕분에 전설이 되었는데, 만약 그가 전설이

눈에 빛이 반짝이고, 악마를 공격하는 운석 무기를 든 조로아스터의 이미지.

---

* 허황된 종교와 고대 무기는 곁에 있는 훌륭한 운석에 비할 바가 못 된다.

되지 않았더라면 유대교와 기독교, 이슬람교, 그리고 〈스타워즈〉의 기반도 생겨나지 못했을 것이다. 따라서 조로아스터는 실로 큰 유산을 남긴 셈이다.

고대 그리스인과 로마인

고대 그리스인과 로마인은 1000년 넘는 기간에 걸쳐 유럽과 그 너머 지역에서 인상적인 활약을 펼쳤는데, 하늘에서 떨어진 것으로 보이는 물체에 대한 기록도 상당히 많이 남겼다(너무나도 많아서 여기서 길게 다룰 수 없을 정도로).• 그 당시의 문헌을 요약하면, 이들은 하늘에서 떨어진 모든 물체를 신이 보낸 징표로 여기며 존중했던 것으로 보인다. 이것들은 그토록 중요한 물체였기 때문에, 더 크거나 중요한 것 중 일부는 인상적인 안치소를 지어 그곳에 보관했고, 어떤 운석은 그 사건을 묘사한 주화를 발행해 기념하기도 했다. 유명한 아이고스포타모이 운석은 기원전 465년경에 떨어진 "마차에 가득 실을 수 있는 짐만 한 크기"의 운석인데, 대大플리니우스Plinius와 플루타르코스Ploutarchos, 아리스토텔레스처럼 유명한 사람들이 길게 언급했고, 그것을 기념해 지은 안치소는 500년 이상 그 지역의 명

• 그것을 훌륭하게 집대성한 자료는 D'Orazio(2007)에서 볼 수 있다.

소가 되었다. 또 하나의 예는 유명한 디아나 조각상인데, 원래는 아르테미스 신전(세계 7대 불가사의 중 하나)에 안치되었다. 이 조각상은 운석 물질로 만들어졌다고 널리 알려졌으며, "하늘에서 떨어졌다고" 여러 출처에서 인용되었다. 아마도 높이 2.9m의 이 조각상은 지구에 떨어진 암석을 깎아서 만든 것이지 미리 조각된 상태로 하늘에서 떨어진 것은 아닐 테지만, 때로는 번역과 해석 과정에서 오류가 일어날 수 있다. 안타깝게도 디아나 조각상과 아르테미스 신전은 모두 인간의 파괴 행위와 약탈 성향에서 살아남지 못했다. 사실, 전쟁과 화재, 어쩌면 심지어 일부 유황 때문에 고대에 떨어진 이들 운석 중에서 오늘날까지 살아남은 것은 하나도 없다.

그럼에도 불구하고, 운석과 관련이 있는 사실 중에서 이 시대부터 시작해 시간의 검증을 이겨낸 것이 하나 있다. 그것은 인류 역사상 손꼽는 문명 중 하나인 로마 제국이 218년부터 222년까지 4년 동안 한 운석을 공식적으로 숭배했다는 역사적 기록이다. 이 일이 일어난 과정은 파란만장하고 복잡하고 기이하고 피비린내 나는 이야기로, 〈왕좌의 게임〉(다수의 황제 암살과 사생아 주장, 지나치게 자신을 과시하려는 할머니들, 선정적인 성적 모험이 넘치는)에서 여러 등장인물이 웨스테로스를 지배하려는 시도와 절묘하게 일치한다. 이 이야기의 '클리프노트 CliffsNote'(명작을 요약한 학습 참고서 시리즈—옮긴이) 버전은 에메사(오늘날 시리아의 홈스) 부근 사막에 떨어지는 운석을 목격하는 장면으로 시작한다. 태양을 숭배하는 소규모 유목민 집단이 그 암석을 자신들의 신인 일라 하그-가발ilâh hag-Gabal(로마인은 이 신을 발음하기가 조금 더 편한 엘라가발루스Elagabalus라고 불렀다.)의 화신이라고 믿고서 손에 넣었다. 이제 하늘에서 온 적절한 우상이 생긴 그들은 신전을 짓고는 그 암석을 숭배하기 시작했다. 마침 이 부족의 사제 계급에서 일찍 출세한 남자가 있었는데, 야심에 찬 그의 할머니가 그를 이전 황제인 카라칼라Caracalla의 사생아라고 주장했다. 달리 뾰족한 대안이 없는 데다가 정부에 우두머리가 있어야 할 필요 때문에, 14세의 이 운석 광신도가 엘라가발루스 황제로 선포되었다. 순화시켜 표현하자면, 새로 만든 자리에 오른 황제는 로마의 전형적인 통치자(만약 그런 게 있었다면)와는 거리가 멀었다. 엘라가발루스는 황제로서 요란하게 일을 시작했는데, 자신이 숭배한 암석을 자신의 새 도시인 로마로 옮기느라 거의 1년에 걸쳐 대대적인 기념 행사와 함께 온갖 정성을 기울여 이전 작업을 했다. 그 암석이 로마에 도착하자, 엘라가발루스는 로마 종교에 존중을 표시하는 징표로 '남성' 운석을 로마 종교의 여러 '여성' 공물과 공식적으로(그리고 매우 성대하게) 결혼시켰다. 보기에 매우 기이한 광경이었을 테지만, 결혼하는 공물들은 모두 보석과 멋진 장식물로 치장되었고, 거창한 의식이 거행되었다. 그 의식 뒤에 에메사 암석은 공식적으로 숭배되는 로마의 신이 되었고, 유피테르(로마 신화 최고 신, 그리스 신화의 제우스와 동일하다.—옮긴이) 대신에 가장 중요한 종교적 존재가 되었다.

엘라가발루스의 짧은 나머지 임기 동안에도 로마 제국에는 이에

디아나 조각상이 안치되었던 아르테미스 신전을 복원한 축소 모형.

신성한 에메사 암석을 기려 주조한 로마 시대의 주화.
정확한 크기 비율로 나타낸 것은 아니다.

못지않게 흥미롭고 획기적인 일들이 일어났다. 엘라가발루스는 진보적인 정치 행보를 보여주었는데, 최초로 여성이 원로원에 진출하도록 허용했다. 하지만 그 여성이 자신의 어머니와 할머니라면, 그것이 과연 진보적 사상에서 나온 결과인지 의문이 든다. 엘라가발루스는 그 밖에 많은 경계를 허물었는데, 자주 화장을 하고 여성처럼 옷을 입었을 뿐만 아니라, 평판이 좋지 않은 사창가에서 일상적으로 매춘 행위를 했다고 전한다. 한번은 성전환 수술을 요구했다가 그 당시의 외과의들에게서 그런 능력이 없다는 말을 듣고서 크게 실망했다고 한다. 아마도 이에 노했거나 아니면 로마 시민에게 남자다움을 과시하기 위해 그랬는지 베스타 여신을 모시던 처녀인 줄리아 아퀼라 세베라Julia Aquila Severa를 강간하고(일부 이야기에 따르면) 그 여자와 결혼했는데(모든 이야기에 따르면), 그를 통해 '신 같은 아이'를 얻을 것이라고 호언장담했다. 이것은 그가 황제로 재위한 짧은 기간에 치른 다섯 차례의 결혼 중 두 번째였다. 권력 실세들은 엘라가발루스의 기괴하고 종종 매우 끔찍하기까지 한 행동을 참지 못하게 되었고, 운석을 숭배하던 골칫거리 황제는 결국 사지가 절단되어 테베레강에 던져졌다.** 조지 R. R. 마틴 George R. R.

• 그 당시 로마의 법과 전통에 따르면, 베스타 여신을 모시는 처녀가 남자와 정을 통하면 산 채로 매장되었다. 엘라가발루스가 그녀를 강제로 범했건 범하지 않았건, 그는 그녀의 안전을 염두에 두지 않은 게 틀림없다.

Martin(《왕좌의 게임》 제작을 공동으로 총지휘한 사람으로, 때로는 작가 겸 연출자로도 활동했다.—옮긴이)이 기꺼이 지지할 만한 결말이었다.

기독교와 우주의 연관성

인류의 역사에서 예수 그리스도의 시대는 어색하게 음수 연대로 나타내는 시대에서 양의 방향으로 햇수를 세는 시대로 전환이 일어난 시기와 일치할 뿐만 아니라, 그 밖에도 주목할 만한 일이 여럿 일어난 시기와도 일치한다. 그중 일부는 우주 현상에 뿌리를 둔 것으로 보인다. 앞에서 우리는 예수의 탄생이 혜성과 관련이 있을 가능성을 언급했다. 예수가 탄생한 사건과 예수의 삶에 관한 글들은 인류에게 아주 중요한 영향을 미쳤기 때문에, 기독교에서 다양한 종교 텍스트를 쓴 저자들이 운석을 어떻게 생각했는지 잠깐 살펴보기로 하자.

운석의 기원과 그 밖의 어떤 것이라도 그와 관련된 고대의 기록을 살펴볼 때 기본적으로 신경 써야 할 것은 당연히 역사적 신뢰성

◆◆ 엘리기발루스가 권좌에서 쫓겨난 뒤에 에메사 암석의 운명이 어떻게 되었는지 궁금한 독자를 위해 설명하자면, 그 암석은 이전에 그것을 위해 시리아에 지어졌던 신전으로 돌아갔다. 하지만 100년쯤 뒤에 난폭한 기독교도들이 이 신전을 습격했을 때, 이 운석은 파괴되어 지상의 먼지와 섞인 것으로 보인다.

이다. 고대의 운석학을 연구할 때에는 운석들이 하늘(즉, '천국' 또는 '천상') 방향에서, 즉 신들이 사는 곳이라고 믿었던 바로 그 방향에서 날아온다는 사실이 문제를 더 복잡하게 만든다. 따라서 1000년 이전에 살았던 어떤 문화의 주민이 아주 근사해 보이고 흥미로운 암석을 발견했다면, 그것이 "하늘에서 온" 암석이라고 말했을 가능성이 높다고 충분히 상상할 수 있다. 심지어 오늘날에도 아기와 특별히 잘생긴 사람을 보고서 "하늘이 내린 축복"이라고 말하는 것을 종종 들을 수 있다. 그러니 고대의 텍스트가 지닌 문자 그대로의 뜻을 몇몇 혼란스러운 용어로 번역할 수밖에 없는 학자들의 고충을 충분히 이해할 수 있다. 이러한 어려움은 모든 고대 텍스트에 존재하지만, 초기 기독교 문서들이 특히 심하다. 한 예로 성경의 「요한묵시록」 6장 13절을 보자.

> 하늘의 별들은 무화과나무가 거센 바람에 흔들려 설익은 열매가 떨어지듯이 땅으로 떨어졌습니다.

이 구절은 운석 물질이 떨어지는 장면을 묘사했을 가능성이 아주 높지만, 2000년도 더 전의 무화과나무가 오늘날의 무화과나무보다 훨씬 크고, 바람이 아주 강렬하게 불지 않았다면, 이것은 실제로 운석이 떨어지는 장면을 묘사한 것치고는 상당히 절제된 표현이라 볼 수 있다. '절제된 표현' 같은 용어는, 상식에서 벗어날 뿐만 아니라 물리학 법칙도 자주 위배하는 이야기와 은유가 넘쳐나는 성경에 어울리지 않는다는 사실에 유의할 필요가 있다. 따라서 우리는 결국 과장과 혼란스러운 언어가 가득 넘치는 문서를 접하게 된다. 이러한 문학적 장치는 이 문서들의 이야기를 훨씬 흥미진진하게 만드는 반면, 과학적 관점에서 해석하기 어렵게 만들기도 한다. 사실, 「요한 묵시록」에서 이어지는 부분들은 일곱 천사가 일곱 개의 나팔을 불면서 모든 것을 혼란에 빠뜨리는 장면 대신에 아주 강력한 유성우를 묘사한 것으로 읽을 수 있다.

> 첫째 천사가 나팔을 불자, 피가 섞인 우박과 불이 생겨나더니 땅에 떨어졌습니다. 그리하여 땅의 삼분의 일이 타고 나무의 삼분의 일이 타고 푸른 풀이 다 타 버렸습니다.
> 둘째 천사가 나팔을 불자, 불타는 큰 산과 같은 것이 바다에 던져졌습니다. 그리하여 바다의 삼분의 일이 피가 되고, 생명이 있는 바다 피조물의 삼분의 일이 죽고 배들의 삼분의 일이 부서졌습니다.
> 셋째 천사가 나팔을 불자, 햇불처럼 타는 큰 별이 하늘에서 떨어져 강들의 삼분의 일과 샘들을 덮쳤습니다.

이 이야기의 이 시점에서 그 지역에 살던 사람들은 아마도 천사들이 나팔을 거두길 간절히 바랐을 것이다. 여기서 묘사된 장면은 거대하고 파괴적인 유성우 사건처럼 들리긴 하지만, 이 표현들이 역사적 사건을 기반으로 했는지, 아니면 단순히 나팔 소리를 싫어한 저자의 예술적 허용인지는 알 수 없다.

유성우 가능성에 대한 언급 외에 다른 운석 활동도 성경에서 중요한 역할을 한 것으로 보인다. 소돔과 고모라(여러 종교 텍스트에 등장하는 두 고대 도시) 이야기는 이 도시들이 사람들의 사악한 행동 때문에 순식간에 파괴되었다고 주장한다.* 두 도시를 멸망시키는 이야기는 온갖 사건이 넘쳐나는 구약 성경에서 정상적인 흐름처럼 느껴질 수 있지만, 운석의 렌즈로 이 이야기를 들여다보면 새로운 사실에 눈을 뜰 수 있다. 「창세기」 19장 24~25절에는 이렇게 쓰여 있다.

> 그때 주님께서 당신이 계신 곳 하늘에서 소돔과 고모라에 유황과 불을 퍼부으셨다. 그리하여 그 성읍들과 온 들판과 그 성읍의 모든 주민, 그리고 땅 위에 자란 것들을 모두 멸망시키셨다.

만약 소돔과 고모라가 여러 종교에서 이야기하는 것처럼 신속하게 효율적으로 파괴된 실제 도시라면, 파괴 원인은 ① 복수심에 불

• 전통적으로 두 도시의 멸망 이야기는 성적 행동(흔히 동성애로 해석되는) 때문에 하느님이 징벌을 내렸다고 해석해왔다. 여기서 나는 운석으로 인한 파괴는 어떤 계획 또는 성적 지향이나 행동에 대한 선호에 상관없이 무작위로 일어난다는 점을 지적하고 싶다. 다르게 묘사된 이야기는 이야기꾼의 구미에 맞게 꾸며질 가능성이 높다.

타는 신 아니면 ② 자연적 사건일 것이다. 복수심에 불타는 신은 이 책의 주요 초점이 아니라는 이유로 첫 번째 가능성을 제외한다면, 여러 도시와 주변의 초목을 현대 핵탄두만큼 효율적으로 초토화할 수 있는 자연적 사건 중 하나는 운석의 공중 폭발이다. 이 인상적인 폭발 사건은 현대에도 여러 번 일어났는데, 유성이 대기를 통과하면서 굉장한 위력으로 폭발할 때 일어난다.•

운석의 공중 폭발로 고대 도시들이 파괴되었다는 주장은 잘해야 정황적인 것에 불과하지만, 더 과학적인 관점에서 바라본 기독교와 우주 사이의 연관성 중 하나는 상당히 작은 운석의 공중 폭발과 나중에 초기 기독교에서 손꼽히는 복음 전도자가 된 사람의 이야기에서 찾을 수 있다. 예수가 십자가에 못 박혀 죽고 나서 기독교가 하루아침에 수백만 명의 독실한 신도를 거느린 종교가 된 것은 아니다. 기독교는 상당히 오랫동안 잘 알려지지 않은 유대교의 한 분파로 남아 있었다. 제대로 뿌리를 내리려면, 지지자와 열성 신도가 필요했다. 처음 1000년 동안 기독교를 뿌리내리게 하는 데 가장 큰 영향을 미친 사람은 바오로(개신교에서는 '바울')였는데, 바오로는 처

• 일부 연구자들은 요르단 수도 외곽에 위치한 틸엘하맘의 고고학 유적지에 매우 높은 온도로 일어난 사건의 물리적 증거가 남아 있으며, 탈엘하맘이 멸망한 고대 도시 소돔이라고 주장한다. 이것은 현재로서는 과학계에서 널리 지지받는 주장은 아니지만, 이 도시에서 계속 진행되는 발굴에서 더 유력한 증거가 나올지도 모른다.

음에는 기독교를 극렬하게 반대했고, 초기 기독교인을 박해하기까지 했다. 신약 성경의 이야기에 따르면, 사울(바오로로 개명하기 이전의 이름)은 무리와 함께 예수의 제자들을 붙잡기 위해 나섰다. 다마스쿠스로 가는 길에 사울과 그 무리 앞에 갑자기 하늘에서 극적인 빛이 번쩍였고, 그 바람에 사울은 땅바닥에 엎어지면서 사흘 동안 앞을 보지 못했다.° 이 극단적인 경험을 통해 사울은 순식간에 견해가 변해 편을 바꾸기로 결정했다. 그래서 이름을 사울에서 바오로로 바꾸고 새로 태어난 사람이 된 사도 바오로는 지중해 전역으로 선교 여행에 나섰다. 바오로는 미네소타주의 주도에 그 이름이 붙었을 뿐만 아니라(바오로를 영어로 폴$_{Paul}$이라 하는데, 미네소타주의 주도는 세인트폴, 즉 성 바오로이다.—옮긴이), 지중해 전역에 기독교를 전파하는 데 주도적인 역할을 했고, 기독교 역사에서 가장 중요한 복음 전도자가 되었다. 이 모든 것이 다마스쿠스로 가던 도중에 목격한 운석 공중 폭발 때문에 일어났을지 모른다.

• 이 성경 이야기는 2013년에 러시아 첼랴빈스크 상공에서 운석이 공중 폭발한 뒤에 일부 사람들에게 일어난 일을 직접 보고한 이야기와 놀랍도록 비슷하다. 빛이 번쩍인 뒤, 사울은 단기 실명과 피부 손상을 겪었고, 결국 눈에서 '비늘 같은 것'이 떨어지면서 앞을 다시 보게 되었다고 종교 텍스트와 역사 텍스트에 기록돼 있다. 하르트만은 "이 놀라운 구절은 심한 광각막염$_{光角膜炎}$과 상피 탈락 증상과 아름답게 일치한다. 이러한 일치는 1세기에 기록된 이 구절이 진짜로 일어난 현상을 최대한 실제에 가깝게 보고한 것이라는 강한 증거이다."라고 주장했다.(출처: Hartmann, 2015)

사울(바오로)의 눈을 멀게 하고 예수의 복음을 전파하는 길로 전향하게 만든 빛을 묘사한 그림. 구름 속에서 십자가를 들고 있는 천사를 운석 섬광으로 바꾸면, 실제로 이런 일이 일어났을지도 모른다.

불교

불교도는 신을 숭배하지 않고 삶의 진정한 본질에 대한 깨달음을 얻으려고 노력하기 때문에, 불교와 운석의 연관성을 찾기 어려울 것이라고 생각하기 쉽다. 하지만 그렇게 생각했다면 오산이다. 티베트에서는 오래전부터 운석 철을 '남창'이라고 불렀다. 번역하면 '하늘의 철'이란 뜻인데, 따라서 현지 주민은 적어도 철질 운석이 하늘에서 왔다는 사실을 오래전부터 알고 있었던 것으로 보인다. 물론 서양 사회는 상당히 오랫동안 이 사실을 알아채지 못했다. 운석과의 이러한 연관성이 불교에 가시적인 영향을 미친 것으로는 보이지 않지만, 11세기에 만든 바이슈라바나(사천왕의 하나인 다문천왕) 조각상이 운석 철을 깎아 만든 것으로 드러나 종교 미술과 운석의 흥미로운 관계를 보여준다. 엘마르 부흐너Elmar Buchner와 그 동료들은 2012년에 발표한 연구에서 그 조각상의 재료가 된 운석은 1만 년도 더 전에 시베리아와 몽골의 경계 지역에 떨어진 칭가Chinga 운석이라고 밝혔다.

11세기에 칭가 운석을 조각해 만든 바이슈라바나(다문천왕) 조각상.

운석과 이슬람교

운석과 연관성이 가장 깊은 종교는 아마도 이슬람교일 것이다. 이슬람교에서 가장 신성한 장소는 메카에 있는 카바 성전으로, 이슬람교도는 기도를 할 때 반드시 이쪽을 향한다. 카바 내부에는 검은 돌이 있다. 검은 돌은 지구에서 가장 큰 숭배를 받는 돌인데, 605년에 예언자 무함마드(마호메트)가 직접 카바의 벽에 설치했다고 전해진다. 검은 돌은 이슬람 시대 이전에도 숭배의 대상이었으나, 이슬람교 전설에서는 이 돌이 아담과 하와를 제단을 지을 장소로 인도하기 위해 "하늘에서" 떨어졌다고 이야기한다. 이것은 이 돌의 기원이 운석임을 암시하지만, 언어와 의미에 얽힌 복잡성 때문에 이것만으로는 이 돌의 기원을 과학적으로 확실히 알기가 어렵다.

어느 모로 보나 검은 돌은 많은 일을 겪었다. 불타기도 하고, 도난당하기도 하고, 여러 조각으로 쪼개지기도 하고, 홍수에 잠기기도 하고, 수백만 순례자의 손에 닿아 반들반들해지기도 했다. 원래는 하나의 암석이었다고 전해지지만, 지금은 여덟 조각으로 쪼개진 것을 은 끈으로 묶고 은 못으로 고정시켜 놓았다. 수백 년 동안 나온 다수의 보고는 검은 돌이 운석인지 아닌지에 대해 유용하면서도 상충되는 증거를 제시한다. 여러 번 쪼개졌다는 사실로 미루어 적어도 그것이 철질 운석일 가능성은 배제할 수 있다. 951년에 나

메카의 카바 성전(위) 동쪽 모퉁이에 신성한 검은 돌(아래)이 끼워져 있다.

온 한 보고는 검은 돌이 930년에 도난당한 후에 물 위에 뜬다는 사실 때문에 진품으로 인정받았다고 한다. 만약 이 보고가 옳다면, 검은 돌은 운석일 리가 없는데, 알려진 운석 중에서 물보다 밀도가 작은 것은 하나도 없기 때문이다. 대신에 화산암의 일종인 속돌(부석)에서 유래했을 가능성이 높다. 검은 돌의 원래 색이 검은색이 아니었다는 사실도 불확실성을 증폭시키는데, 대부분의 운석은 어두운 색인 반면, 일부 보고는 검은 돌의 원래 색이 "우유처럼 흰색"이었다고 말하기 때문이다. 물론 수백 년 동안 사람의 손길을 거치면서, 혹은 전설에서 말하듯이 인류의 죄 때문에 원래의 색에서 검은색으로 변했을 가능성은 있다. 어느 쪽이건, 설령 검은 돌이 운석이 아니더라도, 엘세베스 톰슨 Elsebeth Thomsen이 1980년에 주장했듯이, '하늘'과의 연관성을 완전히 배제할 수는 없다. 메카에서 동쪽으로 1100km쯤 떨어진 와바르에는 약 6000년 전에 생긴 운석 구덩이가 있다. 6000년 전이라면 이곳에 사람들이 살고 있었던 시기이기 때문에, 그 충돌 장면이 목격되었을 가능성이 있다. 와바르 지역에 널려 있는 암석들은 순백색의 사암인데, 그 충돌 때문에 속돌과 비슷한 암석 덩어리들이 생겼을 수 있다. 이 암석들은 표면이 유리처럼 반들반들하고 흰색을 띨 수 있으며, 특히 그 속에 기체 거품이 포함돼 있어 물 위에 뜰 수 있다. 이것은 검은 돌에 관한 다양한 보고와 일치한다.

그 유래를 알아내기 위해 작은 조각을 떼어내 과학적 조사를 하기 전까지는 검은 돌이 운석인지, 운석 충돌에서 튀어나온 분출물인지, 단순히 지나친 관심을 받게 된 지상의 암석인지는 추측의 영역에 머물 수밖에 없다. 나를 포함해 많은 연구자는 먼 옛날에 일어난 검은 돌과 운석의 상호 작용을 더 자세히 알고 싶지만, 나는 허락이 없이는 이슬람 세계에서 매우 신성하게 여기는 인공물의 한쪽 모퉁이를 떼어내 분석하겠다고 나서진 않을 것이다.

살아남은 운석 물질

모든 종교와 문화가 운석과 명백한 연관성이 있는 것으로 보이진 않지만, 많은 종교와 문화는 연관성이 있다. 아메리카 대륙의 여러 원주민 부족은 발견한 철질 운석을 활용했고, 일부 부족은 운석을 신성하게 여겼다. 호프웰Hopewell 문화(오늘날의 오하이오주 지역을 중심으로 기원전 100년에서 기원후 400년까지 번성한 문화—옮긴이) 주민들은 북아메리카 평원 주변 지역에서 운석 물질을 교역하고 장례 의식에 사용한 것으로 알려졌다. 그린란드의 이누이트는 수백 년 동안 약 35톤의 케이프요크Cape York 운석에서 떼어낸 조각으로 금속 도구와 작살 촉을 만들었다. 우리는 긴 시간과 광대한 지역에 걸쳐 다양한 텍스트에 존재하는 수백 가지 운석 관련 이야기 중에서 몇 가지만 살펴보았을 뿐이다. 그런 사건을 기록한 문화는 모두 우주에서 온 암석의 희귀성과 중요성을 알아챈 것으로 보인다. 그런데 놀랍게 들릴 수 있겠지만, 인류의 역사에서 그 사건이 목격되고 기록된 모든 낙하 운석 중에서 현재 그 표본이 남아 있는 가장 오래된 낙하 운석은 861년 5월에 일본 남부에 떨어진 노가타直方 운석이다. 규모라는 관점에서 볼 때, 매년 지구에 떨어지는 외계 물질은 4만 톤이 넘는데, 그중 대다수는 먼지만 한 크기의 입자인 반면, 상당한 크기의 물체도 다수가 지표면까지 도달한다. 하지만 일단 인간이 관여하기 시작하면 보고된 낙하 물질 중에서 시간이 한참 지나서까지 살아남는 것은 극히 드문데, 이 때문에 문제의 암석이 보고된 운석에서 유래했는지 입증하기가 더 어렵다. 운석은 우주 공간에서 45억 년 동안 떠돌며 살아남았을 수 있지만, 인간 집단이 살아가는 장소에서 며칠 또는 몇 년을 지내다 보면 무슨 일이 일어날지 아무도 모른다.

역사적 관점과 문화적 관점에서 본다면, 희귀한 우주적 사건은 현대 사회를 현재의 상태로 만든 그 밖의 요인들에 못지않게 큰 기여를 한 것으로 보인다. 만약 운석이 없었더라면, 현재의 일신교들은 어떻게 달라졌을까? 우주의 방문객들이 제때 도착하지 않았더라면, 유럽은 지금과는 완전히 다른 모습을 하고 있을까? 그리고 일부 사람들은 먹어서는 안 되는 것을 먹는 행동을 그만두는 게 좋지 않을까? 혜성과 운석 낙하가 고대 역사의 경로에 어떤 영향을 미쳤는지 토의하는 것은 재미있는 철학적 훈련이 될 수 있다. 하지만 운석 낙하 사건의 기록을 보존하고, 그리고 어쩌면 더 중요하게는 물리적 운석 자체를 보존하는 것이 더 일반화 된다면, 그 훈련이 훨씬 유익해질 것이다.

4장

예언, 공포, 과학의 발전

　옛날 기록은 이집트와 히타이트, 아나톨리아, 중국 같은 고대 문화들이 하늘에서 떨어지는 암석의 기원이 하늘이라는 사실을 잘 알고 있었음을 입증하거나 적어도 강하게 뒷받침한다. 고대 사람들은 암석이 어머니 지구의 영역 밖에서 날아와 땅에 떨어질 수 있다는 사실을 믿는 데 큰 어려움이 없었던 것으로 보인다. 물론 때로는 악마나 신이 보낸 메시지라고 잘못 생각하거나 더 후대의 아즈텍족처럼 운석을 신의 배설물이라고 믿기도 했다. 내가 택한 연구 분야가 신의 배설물을 연구하는 분야라고 생각하면 웃음이 나오지만, 적어도 아즈텍족은 하늘에서 초음속으로 떨어지는 똥이 지구에서 유래해 알 수 없는 이유로 대기 중에서 빠르게 날아다니는 물체가 아니라, 외계에서 온 것이라고 정확히 추론했다.
　그러나 지난 2000년 중 상당히 오랫동안 정작 '박학다식한 학계'는 그렇게 추론하지 못했는데, 그토록 엄청난 오해를 한 이유가 아주 놀랍다(적어도 내게는). 하늘에서 떨어지는 암석이 지구 외의 다른 곳에서 온다는 생각을 일축한 이유가 주로 종교적인 데 있을 것이라고 생각하기 쉽지만, 실제로는 그렇지 않다. 대다수 학자들이 우주에서 암석이 떨어진다는 믿음을 받아들이지 않았던 주요 이유는 고전 그리스 문명의 전성기 때부터 소수의 뛰어난 과학적 지성에 과도하게 의존하는 관행에서 벗어나지 못했기 때문이다. 그리고 하늘에서 떨어지는 암석이 지구에서 유래했다는 이 믿음을 더 부추긴 것은 기묘하게도 후대의 더 뛰어난(그리고 심지어 더 과학적인) 지성들이었다.

그리스인의 공로

고대 그리스인이 총명한 사람들이 아니었다고 주장할 사람은 거의 없을 것이다 ─ 적어도 제정신으로는. 그들은 기하학과 철학, 민주주의, 그리고 물론 올림픽 경기를 포함해 많은 것에서 선구적인 업적을 남겼다. 그들은 많은 분야에서 크게 기여하는 데 그치지 않고 운석학의 역사에서도 아주 중요한 역할을 했다. 하지만 운석학 분야의 유산은 나머지 대다수 과학과 인문학 분야에 남긴 유산에 비하면 많이 부족하다. 아폴로니아의 디오게네스Diogenes가 기원전 465년경에 아이고스포타모이강에 갈색 암석이 떨어졌다고 보고하면서 그것이 우주에서 날아왔다는 사실을 제대로 파악했을 때만 해도 운석학의 장래는 매우 밝아 보였다.

> 유성은 아이고스포타모이강 부근에 불타면서 떨어진 암석과 마찬가지로 보이지 않는 별이 죽어가는 것이다.

나중에 디오게네스는 이런 글도 썼다.

> 보이는 별들과 함께 보이지 않고 그래서 이름이 없는 암석들도 돈다. 이 암석들이 종종 땅으로 떨어져 꺼져간다. 아이고스포타모이강에 불타면서 떨어진 암석 별처럼.

사람들이 지구가 우주의 중심이 아니라는 사실을 알아채기 2000여 년 전에 살았던 사람으로서는 꽤 훌륭한 연구 결과였다. 하지만 하늘에서 떨어지는 암석의 기원에 관한 디오게네스의 개념은 불행하게도 그리스 학계에서 오래 지속되지 못했다.
운석이 지구 밖에서 날아온다는 개념을 짓밟음으로써 태양계의

• 디오게네스는 이 암석이 우주에서 날아왔다는 사실을 알아채고 글을 남긴 공로로 운석의 한 종류인 디오제나이트diogenite에 그 이름이 붙었다. 물론 아이고스포타모이강에 떨어졌다는 이 운석이 오늘날 우리가 알고 있는 디오제나이트인지는 알 수 없지만(제대로 연구하기도 전에 사람들이 그것을 약탈해 파괴해버렸기 때문에), 그래도 운석의 한 종류에 그의 이름을 붙인 것은 좋은 일이라고 나는 생각한다.

기원에 관한 연구를 2000여 년 동안 지연시킨 주범으로 딱 한 사람을 지목하기는 어렵겠지만, 그래도 나는 지목하고 싶다. 그 사람은 바로 아리스토텔레스이다. 나도 서양 문화에서 거의 모든 형태의 지식에 막대한(그리고 주로 긍정적인) 영향을 미친 사람을 굳이 비판하고 싶진 않지만, 운석의 기원에 관한 오해는 기원전 4세기에 아리스토텔레스가 쓴 『기상학 Meteorologica』에서 비롯되었다고 단정할 수 있다. 『기상학』은 오늘날 우리가 기상학(대기의 상태와 날씨 현상을 연구하는 분야)이라고 부르는 분야를 포괄적으로 다룬 연구 중에서 가장 오래된 것이다. 하지만 또다시 법의어원학의 렌즈를 들이대보면, meteor(유성)와 meteorite(운석)와 meteorology(기상학) 사이

고대 그리스의 박학다식한 철학자 아리스토텔레스는 자기도 모르게 운석학의 발전에 큰 걸림돌이 되었다.

에 유사점이 있다는 사실을 알아챌 것이다. 그것은 미묘하여 알아채기 힘들 수도 있지만, 분명히 그런 관계가 존재한다. 내 말을 믿어도 좋다.

기본적으로 『기상학』은 상상할 수 있는 지상과 대기의 현상을 모두 다 다루는데, 이 모든 현상은 고전적인 네 원소인 흙, 물, 공기, 불과 어떤 방식으로건 상호 작용하는 관계로 연결돼 있다고 설명했다.* 아리스토텔레스는 지상의 물질뿐만 아니라 하늘의 물질도 설명하기 위해 네 원소 외에 '에테르' 또는 '아이테르aether'라고 부르는 신성한 다섯 번째 원소를 추가했다. 하지만 이 책이 다루는 주제와 관련된 글에서 아리스토텔레스는 이전 시대 사람들과 동시대 사람들이 보고한 하늘에서 떨어지는 암석과 화구는, ① 큰 바람을 타고 공중으로 올라간 것이거나(앞에 나온 아이고스포타모이강에 떨어진 암석을 구체적으로 지목하면서) ② 지구에서 증발된 다양한 물질이 적절한 조건에서 결합해 지구-달계의 달 아래 영역에서 그런 형태로 만들어진 것이라고 주장했다. 왜 이 두 가지 가능성을 단순히 운석이 태양계의 다른 곳에서 날아왔을 가능성보다 더 옳다고 보았는지 의문이 들 수 있다. 주된 이유는 운석이 지구 밖에서 날아왔

• 아리스토텔레스는 고전적인 원소 이름보다는 건조함, 습함, 뜨거움, 차가움의 네 가지 성질을 조합해 네 원소를 설명하는 걸 선호했지만(예컨대 불은 뜨겁고 건조한 성질을, 물은 차갑고 습한 성질을 가졌다면서), 이것은 설명하기가 상당히 복잡하고, 여기서 우리가 다루는 주제와 큰 관련이 없다.

다는 설명은 아리스토텔레스의 웅대한 우주관에 흠집을 낼 수 있었기 때문이다. 아리스토텔레스는 지구와 달 밖에는 별들의 영역이 펼쳐져 있으며, 이곳은 영원히 아무 변화도 일어나지 않는 완전한 영역이라고 믿었다.* 이 생각은 낭만적으로 들리지만, 낭만적으로 들리는 이야기가 대부분 그렇듯이, 그것은 완전히 틀린 것이었다. 그리고 아리스토텔레스의 웅장한 우주관을 이루는 기본 개념에 따르면 달 궤도 밖에서는 동적인 것이 전혀 허용되지 않았기 때문에, 하늘에서 떨어지는 암석은 결국 지구 자체에서 유래한 것이어야 했다.

만약 아리스토텔레스가 그토록 절대적인 권위를 누리던 지성이 아니었더라면, 후대 학자들이 같은 분야를 연구하면서 운석에 관한 그의 잘못된 개념을 무시하거나 수정하기가 더 쉬웠을 것이다. 하지만 아리스토텔레스의 권위에 의문을 품는 것은 비논리적인 태도로 간주되었다.** 믿기 어렵게도 아리스토텔레스의 권위가 무너지는 날은 16세기와 17세기의 과학 혁명이 일어날 때까지 기다려야 했다. 망원경의 발명으로 아리스토텔레스의 천문학과 물리학 개념

- • 오늘날에는 이 개념이 매우 기이하게 들리겠지만, 아리스토텔레스가 살던 시대가 망원경이 발명되기 2000여 년 전이었다는 사실을 감안하면, 그가 저지른 천문학적 오류를 심하게 비난할 생각은 들지 않는다.
- •• 아리스토텔레스는 논리학 분야를 공식적으로 정립한 것으로도 유명하다. 그래서 서양 학자들은 아주 오랫동안 그의 그림자에서 벗어나기가 무척 힘들었다.

이 무너지기 시작한 것이 중요한 계기가 되었다. 하지만 행성과 그 궤도와 태양의 관계에 대한 지식이 크게 늘었는데도 불구하고, 하늘에서 떨어지는 암석은 지상에서 생겨나 강한 바람에 실려 위로 올라간 것이거나 화산 분화처럼 지상에서 분출한 물질에서 유래한 것이라는 개념이 여전히 지배적이었다. 불행하게도 1000년이 넘게 학계에서 주류를 차지한 아리스토텔레스주의자들이 하늘에서 떨어지는 암석은 지상의 물질에서 유래했다는 개념을 계속 강하게 지지했다. 계몽주의 시대에 이르러서도 (약 100년의 간격을 두고서) 프랑스의 르네 데카르트René Descartes와 앙투안-로랑 드 라부아지에Antoine-Laurent de Lavoisier가 지상으로 떨어지는 암석은 번개와 대기 중의 먼지에서 생겨났을 수 있다고 주장했다. 그리고 같은 시대에 일어난 전기 실험들(미국의 박식가 벤저민 프랭클린Benjamin Franklin이 선도한)은 산화철이 철 금속으로 변할 수 있다는 것을 보여주었기 때문에, 과학적 증거 무시와 시선 돌리기와 번개를 결합해 철 금속 덩어리가 왜 하늘에서 반복적으로 떨어지는지 설명할 수 있었다. 그런데 하늘에서 떨어지는 암석이 지구에서 유래했다는 아리스토텔레스의 잘못된 개념이 계속 이어지도록 부추기는 데 가장 크게 기여한 사람이 17세기가 끝날 무렵에 등장했다. 그것은 모두의 예상에서 벗어나는 사람이었다. 그 주인공은 바로 과학의 역사에서 불세출의 천재로 꼽히는 아이작 뉴턴Isaac Newton이었다.

뉴턴은 과학의 역사에서 의심의 여지 없이 가장 큰 영향력을 떨친 책인 『프린키피아Philosophiæ Naturalis Principia Mathematica』에서 고전 역학의 기초를 확립했고, 만유 인력을 설명했으며, 행성 운동의 법칙을 도출했다. 그것은 아주 훌륭한 성과였다. 그런데 그에 못지않게 과학사에서 위대한 걸작으로 꼽히는 두 번째 책인 『광학Opticks』에서 뉴턴은 애석하게도(그리고 부정확하게) 건조한 공기에서 솟아오른 물질이 높은 대기권 상공에서 다른 물질들과 섞여 운석이 되는 과정을 설명했다. 뉴턴이 운석학 연구에 더 큰 타격을 준 것은 운석 생성에 관한 부정확한 개념보다 우주에 작은 물체들이 존재할 가능성을 기본적으로 배제한 데 있었다. 그는 다음과 같이 썼다.

> 행성들과 혜성들의 규칙적이고 지속적인 운동을 위해 길을 내주려면, 지구 대기에서 솟아오르는 아주 옅은 수증기, 증기나 증발물, 그리고 행성과 혜성을 제외하고는 하늘에서 모든 물질을 치우는 것이 필요하다.

압도적인 권위와 영향력을 가진 과학자가 이렇게 말했으니, 운석학은 외계 물질을 연구하는 분야로 자리를 잡기가 힘들었는데, 이제 작은 외계 물질은 존재할 수 없는 것처럼 보였기 때문이다. 만약 별과 행성 같은 큰 물체 외에 다른 물질이 우주에 존재할 수 없다면, 하늘에서 농부들의 머리 위로 반복적으로 떨어지는 암석은 ① 지구에서 유래했거나 ② 단기간의 주목을 끌기 위해 농부들이 지어낸

아이작 뉴턴은 훌륭한 머리카락과 훌륭한 물리학적 식견을 가졌지만, 운석학자로서는 형편없었다.

것일 수밖에 없었다. 위대한 과학 혁명이 일어나는 동안에도 이것은 극복하기가 매우 어려운 장애물이었다.

혁명적이고 계몽적인 좌절

역사학자들이 '과학 혁명'(17세기 중엽부터 시작된)이라고 부르는 시대와 그 뒤를 이은 '계몽주의' 시대는 지식인들에게는 특별히 흥미진진한 시기였다. 이 시기에 매우 인상적인 지식인들이 역사에 그 발자취를 남겼고, 다양한 과학적, 사회적 문제뿐만 아니라 그보다 더 중요하게는 이 문제들에 접근하는 방법에 놀라울 만큼 큰 진전이 일어났다. 철학자 이마누엘 칸트 Immanuel Kant는 이 시기를 라틴어로 사페레 아우데Sapere aude라고 불렀는데, 번역하면 "과감히 알려고 하라!"라는 뜻이다.(이 표현은 로마 시인 호라티우스Horatius의 『서간집Epistles』에 처음 등장한 시구로, 칸트가 인용하면서 계몽주의의 표어가 되었다.—옮긴이) 하지만 '이성의 시대' 동안에 일어난 그 모든 혁명적인 사고에도 불구하고, 운석학 분야에서는 혁명적인 것이 거의 일어나지 않았다. 적어도 단기적으로는 그랬다. 뿌리 깊은 도그마를 거부하는 것은 전위적인 행동이었던 반면, 이치에 맞지 않는 이야기를 거부하는 태도도 꼭 필요했다. 그래서 당시의 지식인들은 하늘에서 불타는 암석이 떨어졌다는 얼간이 농부들의 이야기를 참고 들어줄 인내심이 부족했다. 그런 종류의 생각은 환상처럼 보였고, 명성 높은 과학계에는 그런 환상이 비집고 들어갈 틈이 없었다.

역사적인 낙하 암석들

하늘에서 떨어지는 암석에 관한 이야기는 역사를 통해 모든 대륙에서 많이 전해졌지만, 이런 일이 어떻게 일어나는지에 대해서는 수천 년 동안 일치된 의견이 나오지 않았다. 앞에서 이야기했듯이, 아리스토텔레스의 철학은 하늘에서 떨어지는 암석이 지구에서 유래해야 한다고 말했고, 뉴턴의 물리학은 하늘에서 큰 천체와 혜성 외에 나머지 물질을 모두 제거했으며, 라부아지에 같은 과학자들은 화학 실험과 전기 실험을 바탕으로 대기 중에서 암석이 생성될 수 있는 장소에 관한 이론을 내놓았다. 이런 사정을 감안하면, 수천 년 동안 학자들이 운석의 기원을 제대로 몰랐다는 사실이 놀랍지 않을 수 있지만, 결국에는 증거들이 차곡차곡 쌓이기 시작했다. 우리에게는 다행스럽게도 하늘에서 초음속으로 날아와 계속 떨어지는 암석과 금속 덩어리는 그냥 무시하기가 어렵다. 우리가 운석의 기원을 제대로 이해하기 전에 이미 역사에 운석 사건이 수백 건 이상 기록되었다. 아래에 그 당시 사회의 큰 관심을 끌거나 운석의 진정한 기원을 이해하는 방향으로 나아가게 하는 데 큰 역할을 한 몇몇 사건을 소개한다.

노가타, 일본(861년 5월)

861년 5월 19일 밤, 일본 규슈섬 노가타 부근의 시골 지역 하늘이 갑자기 환히 밝아지면서 굉음이 울렸다. 다음 날 아침, 마을 사람들은 스가 신사의 정원에 새로 생긴 구덩이 바닥에서 소동의 원인을 찾아냈는데, 거기에는 검은색 돌이 박혀 있었다. 이 사건은 단지 그 지역 주민에게만 중요한 것이 아니라, 그 표본이 지금까지 보존돼 있는 최초의 낙하 운석이라는 점에서도 중요하다.* 이 지역 승려들이 이 암석이 하늘에서 떨어진 것으로 받아들였다는 증거가

• 그 후 과학적 연구를 통해 노가타 운석은 '정상 콘드라이트'에 속하고, 무게는 500g이 조금 못 되는 것으로 밝혀졌다. 운석의 분류와 명칭에 관한 더 자세한 내용은 부록을 참고하라.

꼼꼼한 기록으로 남아 있기 때문에, 이 운석 낙하 사건은 운석학의 역사에서 분수령이 되었을 것이라고 생각하기 쉽다. 하지만 불행하게도 이 운석은 전 세계 사람들이 운석의 기원을 제대로 이해하는 데 아무 역할도 하지 못했다. 그래도 최근에 와서 기쁜 소식이 있는데, 스가 신사는 5년마다 신사 축제를 여는 기간에 이 운석을 일반 대중에게 공개한다. 2011년 10월에 이 축제는 운석 낙하 1150주년을 기념하는 행사로 열렸고, 노가타 운석은 화려하게 장식되어 '신사의 보물들'을 실은 수레들에서 맨 선두에 섰다. 2061년에는 1200주년 기념 축제가 열리니, 관심이 있는 분은 가서 구경해보라.

엔시스하임, 알자스 지역(1492년 11월 7일)

노가타 운석이 떨어지고 나서 600년 이상이 지나고, 우연히도 콜럼버스가 대서양을 건너 2만 년 이상 원주민이 살아온 아메리카 대륙을 '발견'한 바로 그해에 떨어진 엔시스하임Ensisheim 운석은 서양 세계를 크게 뒤흔들었다. 운석이 떨어진 시간은 정오 직전이어서, 프랑스 동쪽 국경 부근의 들판에 있던 사람들은 그것이 떨어지는 장면을 목격하고 고막을 찢는 듯한 굉음을 들었으며, 오늘날의 여러 나라에 해당하는 지역 주민들이 그 사건을 보고했다. 무거운 검은색 운석은 약 1m 깊이의 구덩이를 팠다. 호기심을 느낀 마을 주민들은 그곳이 새 친구가 머물기에 적합한 장소가 아니라고 판단하고는, 즉각 그것을 꺼내 각자 그 파편들을 기념품으로 챙겼다.

원래 운석의 무게는 135kg으로 추정되는데, 오늘날 남아 있는 조각 중에서 가장 큰 것은 약 56kg으로, 원래 무게에 비하면 절반도 채 되지 않는다.

위 | 엔시스하임 운석 낙하 장면을 묘사한 그림.
아래 | 이 유명한 운석에서 떨어져 나온 한 조각. 부디 이것이 책에서 튀어나와 이 책을 읽고 있는 여러분의 얼굴을 치는 일이 없길 바란다.

동양에서 노가타 운석이 그런 것처럼 엔시스하임 운석은 그 파편이 보존된 서양의 운석 중에서 최초로 목격된 낙하 운석이다. 하지만 노가타 운석은 현지 주민을 제외하고는 사실상 모든 사람이 무시한 반면, 엔시스하임 운석 낙하 사건은 즉각 큰 센세이션을 불러일으켰다.* 헌신적인 다수의 삽화와 그 당시의 트위터에 해당하는 입소문, 특히 얼마 전에 발명된 구텐베르크의 인쇄기 덕분에 운석 낙하 소식은 삽시간에 유럽 전역으로 퍼져갔다. 그 소식을 들은 사람 중에서 가장 중요한 인물은 신성로마제국 황제이던 막시밀리안 1세였다. 현명한 고문들은 그 암석이 얼마 전에 시작한 프랑스와의 전쟁에 대해 신이 보낸 호의적인 징표라고 말했다. 이에 고무된 막시밀리안 1세는 직접 운석 조각 2개를 취했으며, 나머지 조각들 중 대부분은 그 사건의 증거로 현지 교회에 보관하라고 지시했다. 그러고 나서 그 암석은 "밤중에 이리저리 돌아다니거나 지구에 도착할 때와 똑같이 활활 불타면서 하늘로 돌아가는 것"을 막기 위해 사슬로 교회에 붙들어맸다고 전하는데, 이것은 그 당시 사람들이 물리학에 대해 얼마나 무지했는지 잘 보여준다.

유럽 전역에서 엔시스하임에 운석이 떨어졌다는 사실을 의심하는 사람은 거의 없었다. 목격자가 아주 많았고, 사슬로 교회에 매여

---

* 적어도 15세기 후반에는 그 어떤 것보다 더 신속하게 그리고 더 큰 센세이션을 불러일으켰다.

있는 기이하게 생긴 암석 덩어리가 그 증거였다. 하지만 그 당시 유럽은 인구 밀도가 비교적 낮았고, 한곳에 수십 명 이상이 모여 사는 인구 밀집 지역이 그렇게 많지 않았기 때문에, 그 후 수십 년 혹은 수백 년 동안 떨어진 운석들은 많은 사람의 눈에 목격되는 행운을 누리지 못했다. 엔시스하임 운석 이후에 보고된 낙하 운석들을 목격한 사람의 수는 제한적이었고, 또 목격자들은 거의 다 시골 지역의 농부나 그 밖의 '무지한' 사람들이었다. 그럴 수밖에 없었던 주이유는 물론 그 당시 대다수 사람들이 시골 지역에 사는 농부들과 '무지한' 사람들이었기 때문이다. 불행하게도 그 당시 상아탑의 일반적인 정서는 대다수 사람들은 주목을 끌기 위해 무슨 말이라도 하는 경향이 있다고 의심하는 쪽이었다. 그래서 그다음 400년 동안 운석 목격 보고는 완전히 무시당하거나 관심을 끌려는 얼간이들이 지어낸 터무니없는 이야기로 일축되었다. 1790년 7월 24일에 프랑스 남부에 아주 밝은 화구가 나타나면서 암석이 떨어졌을 때, 이런 태도가 특별히 노골적으로 표출되었다. 이 사건은 수천 명이 목격했고, 떨어진 암석들은 여러 마을에 걸친 광범위한 지역에서 수거되었지만, 이 사건 소식에 대한 '과학적' 반응은 《실용 과학 저널Journal des Sciences Utiles》의 편집자 피에르 베르톨롱Pierre Bertholon이 쓴 보고서로 발표되었다.

민간 속설의 진실성을 입증하려고 온 지방 주민이 달려드는 모습을 보는 것은 얼마나 슬픈 일인가……. 이성적인 독자라면 명백히 그릇된 사실과 물리적으로 불가능한 현상을 증언하는 이 문서에 대해 스스로 올바른 결론을 내릴 것이다.

같은 해에 빈의 제국자연사박물관 부관장이던 안드레아스 크사버 슈튀츠Andreas Xaver Stütz는 「이른바 하늘에서 떨어졌다는 일부 돌에 관해Ueber einige vorgeblich vom Himmel gefallene Stein」라는 경멸적인 제목을 단 논문을 발표하여 하늘에서 떨어지는 암석 개념에 추가적인 모욕을 가했다. 이 논문에서 슈튀츠는 비록 유럽의 다양한 지역에서 일어나긴 했지만, 위의 이야기에 이르기까지 지난 수십 년 동안 전해진 놀랍도록 비슷한 이야기들을 다루면서 다음과 같이 자신의 견해를 피력했다.

> 하늘에서 철이 떨어진다는 이야기가 있다. 1751년에는 독일에서 가장 뛰어난 지성을 가진 사람들도 그런 이야기를 믿었는데, 그 당시 박물학과 실용 물리학을 지배하고 있던 심한 무지 때문이었다. 하지만 우리 시대에 그런 동화 같은 이야기를 그럴듯하다고 여긴다면 절대로 용서받을 수 없을 것이다.

이상한 민족주의와 지적 엘리트주의의 결합에서 나온 슈튀츠의 백해무익한 시도에 안쓰러움을 금할 수 없다.

그러나 18세기 중엽과 후반에 학계 사람들 사이에 아주 흔했던 이러한 정서가 매우 완고하고 경솔해 보이긴 하지만, 훌륭한 과학적 방법을 사용해 답을 찾으려는 사람들도 많았다. 한 예로 프로이센의 페터 지몬 팔라스Peter Simon Pallas가 있는데, 시베리아의 외딴 지역인 크라스노야르스크Krasnojarsk 남쪽에서 발견된 725kg의 암석과 철 덩어리가 있다는 사실을 알고 나서 1772년에 그것을 연구하느라 상당 기간을 투자했다. 반복해서 말하자면, 팔라스는 "725kg의 철 덩어리"와 "외딴 시베리아"에 관한 이야기를 듣고서 "장거리 여행"에 나서야겠다고 생각했다. 하지만 그것은 아무리 축소해 말하더라도 매우 생산적인 장거리 여행이었다. 팔라스는 그 기묘한 물체와 주변의 지질학적 특징을 철저히 기술했고, 그 지역 부근에는 철을 제련하는 시설이 전혀 없으며, 그렇게 큰 철 덩어리를 그 장소까지 운반하는 것은 사실상 불가능하다는(외딴곳에 자리잡은 그곳의 위치와 주변 지형을 감안하면 특히) 사실을 예리하게 지적했다. 게다가 시베리아의 그 지역에서 가장 가까운 활화산은 2400km 이상 떨어져 있어, 철 덩어리가 화산에서 튀어나왔다는 가설도 성립할 수 없었다. 그리고 우연히도 현지에 살고 있던 타타르족 주민은 그것을 하늘에서 떨어진 신성한 유물이라고 믿었다. 팔라스는 타타르족 주민의 의견에 동의한다고 공개적으로 말하지는 않았지만, 그것을 대신할 설명이 극히 제한돼 있었다. 팔라스가 그 표본을 유럽의 여러 과학 중심지에 나눠준 뒤에 논의의 초점은 그것이 하늘에서 떨어진 것이냐 아니

1751년에 하늘에서 떨어지는 장면이 목격된 흐라슈치나Hraschina 운석의 주요 덩어리를 묘사한 그림(위)과 외딴 시베리아 지역에서 발견된 거대한 크라스노야르스크 암석의 한 조각(아래). 당시 크라스노야르스크 주변 지역에는 철을 만들던 곳이 전혀 없었다. 그렇다면 철이 많이 섞인 이 암석 덩어리는 어떻게 그곳에 가게 되었을까?

냐 대신에, 철 덩어리가 천연으로 생긴 것이냐 아니면 제련된 것이냐로 옮겨갔다. 프란츠 귀스만Franz Güssman이라는 과학자는 대담하게도 1751년에 크로아티아에서 떨어지는 장면이 목격된 흐라슈치나 철 덩어리와의 유사점을 지적하면서 거대한 크라스노야르스크 석철질 덩어리는 "위에서 떨어진" 것이라고 주장했다. 귀스만은 그 물체는 대기 중으로 올라갔다가 번개에 불이 붙어 다시 떨어졌다고 잘못된 주장을 펼쳤지만…… 그래도 그것이 하늘이 떨어졌다고 주장함으로써 올바른 길을 향해 나아가는 발걸음을 내디뎠다.

하늘에서 떨어진 것으로 보이는, 설명하기 힘든 기묘한 물체가 세계 각지에서 많이 발견된 것에 더해, 많은 학자들은 천왕성[●](고대 이래 최초로 발견된 새 행성)이 1781년에 발견되자 우주의 완전한 지도가 아직 작성되지 않았고, 자신들이 우주를 완전히 알지 못한다는 사실을 깨달았다. 그리고 사람들이 지표면 위에서 점점 더 넓은 지역에 퍼져 살게 되자(특히 그럴 만한 이유로 스스로를 지적 중심지라고

● 나는 빌 브라이슨Bill Bryson의 『거의 모든 것의 역사』에서 윌리엄 허셜William Herschel이 자신이 새로 발견한 행성에 영국 왕 조지 3세를 기려 '조지'라는 이름을 붙이려고 했다는 이야기(허셜이 처음에 제안한 이름은 라틴어로 게오르기움 시두스Georgium Sidus로, '조지 별'이란 뜻이었다. 하지만 영국 왕의 이름이 행성에 붙는 것을 탐탁지 않게 여긴 프랑스에서는 '천왕성'이라는 국제적인 이름이 생기기 전까지 이 행성을 '허셜'로 불렀다.— 옮긴이)를 읽고서 껄껄 웃은 기억이 난다.

만약 그렇게 되었더라면, 행성들의 순서를 외우는 데 도움을 주는 구절은 "My Very Eager Mother Just Sold out in order to gain favor with the King. I can't believe we have a stupid planet named George."("왕의 환심을 사기 위해 방금 팔아넘긴 매우 열정적인 우리 어머니. 나는 조지라는 이름의 멍청한 행성이 있다는 게 믿어지지 않아요.")가 되지 않았을까 싶다. (태양계 행성들의 순서를 외기 쉽도록 미국에서 주로 사용하던 표현은 "My Very Educated Mother Just Served Us Nine Pizzas"(학식이 매우 높은 어머니가 방금 우리에게 피자 9개를 주었다.)였다. 이 문장의 머리글자들은 수성부터 명왕성까지 행성들의 머리글자에 해당한다. 저자는 수성부터 천왕성까지 행성들의 머리글자를 집어넣어 자기 나름으로는 익살맞은 문장을 만들었다. — 옮긴이)

생각한 서유럽에서) 하늘에서 떨어지는 암석이 점점 더 많이 목격되고 목록에 올라갔다. 긴 세월에 걸쳐 쌓인 이 이야기들은 공통점이 너무 많아 더 이상 무시하기가 힘들어졌다.

독일의 물리학자이자 음악가인 에른스트 클라드니Ernst Chladni는 특히 그랬다. 1794년 초에 클라드니는 『팔라스가 발견한 철 덩어리와 그와 비슷한 철 덩어리들의 기원에 관해, 그리고 그것과 연관된 몇몇 자연 현상에 관해Über den Ursprung der von Pallas gefundenen und anderer ihr ähnlicher Eisenmassen und über einige damit in Verbindung stehende Naturerscheinungen』라는 혁명적인(하지만 무척 거추장스러운 제목을 단) 저서를 출판했는데, 이 책으로 운석학 분야가 본격적으로 시작되었다고 할 수 있다. 하늘에서 떨어지는 암석이 외부 우주에서 날아온다는 개념이 날개를 활짝 펼칠 때가 마침내 도래했다. 세상에서 가장 위대한 철학자(아리스토텔레스)와 세상에서 가장 위대한 물리학자(뉴턴)와 세상에서 가장 위대한 화학자(라부아지에)가 이 개념을 억눌렀지만, 음향학의 대가에게서 나온 이 개념이 결국 운석의 기원에 관한 가장 크고 올바른 소리를 온 사방에 울려퍼지게 했다.

자신의 저서에서 클라드니는 대가다운 솜씨로 화구에 관한 일반적인(그리고 매우 부정확한) 설명을 논박하고는, 수백 년 동안 유럽의 여러 언어권에 걸친 여러 지역에서 목격된 낙하 운석 18개의 사례를 모아 정리하면서 이것들이 모두 놀랍도록 유사하다는 사실을 지적했다.* 클라드니가 주장한 주요 논지는 다음과 같다.

1. 철과 암석 덩어리가 하늘에서 떨어질 수 있다.
2. 화구는 암석과 철로 이루어진 물질이 대기권에 들어올 때 공기와 마찰을 일으켜 감속이 일어나면서 생긴다.
3. 이 물질들은 외부 우주에서 유래했으며, 지구에서 일어난 과정의 산물이 아니라, 실패하거나 파괴된 행성에서 생겨났을 가능성이 높다.

에른스트 클라드니. 음향학의 대가이자 운석학의 아버지, 피코트(선원복으로 쓰이던, 6분 기장의 더블 재킷) 애호가.

- 앞에서 소개한, 1790년에 프랑스 남부에 떨어진 운석(떨어진 곳 부근의 마을 이름을 따 바르보탕 Barbotan 운석이란 이름이 붙은)에 관한 소식은 아직 클라드니에게 전해지지 않아, 이 사례는 그의 저서에서 빠졌다.

클라드니는 일부 실수를 저지르긴 했지만, 주요 개념들은 시간의 검증을 견뎌냈고, 지금도 운석학 분야의 기초를 이루고 있다.

누구나 예상할 수 있듯이, 클라드니의 혁명적인 개념은 학계의 전통적인 개념과 정면으로 충돌했고, 그의 연구에 대한 반응과 평은 거의 한결같이 부정적이었다.[*] 하지만 시간과 진실은 클라드니 편이었고, 얼마 지나지 않아 권위 있는 중력 연구자들이 중요하고 시의적절한 증거를 여러 가지 제공하자, 많은 학자들도 클라드니의 개념을 마침내 받아들였다.

시에나, 이탈리아(1794년 6월 16일)

클라드니의 획기적인 저서[**]가 나오고 나서 불과 2개월 뒤에 이탈리아의 아름다운 도시 시에나에 다른 세상에서 온 선물이 도착했다. 저녁 7시 무렵에 북쪽에서 구름이 빠르게 다가오더니 천둥이 우르릉거리고 붉은색 번개가 번쩍이면서 다양한 크기의 돌들이

- [*] 클라드니는 운석학에 혁명적인 기여를 한 것 외에도 '음향학의 아버지'로 널리 인정받는다. 그러나 오늘날 이 두 분야에서 남긴 걸출한 업적을 인정받는데도, 클라드니는 대학교에서 교수직을 얻지 못했다. 1827년에 71세의 나이로 죽을 때까지 클라드니는 말 한 필이 끄는 마차를 타고 유럽 전역을 돌아다니면서 강연과 콘서트를 통해 밥벌이를 해야 했다.
- [**] 클라드니의 책이 라트비아의 리가와 독일의 라이프치히 단 두 도시에서만 출판되었다는 사실이 중요하다. 18세기에는 정보가 그렇게 빨리 전파되지 않았기 때문에, 클라드니의 개념이 학계 전체로 퍼지는 데 상당히 오랜 시간이 걸렸으리란 사실은 쉽게 상상할 수 있다. 그래서 시에나에 떨어진 운석은 더 흥미롭고 중요한 사건으로 부각되었다.

도시 외곽에 비처럼 쏟아졌다. 이 극적인 사건을 목격한 사람이 현지 농부와 어린이, 관광객, 대학 교수를 포함해 수백 명이나 되었다는 사실이 중요한데, 그래서 관심을 끌기 위해 몇몇 사람이 지어낸 이야기로 일축할 수 없었다. 이 사건 직후에 시에나대학교에서 존경받던 암브로조 솔다니Ambrogio Soldani교수가 여기저기서 보고된 이야기들과 낙하한 암석 표본들을 수집하기 시작했다. 놀랍게도 운석이 떨어진 지 석 달이 지나기 전에 솔다니는 거의 300쪽에 이르는 책을 출판했는데, 그 책의 제목은 『6월 16일에 시에나에 떨어진 암석 소나기에 관하여Sopra una piogetta di sassi accadutta nella sera de' 16 guigno del MDCCXCIV in Lucignan d'Asso nel Sanese』였다. 운석학사 분야에서 손꼽는 권위자인 어슐러 마빈Ursula Marvin에 따르면, 솔다니의 책은 "하늘에서 떨어진 암석이라는 주제를 민간 설화 수준에서 학문적 담론 수준으로 격상시키는 데 결정적 역할을 했다." 시에나에 떨어진 운석이 역사적으로 가장 중요한 운석 낙하로 평가받는 이유는 바로 이 주제를 학문적 담론 수준으로 격상시킨 데 있다고 마빈은 주장한다.

놀랍게도 시에나에 운석이 떨어지기 불과 18시간 전에 남동쪽으로 약 320km 지점에 있던 베수비오산이 분화하기 시작했다. 폭발적인 화산 분화는 인간의 시간 척도에서는 그리 자주 일어나는 사건이 아니며, 큰 운석 낙하도 마찬가지인데, 이제 두 사건이 대체로 동일한 지역에서 일어나고 있었다. 하늘에서 떨어지는 암석이 실제로 있으며, 그것이 어디서 오는지 알아내려고 사람들이 마침내

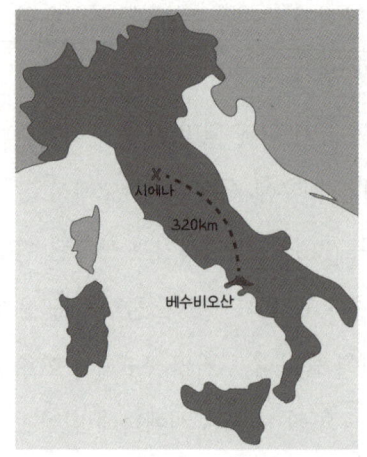

1794년에 시에나에 떨어진 암석을 설명하기 위해 제기된(틀리긴 했지만) 두 가지 화산 기원설. 왼쪽은 '근처의' 화산, 오른쪽은 달의 화산.

노력하던 바로 그 시점에 말이다. 두 사건이 거의 동시에 일어났다는 점을 감안할 때, 하늘에서 떨어지는 암석을 설명할 수 있는 한 가지 유력한 원인은 화산 활동이었다. 이 문제를 검토한 일부 사람들은 그 암석이 '명백한' 선택지인 베수비오산에서 왔다고 생각한 반면, 다른 사람들은 달에서 일어난 화산 활동에서 왔을 가능성을 제기했는데, 달의 화산 활동은 윌리엄 '플래닛 조지' 허셜('플래닛 조지 Planet George'는 천왕성을 발견한 윌리엄 허셜에게 붙은 별명이다.—옮긴이)이 몇 년 전에 발표한 연구에서 직접 '목격'했다고 주장했다. 이 두 가지 화산 기원설은 모두 틀린 것이었지만, 적어도 학계는 하늘에서 떨어지는 암석을 상상으로 만들어낸 물체나 대기에서 생긴 응결물이라고 일축하는 대신에 제대로 설명하기 위해 창의적인 방식으로 생각하고 있었다. 마침내 대화가 시작되었지만, 진전은 한 번에 한 걸음씩 나아가는 방식으로 일어났다.

월드코티지, 영국(1795년 12월 13일)

제임스 본드 영화를 수십 년 동안 본 사람은 잘 알겠지만, 이 세상에서 중요한 일들은 대부분 영국 땅에서 일어나거나 우아한 영국식 억양을 가진 인물이 주인공으로 등장한다. 운석학사에서도 그런 일이 일어났다. 시에나 운석이 지적인 공을 굴러가게 만들었다면, 그 공에 중요한 추진력을 제공한 것은 1795년 말에 월드코티지 Wold Cottage에 떨어진 운석이었다. 12월 13일 오후 3시 30분 무렵에 존 시플리 John Shipley라는 농부가 때마침 적절한 순간에 적절한 장소에 서 있었다. 역사상 유일한 사람은 아니더라도 극소수 사람 중 하나가 되는 행운이 그에게 닥쳤는데, 운석이 바로 옆에 떨어지면서 튀어오른 진흙을 뒤집어썼기 때문이다. 시플리는 그 운석의 낙하 장면을 유일하게 목격한 사람은 아니었지만, 그 현장에 가장 가까이 있었던 사람이다. 다른 농부 두 명도 그 사건이 화려하게 펼쳐지는 장면을 목격했고, 운석이 요크셔주로 떨어지면서 난 소리

• 운석이 달의 화산 활동에서 유래했다는 개념이 한동안 인기를 끌었는데, 암석이 떨어지는 장소 근처에 화산이 없는 경우가 많았기 때문이다.

를 들은 사람도 여럿 있었다. 그 암석의 무게는 약 25kg으로, 아직까지도 유럽에서 손꼽을 만큼 큰 운석 중 하나로 남아 있다. 하지만 월드코티지 운석이 운석학사에서 정말로 중요한 존재가 된 이유는 크기나 장소가 아니었다. 그것은 그 사건 이후에 나온 보고서 때문이었다.

월드코티지 운석이 떨어진 땅의 소유주는 에드워드 토펌Edward Topham이었다. 토펌은 성공한 작가이자 저널리스트로, 영국 엘리트층 사이에서 유행을 한발 앞서가는 진취성과 예의 바른 태도로 유명했다. 사회에서 존경받는 지위는 평생 동안 분명히 큰 도움이 되었겠지만, 운석학의 미래를 위해서도 특별히 중요한 도움이 되었다. 토펌은 요크셔주의 자기 사유지에서 일어난 일을 알자마자 훌륭한 저널리스트가 응당 해야 할 일에 즉각 나섰다. 즉, 관련자들에게 질문을 던졌고, 어떤 일이 일어났는지 자세히 글로 쓰기 시작했다. 많은 목격자들과 사건 직후에 운석을 본 사람들을 대상으로 인터뷰를 했다. 그 인터뷰에서 반복적으로 드러난 내용은 다음과 같았다.

- 천둥이나 번개의 징후가 전혀 없는 날이었지만, 운석이 떨어질 때 난 소리는 마치 바다에서 함포 사격을 하는 소리를 연상시켰다.
- 많은 목격자는 떨어진 암석에서 황 냄새가 강하게 났다고 말했다.
- 그 암석의 질감은 요크셔주의 언덕에는 존재하지 않는 '회색 화강암'과 비슷했다.

두 줄의 단추가 달린 화려한 정장을 입은 에드워드 토펌. 언론의 영향력을 잘 알았던 토펌은 이 운석의 존재를 세상에 널리 알렸는데, 아마도 이 깃펜으로 글을 썼을 것이다.

약 석 달 뒤인 1796년 2월, 토펌이 다수의 목격자를 대상으로 진행한 인터뷰와 수집한 증언을 바탕으로 자세히 기술한 보고서가 그곳 지방 신문에 실렸다. 토펌이 그 사건의 과학적 중요성을 알았건 몰랐건 간에, 중요한 사건을 대중에게 알리는 데 언론의 관심이 중요하다는 사실을 잘 알고 있었고, 지방 신문에 작은 기사를 싣는 것은 그의 스타일이 아니었다. 그래서 토펌은 월드코티지 운석을 요크셔주의 조용한 구석에서 런던으로 가져가 유명한 피카딜리 지구의 인기 높은 커피하우스 반대편에 눈에 잘 띠게 전시했디(자신이 발표한 글과 함께). 1실링*이란 아주 저렴한 비용으로 다른 세상에서 온 암석과 그것이 어떻게 지구에 왔는지 설명한 전단지를 볼 수 있었다.

월드코티지 운석 낙하와 대대적인 축하 반응, 널리 존경받던 토펌의 홍보와 함께, 매우 지체 높아 보이는 이름을 가진 또 다른 남성이 하늘에서 떨어진 암석에 관한 연구라는 공을 앞으로 더 굴러가게 하는 게 크게 기여했다. 에드워드 킹Edward King은 제왕에게나 어울릴 법한 이름 외에 왕립학회와 골동품학회 회원이었다는 사실도 그런 역할을 하는 데 큰 도움이 되었다. 시에나에 떨어진 암석에 관한 보고들을 접한 킹은 역사를 통해 하늘에서 떨어진 암석에 관한 다양한 보고들을 깊이 고찰하면서 자료들을 모으기 시작했다. 「오늘날과 옛날에 구름에서 떨어졌다고 알려진 암석들에 관한 소견Remarks concerning stones said to have fallen from the clouds, both in these days, and in ancient times」이라는 제목을 단 32쪽짜리 연구 보고서에서 킹은 얼마 전에 일어난 시에나 운석 낙하 사건을 간결하게 묘사했을 뿐만 아니라, 역사를 통해 하늘에서 떨어진 암석에 관한 많은 보고들을 모아서 정리했다. 킹은 자신의 책 출간을 두 번이나 미루었다. 첫 번째 지연은 월드코티지에서 일어난 사건을 논의하기 위해서였는데, 킹은 토펌과 마찬가지로 운석과 그것이 떨어진 주변의 암석들 사

- 1실링은 48파딩이나 12페니에 해당하는 영국의 옛 통화 단위이다. 스털링을 선호한다면, 1실링은 20분의 1스털링에 해당한다. 뭐가 뭔지 잘 모르겠다고? 그게 정상이다. 1796년 당시에 1실링은 건너편 커피하우스에서 근사한 커피 한 잔을 마시는 비용보다 조금 더 비싼 가격이었다.

 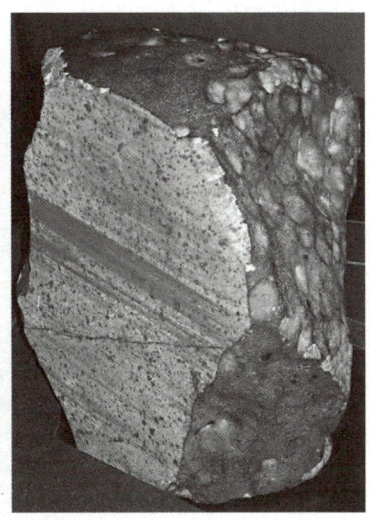

왼쪽 | 운석이 떨어진 장소에 세워진 세계 유일의 기념비.
오른쪽 | 이 기념비의 주인공인 1795년의 월드코티지 운석.

이에 어떤 지질학적 차이가 있는지 찾으려고 시도했다.

……이번 이전까지 요크셔주에서 혹은 영국의 어느 지역에서도 그런 암석은 발견된 적이 없었다. 대중을 기만하기 위해 그런 종류의 암석을 인위적으로 만들 수 있는 방법도 나는 쉽게 떠오르지 않는다. 그리고 베수비오산에서 뿜어져 나와 토스카나로 흘러간(그렇게 믿고 싶지만) 재처럼, 헤클라산*에서 뿜어져 나온 재가 영국까지 흘러온 효과인지 아닌지 나로서는 확인할 길이 전혀 없다.

나는 기록 자체를 보존하고자 하는 노력을 인정받길 바랄 뿐이고, 기록의 확실한 진위 여부는 더 자세히 조사할 필요가 있다.

책의 출간이 두 번째로 지연된 이유는 킹이 번역된 클라드니의 책을 받았기 때문이다. 그 책에서 클라드니는 하늘에서 떨어지는 암석이 지구의 암석이 아니라고 주장했다. 마침내 킹은 책을 출판했는데, 자신과 클라드니는 그 기원에 대한 의견이 완전히 일치하지 않는다는 점(킹은 하늘에서 떨어지는 돌이 지구의 화산에서 유래했다는 개념을 선호했다.)을 공개적으로 인정하면서도, 클라드니가 "자신의 개념을 뒷받침한다고 주장한 사실들에 많은 관심을 기울일 가치가 있다."라고 지적했다.

비록 킹은 결국 틀린 결론에 이르렀지만, 하늘에서 떨어진 암석들에 관한 몇몇 이야기들을 모으고, 서로의 유사점에 관한 중요한 관찰을 한 점은 획기적이었다. 무엇보다도 이것이 운석에 관한 책으로서는 영어로 출판된 최초의 책이라는 점이 중요했는데, 그래서 영어권 독자들 사이에서 더 광범위하게 읽혔다.

킹의 책은 처음에는 "일부 농부나 여성의 증거"를 쉽사리 인정하려는 태도 때문에 《젠틀맨스 매거진》 1796년 7월호에 매우 부정적인(그리고 매우 엘리트주의적이고 남성 우월주의적인) 비평이 실렸다.

• 헤클라산은 주기적으로 활동하는 아이슬란드의 화산이다. 아이슬란드에는 영국에서 가장 가까운 활화산들이 있지만, 그래도 헤클라산은 요크셔주에서 약 1600km나 떨어져 있다.

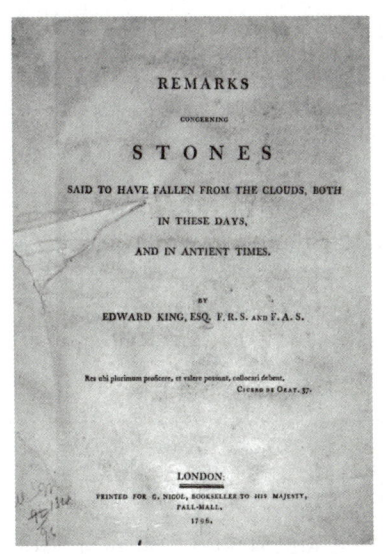

운석에 관한 책 중에서 영어로 쓰인 최초의 책(에드워드 킹의 저서).

혹평을 받건 말건, 킹의 책은 성공작이었고 널리 읽혔다. 거기다가 특별한 반전까지 따랐는데, 킹의 책은 영국 박물학자 윌리엄 빙글리William Bingley에게 영감을 주어 그가 1779년에 아일랜드 페티스우드*에서 낙하 장면을 직접 목격한 운석에 관한 보고서를 쓰도록 자극했다. 빙글리는 그전에 자신이 목격한 것을 보고하지 않았던 이유는 조롱을 받을까 봐 두려웠기 때문이라고 밝혔다. 월드코티지 낙하 운석에 관해 토픔이 전한 소식을 직접 인용하면서 빙글리는

---

* 아일랜드에서 확인된 운석은 단 6개밖에 없는데, 그중 하나가 페티스우드Pettiswood 운석이다.

운석 물질의 유산에 관해 매우 통찰력이 넘치고 다소 에로틱한 생각을 덧붙인 글을 써서 보냈는데…… 그렇다, 그것은 바로《젠틀맨스 매거진》이었다.

> 나는 학자들이 더 깊이 연구하면, 내 케이크와 토펌의 빵 덩어리가 똑같이 엄청나게 거대한 오븐에서 자연의 적절한 과정에 따라 구워졌다는 사실이 드러날 것이라는 희망을 품고 있다.

이상하게 들리건 말건 간에, 빙글리는 뭔가를 간파했다. 그의 케이크는 정말로 토펌의 빵 덩어리와 팔라스의 머핀, 솔다니의 파네토네(이탈리아에서 성탄절에 먹는 빵의 하나—옮긴이), 클라드니의 담프누델(독일 남부와 오스트리아 및 프랑스의 알자스 지역에서 먹는 단 빵—옮긴이)과 함께 동일한 오븐에서 구워졌다. 그것들은 모두 이곳 지구에서 우리에게 익숙한 암석들과는 분명히 구별되는 외계 물질로 만들어져 있었다. 이제 전문가와 비전문가를 막론하고 이 암석들에 관심을 보이기 시작했다.

화학의 기여

천문학 분야에서 이전에 몰랐던 행성들이 발견되고, 지구로 떨어지는 다른 세계의 암석들에 대한 지식이 점점 증가하는 것에 발맞춰 화학자들도 운석학의 발전을 위해 나름의 역할을 하느라 바빴다. 18세기 말에 화학 분야는 현대적 관점에서 볼 때 여전히 원시적인 상태였다. 하지만 날이 갈수록 새로운 원소들이 계속 발견되고, 다양한 기체 물질과 화합물이 어지러울 정도로 빠르게 분리되었다. 18세기가 끝날 무렵에는 특정 암석들의 화학적 조성 차이를 알게 되었고, 호기심 많은 과학자들이 흥미로운 물질을 적극적으로 탐구하면서 하늘에서 떨어졌다는 기이한 암석들과 거대한 금속 덩어리의 정성 분석이 가능해졌다. 화학자 에드워드 하워드Edward Howard는 하늘에서 떨어진 암석과 하늘을 날아다니지 않는 평범한 암석의 화학적 차이를 최초로 자세히 기술했다. 무엇보다도 하워드는 새로 개발된 화학적 분리 기술을 사용해 하늘에서 떨어졌다고 보고된 암석들에는 니켈 원소가 많이 포함돼 있다는 사실을 입증했다. 하늘에서 떨어지지 않은 암석에는 니켈이 훨씬 덜 들어 있었는데, 그의 방법을 사용한 사례에서는 대부분 감지할 만한 수준의 니켈이 검출되지 않았다. 이 발견과 그 분석에 관한 하워드의 보고서*는 하늘에서 떨어지는 암석들은 비슷한 화학적 지문을 가지고 있으며, 그 지문은 지구의 '정상' 암석과 분명히 구별된다는

● 하워드의 보고서 제목은 「서로 다른 시기에 지구에 떨어졌다는 특정 암석과 금속 물질의 실험과 관찰에 관하여; 또한 다양한 종류의 천연 철에 관하여」였다. 나는 200년도 더 전에 이렇게 기술적記述的이고 의식의 흐름에 따라 지은 제목이 마음에 든다.

사실을 강력하게 뒷받침하는 근거를 제공했다.

레글, 노르망디(1803년 4월 26일)

팔라스, 클라드니, 킹과 하워드 같은 사람들의 노력(거기에 때맞춰 일어난 자연적 사건들과 결합한)은 하늘에서 떨어지는 암석과 그것이 어디서 왔는가에 대한 논의를 시작하는 데 분명히 크게 기여했다. 하지만 외부 우주에서 암석이 날아온다는 개념에 대한 반대는 여전히 강했다. 1803년에 파리에서 조제프 이자른Joseph Izarn이라는 물리학 교수가 장황한 제목*을 단 422쪽짜리 저서를 출판했는데, 운석의 기원에 관한 그 당시 학계의 다양한 의견을 요약한 것이었다. 이자른은 그 당시 많은 지지를 받던 '대기 중 생성' 가설의 지지자였지만, 운석이 화산에서 유래했거나 허리케인에 실려 하늘로 올라간 것이라고 생각하는 사람들도 많았다. 허리케인 가설에는 작은 문제가 하나 있었는데, 암석이 떨어진 시간과 장소에서는 일반적으로 허리케인이 발생하지 않았다는 점이다. 하지만 이 가설을 지지하는 사람들이 그래도 있었다. 외계 기원설을 지지하는 사람

---

* 좋다, 정 원한다면 할 수 없다. 그 제목은 『하늘에서 떨어지는 암석에 관하여 — 번개 암석, 암석 소나기, 하늘에서 떨어지는 암석 등의 현상에 관한 과학의 발전을 소개하는 대기 암석학; MM. 픽테, 사주, 다르세, 보클랭이 전한 날것 그대로의 많은 관찰 사실과 함께; 이 암석들의 생성 이론에 관한 논문을 곁들여』이다.

들이 일부 있었지만, 이자른의 글에 따르면 이 가설은 다수설은 아니었다. 하지만 다수설은 곧 다가올 사건들을 감당하기에 역부족이었다.

1803년 4월 26일, 프랑스 노르망디에 있는 도시 레글L'Aigle 부근에 거의 3000개에 이르는 암석이 비처럼 쏟아졌다. 이 극적인 사건 때문에 특이한 일이 여러 가지 일어났다. 첫째, 많은 사람이 팬티를 적셨을 가능성이 높은데, 그 사건을 묘사한 이야기는 사람들이 극도의 공포에 휩싸였던 것처럼 보이고, "하늘에서 엄청난 폭발이 세 차례" 일어났으며 "비처럼 쏟아지는 화염"이란 표현을 포함하고 있기 때문이다. 둘째, 이 사건은 풍부한 표본과 목격자를 양산했는데, 이것은 이 사건의 조사가 시작되었을 때 매우 큰 도움을 주었다.

비록 이 극적인 암석 낙하 사건은 현지에서는 굉장한 사건이었지만, 파리(그곳에서 160km 이내의 거리에 있던)의 주요 신문들은 이 사건에 대해 침묵했다. 그 소식이 마침내 파리의 학계에 전해지자, 마침 문서화와 중앙 집중화를 위한 활력이 되살아나던 분위기(프랑스 혁명 덕분에)에 힘입어 내무부 장관은 장-바티스트 비오Jean-Baptiste Biot라는 젊은 과학자를 노르망디로 급파해, 그 사건을 조사하고 문서로 보고하라고 지시했다.* 아마도 짐작했겠지만 그 결과는 결국 책상 서랍에 처박히고 말, 따분하고 시시한 정부 보고서가 아니었다. 그 결과는 철저한 조사를 거쳐 누구나 쉽게 이해하도록 작성된 포괄적이고 결정적인 보고서였다. 간단히 말해서, 그것은 과학의 경로를 바꾸는 문서가 되었다.

비오는 하늘에서 떨어지는 암석의 수수께끼를 푸는 문제가 '과학적 전투 돌입'이라는 자극적인 문구로 보고서를 시작했다. 다음 구절은 1996년에 나온 영화 〈인디펜던스 데이〉에서 휘트모어 대통령이 한 유명한 연설에 영감을 주었을 수 있다.**

> 이 거대한 문제를 해결하기 위해 서로 시기하는 경쟁심이 아니라 진리에 대한 숭고한 사랑에 이끌려 모든 계층과 모든 나라의 과학자들이 힘을 합쳤다.

이 자극적인 문장 뒤에, 비오는 독자들을 위해 하워드와 여러 사람들의 연구에서 나온 구체적인 증거를 제시했다. 비오는 이전에 떨어진 암석들이 공통적으로 지닌 화학적 유사성을 지적하고, 이

• 그 여행 기간은 9일에 불과했지만, 이 조사 때문에 비오는 자신의 유일한 자식이 태어나는 순간을 놓치고 말았다. 비오를 그곳으로 급파한 장-앙투안 샤프탈 Jean-Antoine Chaptal은 그런 개인적 일에 전혀 신경 쓰지 않았을 가능성이 높다. 샤프탈은 와인의 알코올 함량을 높이는 방법을 찾아내는 임무를 책임지고 있었는데, 이것이 그가 개인적으로 전 세계에서 태어나는 수천만 명의 출생에 개인적 책임을 지고 있었다는 뜻이다. 따라서 한 아이의 출생 따위는 중요하게 여기지 않았을 가능성이 높다.

•• 노파심에서 말하자면, 〈인디펜던스 데이〉에서 우리가 멸망 위기에 처한 것은 운석 때문이 아니라 외계인의 침공 때문이었다.

암석들의 화학적 지문이 일반 암석과 어떻게 다른지 보여주었다. 그런 다음, 비오는 레글 지역의 다양한 목격자에게서 나온 증언을 소개했는데, 그들은 대부분 서로 아무 관계가 없는 사이였다. 의도적으로 다양하게 선택한 목격자 중에는 '반박할 수 없는 사람'(높은 사회적 지위 때문에)도 일부 있었고, 비오는 그중 한 사람을 "다른 사람에게 깊은 인상을 심어주어야 할 이유가 전혀 없는, 아주 고귀한 부인"이라고 소개했다. 비오는 사회적 지위와 무관하게, 모든 목격자가 4월의 그날에 일어난 일을 아주 비슷하게 이야기한다는 사실을 발견했다.• 이렇게 광범위한 인터뷰와 약간의 현장 조사를 거쳐 비오는 암석들이 떨어진 장소들(거의 완전한 타원을 이룬)을 지도로 만들었고, 그 사건에 수반된 소리에 관한 보고를 광범위하게 수집해 기록했다. 물론 기이해 보이는 암석 표본들도 채집했는데, 이 암석들은 그 부근에서 볼 수 있는 암석들과 지질학적으로 현저한 차이가 있었다. 보고서를 마무리지으면서 비오는 레글 지역의 암석들을 화학적으로 분석한 결과를 소개하고, 앞서의 화학적 증거에서 지적한 것과 동일한 패턴을 지녔음을 보여주었다. 하늘에서 떨어진

• 비오는 보고시에서 모든 사람이 그렇게 서로 입을 맞춘 듯이 한결같은 이야기를 할 확률을 〈스릴러〉(마이클 잭슨의 음반)의 플래시몹 flash mob(불특정 다수의 군중이 오프라인에서 모여, 짧은 시간 동안 함께 약속한 행동을 하고 바로 흩어지는 행위 또는 그 군중 — 옮긴이)이 그 음악이 작곡되거나 안무가 만들어지기 180년 전에 그 도시에 나타날 확률에 비교했다.

4장 | 예언, 공포, 과학의 발전   177

암석들은 하늘에서 떨어지지 않은 암석들과 매우 달랐다. 비오의 보고서는 설득력 있는 주장을 펼쳤고, 사람들은 귀를 기울이기 시작했다.

운석학에 진정한 전환점을 가져온 사람이나 사건 또는 보고서가 누구 또는 무엇이냐 하는 것은 논쟁의 여지가 있고, 실제로 논쟁의 대상이 되었다. 시에나 운석이나 월드코티지 운석이라고 말하는 사람도 있고, 하워드와 그 동료들의 화학적 분석이라고 말하는 사람도 있으며, 클라드니의 책이나 비오의 보고서*를 꼽는 사람도 있다. 하지만 프랑스 국립자연사박물관의 마티외 구넬Matthieu Gounelle은 2006년에 발표한 연구에서 이 문제를 예리하게 지적했다.

> (운석학은) 클라드니가 옛날과 현대의 자료를 세심하게 조사한 괴팅겐의 도서관에서만 태어났거나 런던의 화학 실험실에서만 태어난 것이 아니라, 레글로 가는 길 위에서도 태어났으며 …… 장-바티스트 비오의 섬세한 단어들을 통해 되살아났다.

• 스티븐 콜버트Stephen Colbert 덕분에 나는 항상 비오의 보고서Biot report를 그의 오래된 TV 프로그램인 〈콜버트 리포트The Colbert Report〉처럼 't'를 부드럽게 발음한다.(영어로 '비오트 리포트'라고 t를 부드럽게 발음하며 읽는다는 이야기인데, 정작 Biot의 프랑스어 발음은 '비오'이며 t는 묵음이다. — 옮긴이)

현대 운석학은 천문학과 화학, 지질학처럼 광범위한 여러 분야들의 교차로에 자리잡고서 과학에서 아주 큰 역할을 담당한다. 하지만 운석이 외부 우주에서 유래한 과학적 물체로 인식된 뒤에도 운석 연구는 그다지 중요하지 않은 비주류 분야로 간주되었다. 운석 연구가 충분히 시간을 투자할 만한 가치가 있는 분야로 간주된 것은 인류가 달 착륙으로 시선을 돌리고 나서였다. 그래서 운석 연구에 진정한 발전이 일어난 것은 지난 50~60년 동안이었다. 하지만 이 짧은 기간에 우리는 태양계 생성 과정에서 살아남은 이 암석 부스러기들로부터 태양계에 대해 엄청나게 많은 것을 배웠다.

 운석이 정보의 보물 창고라는 사실이 인식되기까지는 상당히 오

왼쪽 | 장-바티스트 비오.
오른쪽 | 1803년에 프랑스 노르망디의 레글에 떨어진 운석 소나기. 이것은 운석에 대한 무지에 종지부를 찍은 사건이었다.

랜 시간이 걸렸고, 과학자들은 주변과 우리 자신에 대해 던지는 가장 큰 질문 몇 가지를 해결하는 답이, 혹은 적어도 단서가 이 우주 암석에 들어 있다는 것을 계속해서 보여주고 있다. 그런데 운석의 어떤 것에 그런 질문들을 해결하는 단서가 있을까? 왜 우주에서 온 이 신비한 암석에는 지구의 보통 암석에서는 얻을 수 없는 답이 들어 있을까? 이 질문에 대한 간단한 답*은 운석은 나이가 아주 오래되었고 그동안 거의 변하지 않았다는 것이다. 어떤 종류의 운석들은 45억 년 전에 생성된 이래 한 번도 녹은 적이 없으며, 따라서 태양계 탄생의 단서를 담고 있는 훌륭한 타임캡슐이다. 가장 원시적인 종류의 운석은 전혀 오염되지 않은 채 원래의 상태를 그대로 보존하고 있기 때문에, 태양계가 탄생한 분자 구름의 상태를 순수하게 담고 있는 표본이다. 그리고 그 분자 구름을 이루었던 단순한 구성 성분인 가스와 얼음, 먼지에서, 암석 행성과 물과 생명의 탄생을 향해 나아가는 파란만장하고 놀라운 진화가 시작되었다.

- "왜 운석에 그토록 놀라운 정보가 들어 있는가?"라는 질문에 대해 더 자세한 답을 원한다면, 이 책의 부록을 참고하라.

5장

성공의 요소

운석을 연구하는 것은 곧 태양계의 역사를 연구하는 것이다. 인간의 관점에서 볼 때, 태양계가 탄생한 이후 약 45억 년 동안 일어난 중요한 사건들의 명단에서는 당연히 지구에서 생명이 나타난 사건이 꼭대기 근처에 위치한다. 지구에서 생명은 약 38억 년 전●에 나타났는데, 따라서 지금까지 지구가 존재한 시간 중 80%가 넘는 시간 동안 어떤 형태로건 생명이 존재한 셈이다. 이것은 아주 오랜 시간이지만, 생명이 최초로 나타났다는 것은 무엇을 뜻할까? 생명이 '어떻게' 그리고 '왜' 나타났느냐는 질문은 오랜 세월 동안 철학자와 종교 지도자, 과학자의 머리를 지끈거리게 했지만, 여기서

● 누구에게 묻느냐에 따라 여기서 수억 년이 올라가거나 내려갈 수 있다. 일부 추측에 따르면, 최초로 생명의 징후가 나타난 시기는 약 42억 년 전까지 거슬러 올라간다. 하지만 지구에 생명이 존재했다는 증거를 분명하게 제시할 수 있는 시기는 약 35억 년 전이다.

우리는 생명의 출현에 중요한 전제 조건이면서도 훨씬 덜 논의된 주제를 살펴보기로 하자. 그것은 생명의 구성 성분이 처음에 어떻게 출현했는가 하는 것이다.

구성 성분은 함께 섞여서 어떤 것을 만드는 원재료를 말한다. 물론 많은 사람들은 구성 성분 또는 재료라고 하면 케이크나 쿠키를 만드는 재료를 생각하겠지만, 플랑크톤이나 사람, 갑오징어를 만드는 과정은 당연히 케이크를 만드는 과정보다 훨씬 복잡하다. 화학 원소는 더 단순한 화학 성분으로 분해할 수 없는 구성 성분이기 때문에, 여러 재료를 조립해 생명을 만들 때 좋은 출발점처럼 보인다. 하지만 특정 원소의 부재가 반드시 생명의 탄생을 가로막는 장애물이 되지는 않는다. 그 길로 나아가는 핵심 열쇠는 탄소와 수소, 산소, 질소, 인, 황* 같은 원소들이 어떻게 농축되고 서로 결합하느냐에 달려 있다. 예를 들면, 태양에는 이 여섯 원소가 풍부한데도 갑오징어는 지구에 비해 훨씬 적게 존재하는데, 따라서 단순히 특정 원소들이 존재한다고 해서 반드시 생명이 발달하는 것은 아님을 알 수 있다. 중요한 구성 성분들의 범위를 가장 효율적으로 좁힐

• 이 여섯 원소는 알려진 모든 생명체에 보편적으로 포함돼 있다. 이 여섯 원소는 흔히 각 원소 기호의 머리글자를 따 CHNOPS라는 약자로 나타낸다. 처음 네 원소는 지구의 전체 바이오매스(생물량) 중 96% 이상을 차지하므로, PS는 그 이름처럼 미미한 존재로 보일 수 있다.(PS는 '추신'이란 뜻이 있으므로, 저자는 인과 황이 본론이 아니라 추신에 해당하는 미미한 존재라고 농담을 한 것이다. — 옮긴이)

수 있는 방법은 생명의 존재에 중요해 보이는 조건들을 살펴보는 것이다. 물론 생명에 필수적인 요소로 '간주되는' 것들을 이야기할 때에는 주의할 사항이 하나 있다. 우리가 생명에 대해 아는 것은 전부 다 지구에 존재하는 생명에서 얻었다는 사실이다.

우주생물학 분야에서 진행되는 흥미로운 사고 실험과 연구가 있는데, 우주의 '다른' 생명이 어떻게 생겼는지 탐구한다. 하지만 우리가 아는 생명은 모두 지구에서 발견되는 구성 성분을 사용하고, 지구에 존재했거나 존재하고 있는 조건과 환경의 제약을 받았거나 받고 있다.* 우리는 이 정보를 바탕으로 생명에 대한 개념을 정립하는데, 이런 관행은 다른 환경에서 살아가는 다른 종류의 생명을 찾을 때 문제가 될 수 있다. 다른 곳의 생명은 아주 다른 조건에서 존재할 수 있으며, 심지어 우리가 생명이 살아가기에 적합하지 않다고 생각하는 조건에서 존재할지도 모른다. 태양계와 이웃 행성계들에는 놀랍도록 기이한(적어도 우리에게는) 환경들이 존재한다. 태양계 안에서도 메탄 호수와 얼음 화산, 지하 바다 같은 것이 존재하며,** 가까운 행성계들에는 철이 빗방울처럼 떨어지는 천체와 핵이 다이아몬드

• 지구에서 생명이 탄생한 과정과 우주의 다른 곳에서 생명이 어떻게 존재할 수 있는지에 대해 더 철저한 논의를 원하면, Astrobiology Primer v2.0을 참고하라.

•• 토성의 위성인 타이탄에는 메탄 호수가 있고, 목성의 위성인 유로파에는 지하 바다가 있으며, 한때 행성으로 인정받았던 명왕성을 비롯해 태양계 바깥쪽의 많은 천체에는 얼음 화산이 있는 것으로 보인다.

로 이루어진 행성이 있는 것으로 추정된다. 따라서 이렇게 낯선 환경에서는 생명이 어떻게 나타날지 예측하기가 아주 어렵다.

하지만 생명이 출현하는 환경이 정확하게 어떤 종류이건 상관없이 생명은 항상 물리학과 화학의 기본 법칙을 따른다. 외계 생명체를 생각할 때 우리는 상상력을 마음껏 발휘하지만, 항상 특정 물리적 장벽들을 염두에 두어야 한다. 예를 들면 생명의 합리적인 정의에는 복잡한 분자가 포함돼야 하며, 복잡한 분자는 대부분 수백 °C 이상의 온도에서는 결합 상태를 유지할 수 없다. 알려진 모든 생명의 공통 성분인 아미노산처럼 단순한 유기 화합물은 200~300°C 이상의 온도에서는 완전히 분해되고 만다. 알려진 생명에서 발견된 그 밖의 많은 분자들은 그보다 낮은 온도에서도 분해된다. 게다가 생명의 정의에는 화학 반응도 포함되는데, '극한' 환경에서는 화학 반응에 제약이 따른다. 별 표면이나 절대 영도˚에 가까운 온도, 깊은 우주의 완전한 진공 상태 같은 조건에서 존재하는 생명을 상상하는 것이 아무리 흥미진진하더라도, 화학 결합이나 화학 반응이 전혀 일어날 수 없다면, 현재 우리가 내린 '생명'의 정의를 충족시킬 수 없다. 이것들은 생각하기에 놀랍도록 흥미로운 주제이긴 하

- 절대 영도(0K)는 열역학적으로 상상할 수 있는 최저 온도로, 섭씨 온도로는 -273.15℃에 해당한다. 이 온도에서는 원자의 운동이 완전히 멈춘다. 내 생각에는 쿠어스 라이트(맥주의 한 종류) 상표에 있는 산들이 절대 영도에서는 정말로 파랗게 변할 것 같지만, 진실은 결코 알 수 없을 것이다.

지만, 적어도 지금 우리의 관심은 지구에서 생명이 어떻게 발달했는가라는 문제에 쏠려 있다. 기록된 전체 역사 동안 지구의 환경이 화학 반응이 일어나기에 상당히 유리했다는 증거가 분명히 있기 때문에, 이곳 지구에서 생명이 어떻게 발달했는지 이해하려면, 지구에서 복잡한 분자가 어떻게 출현했는지 알 필요가 있다.

생명을 구성하는 '복잡한 분자'란 무엇인가?

분자는 대개 둘 이상의 원자가 결합해 생기는 입자이다. 산소 원자(O) 2개가 결합한 산소 분자(O_2)나 탄소 원자(C) 60개가 결합한 축구공 모양의 벅민스터풀러렌(C_{60})처럼 같은 원소의 원자끼리 결합한 분자가 있는가 하면, 수소 원자(H)와 산소 원자(O)가 결합해 생긴 물 분자(H_2O)처럼 서로 다른 원소의 원자들이 결합한 분자도 있다. 분자를 이루는 원자들의 수가 많아지면(탄소 원소가 연결 고리 역할을 할 때가 많다.), 어느 순간부터 그 분자를 복잡한 분자라고 부른다. 이름과 달리 복잡한 분자가 실제로는 몇몇 원자로만 이루어져 상당히 단순할 수도 있다. 반대로 DNA의 경우처럼 사람의 전체 유전 부호가 모여 엄청나게 길고 복잡한 끈이 될 수도 있다. 단순하건 복잡하건, 탄소와 수소 원자를 포함한 분자를 '유기organic'* 분자로 간주한다. 여기에는 탄수화물이나 단백질, 핵산처럼 거대 분자 또는 고분자라 부르는 분자들이 포함된다. 알려진 모든 생명은 탄소를 기반으로 조직돼 있기 때문에 유기 분자는 생명의 필수 성분이며, 모든 교과서와 학술지에서 일반적으로 생명의 '구성 요소building block'라고 부른다. 따라서 우리의 관심 범위는 또다시 생명의 기본 구성 요소인 이 유기 분자의 원천을 찾는 것으로 좁혀진다.

여기서 중요한 사실 두 가지를 지적할 수 있다. 첫째, 지구에서 생명이 발달하는 데에는 복잡한 유기 분자가 필요했다. 둘째, 복잡한 분자는 수백 °C 이상의 온도에서는 존재할 수 없다. 이 두 가지 사실을 감안할 때, 지구에서 복잡한 유기 분자의 기원을 알려고 하는 우리는 아주 흥미로운 상황에 직면한다. 지구는 막 생성된 직후의 어느 시기 동안 그리고 달을 탄생시킨 충돌이 일어난 직후의 어느 시기 동안, 지구 전체가 용융 상태여서 표면 온도가 1000°C를 넘었던 것이 틀림없다. 따라서 복잡한 유기 분자가 초기의 지구에 이미 존재했다 하더라도, 달을 탄생시킨 충돌 사건에서 살아남지 못했을 것이다. 지구는 순식간에 녹아 펄펄 끓는 용융암으로 뒤덮인 거대한 공으로 변했고, 그때 일어난 격변적 과정은 그전에 존재

• 지난 수십 년 사이에 인공 화학 물질을 식품에 사용하지 않는 '유기농' 식품이 큰 인기를 얻었지만, '유기농'의 '유기'는 유기 분자의 '유기'와 의미가 다른데, 많은 인공 화학 물질에는 탄소가 포함돼 있기 때문이다. 그래서 이 용어는 우리가 섭취하는 화학 물질을 다루는 화학자들에게 큰 혼란을 초래할 수 있다.

했을 수도 있는 바다를 즉각 증발시켰을 것이다. 따라서 만약 태양계가 탄생하고 나서 5000만~1억 년 사이에 지구에서 지능이 매우 높은 갑오징어가 발달해 거대한 무리를 이루며 살아갔다 하더라도, 테이아가 원시 지구와 충돌해 달을 탄생시킨 순간, 모든 갑오징어와 그 몸의 복잡한 유기 분자들은 전부 다 그 뜨거운 열 속에서 가장 기본적인 구성 성분으로 분해되고 말았을 것이다.

여기서 우리는 아주 흥미로운 질문에 맞닥뜨린다. 최초의 생명체가 스스로를 조립하는 과정이나 달을 탄생시킨 충돌 이후에 지구에서 생명이 나타나는 과정에 복잡한 유기 분자가 꼭 필요하다

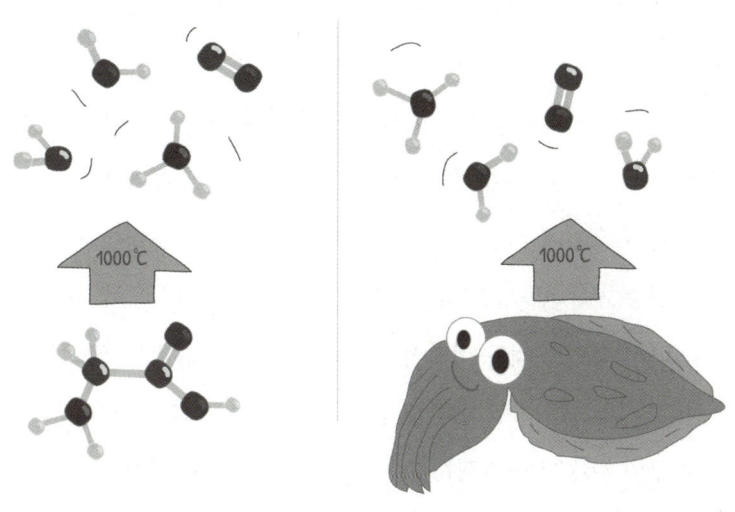

온도가 1000°C까지 올라가면, 아미노산의 한 종류인 글리신($C_2H_5NO_2$)과 갑오징어의 운명은 서로 아주 비슷해지고 만다. 즉, 둘 다 분해되어 기체 물질로 변하고 만다.

면, 이 유기 물질은 어디서 왔을까? 단순히 논리적으로 생각하면, 이 성분들의 기원은 ① 지구 ② 지구 밖 ③ 이 둘의 조합 중 하나일 것이다. 그 답은 단순히 학문적으로만 흥미로울 뿐만 아니라, 생명의 발달에 대한 이해와 우주의 다른 곳에서 생명이 발견될 가능성에도 아주 중요한 의미를 지닌다.

복잡한 유기 분자가
지구에서 생겨났을 가능성

한 가지 가능성은 달을 탄생시킨 충돌 직후에 지구에서 유기 분자가 생겨났다는 것이다. 그런 일이 일어나려면, 유기 분자가 자연 발생적으로(즉, 생명체와 아무 관련이 없이) 합성될 수 있는 조건이 갖추어져야 한다. 실험실에서 40억 년 전의 지구에 존재했던 환경 조건을 다시 만들고, 충분히 오랫동안 기다리면서 유기 분자가 비커를 가득 채우는지 관찰하는 게 가능하다는 가정만 충족한다면, 이것은 검증 가능한 가설이다. 그런 실험을 위해 실험실에서 특정 환경을 다시 만드는 것은 비교적 간단하다. 하지만 훨씬 큰 장애물이 있는데, 정확하게 어떤 환경을 만들어야 맞는가 하는 문제이다. 초기 지구의 환경이 어떠했는지에 대한 추측은 차고 넘치지만, 솔직하게 말해서 우리는 정확한 답을 모른다. 다행히도 과학자들이 아주 열심히 이 문제를 연구하고 있다.

그 연구 결과는 그러한 조건에서 만들어질 수 있는 온갖 종류의 유기 분자들을 일일이 열거하는 번거로움을 생략하고, 생명체의 개입이 없어도 원시 지구 상태에서 상당히 복잡한 유기 분자를 만드는 것이 가능하다는 말로 요약할 수 있다. 예를 들면, 지금까지 발표된 생명의 기원 연구 중에서 1950년대의 유명한 '밀러-유리 실험'은 물과 질소, 메탄, 수소 기체의 혼합물에 자연의 번개를 재현하기 위해 전기 방전으로 불꽃을 일으켰을 때 다양한 아미노산과 유기 화합물, 암모니아가 생성된다는 것을 보여주었다. 마찬가지로 깊은 해저의 열수 분출공 환경에서도 비슷한 자연 발생적 반응이 일어나 복잡한 유기 분자를 만들 수 있다. 따라서 44억 년 전에 지구에 존재한 어떤 조건에서 심해와 지표면 양쪽에서 생명의 필수 성분들이 생성되었을 수 있다. 여기까지는 좋다. 하지만 초기 지구의 자연 발생적 화학 과정으로 현재의 생물권을 완성하는 데 필요한 것을 전부 다 만들기는 쉽지 않다.

명백한 문제 중 하나는 비록 우리가 복잡한 유기 분자를 일부 만드는 자연 발생적 조건을 설계할 수 있다 하더라도, 초기 지구에 이런 조건이 풍부하게 존재했는지 혹은 과연 존재하기라도 했는지 모른다는 사실이다. 예를 들면, 유기 분자 합성이 가능하다는 것을 보여준 초기의 실험에서 재현한 대기(192쪽 그림에서처럼)에는 오늘날 우리가 추정하는 원시 지구의 대기보다 수소가 훨씬 많이 포함돼 있었다. 대기 중 수소 함량이 낮았다면, 유기 물질의 자연 발생적 생성 가능성에 사람들을 환호하게 만든 초기 실험들에서 만들어진 것보다 유기 물질이 훨씬 적게 만들어지고 그 종류도 훨씬 덜 다양했을 것이다. 게다가 자연 발생적 반응은 아주 느리게 일어나는 것이 특징이고, 생물학적으로 유용한 산물의 전체 수율이 아주 낮을 수 있다.(그리고 통제된 조건에서 반응이 일어나는 실험실과 달리 밖에서는 수율이 현저히 낮을 가능성이 높다.) 마지막으로 이런 종류의 반응들에서는 온갖 종류의 비슷한 화합물들이 만들어질 수 있는데, 그중에서 알려진 생명에 유용하게 쓰이는 것은 선택된 극소수뿐이다. '선택성'이라 부르는 이 문제는, 기본적으로 서로 똑같아 보이지만 서로 다른 퍼즐들에서 가져와 마구 뒤섞여 있는 1000만 개의 피스를 가지고 5000피스 퍼즐을 맞추려고 하는 것과 비슷하다. 그래도 이 많

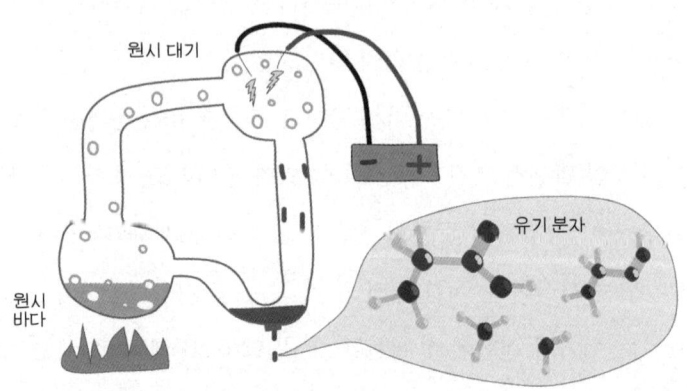

초기 지구와 비슷한 조건에서 유기 분자가 생성될 수 있음을 보여준 밀러-유리 실험의 기본 설계.

은 피스들을 가지고 특정 퍼즐을 완성해야 하는데, 대부분의 피스는 완성하려고 하는 퍼즐의 어느 부분에도 딱 들어맞지 않는다.

지구의 물은 어디서 왔을까?

복잡한 유기 분자들로 이루어진 생명체를 만들려고 한다면, 당연히 복잡한 유기 분자들이 주변에 있어야 하지만, 지구에서 알려진 생명의 필수 성분이 한 가지 더 있다. 그것은 바로 액체 상태의 물이다. 우주의 다른 곳에 생명이 존재하려면 액체 상태의 물이 꼭 필요한지 여부를 놓고 아직도 열띤 토론이 벌어지고 있지만, 액체 상태의 물은 지구의 생물권과 생명의 발달에 분명히 아주 중요하다. 물이 얼마나 중요한지 감을 잡는 데 도움을 주기 위해 예를 들자면, 평균적인 나무의 약 절반은 물로 이루어져 있다. 사람의 몸은 약 60%가 물이다. 나무와 사람은 육지에 사는 생물이다. 듀공이나 해삼처럼 물에서 살아가는 종들은 물의 비율이 훨씬 높다. 따라서 생물이 존재하는 데 액체 상태의 물이 꼭 필요한지 여부와 상관없이 현재 지구에 살고 있는 생물들은 많은 양의 H_2O가 필요하다. 그런데 지구에 있는 그 모든 물은 어디서 왔을까? 짧게 답하면, 우리는 그 답을 아직 확실히 모른다. 좀 더 긴 답을 원한다면, 인내심을 가지고 좀 더 읽어보라.

다른 지구형 행성인 수성과 금성과 화성에는 지구보다 물이 훨씬 적은데, 지구에 존재하는 그 많은 물은 어디서 왔을까라는 질문에 대한 답을 찾기 위해 아직도 많은 과학자들이 열심히 연구하고 있다. 지구의 바다를 이루는 물의 주요 공급원을 설명하는 가설들은 복잡한 유기 분자의 기원에 관한 가설들과 아주 비슷한데, 크게 ① 지구와 ② 지구 밖으로 나뉜다. 지구를 만든 초기의 강착降着, accretion(원시 행성계 주변에서 차갑고 미세한 먼지와 얼음 입자들이 정전기적으로 충돌하면서 결합하는 과정. 강착이 거듭 일어나면 미행성체는 질량과 중력도 커지면서 더 많은 입자와 미행성체와 결합해 점점 더 커진다.—옮긴이) 과정 동안 물이 지구에 합류했을 가능성이 있으며, 이웃 행성들과 달리 지구에 다량의 물이 포함된 것은 순전히 요행이었다. 또한 처음에는 지구가 매우 건조한 상태였지만, 지구가 생성되고 나서 나중에 운석과 혜성이 물을 충분히(파도가 철썩이는 바다에서 우리가 서핑이나 스쿠버 다이빙을 즐길 수 있을 만큼) 공급했을 가능성도 있다. 그리고 특정 종류의 운석에는 무게로 따져 최대 15%까지(일부 혜성은 물의 함량이 최대 80%나 되는 것으로 추정된다.) 물이 많이 포함돼 있기 때문에, 전 세계의 바다를 채우기 위해 운석이나 혜성 충돌이 아주 많이 필요한 것은 아니다. 따라서 이 가설은 처음에는 뚱딴지같은 소리로 들릴 수 있지만, 그렇게 터무니없는 것은 아니다.

달을 탄생시킨 충돌 이전에 존재했을 수도 있고 존재하지 않았을 수도 있는 복잡한 유기 물질과 비슷하게, 액체 상태의 물이 만약 45억 년 전에 지구에 존재했더라면, 달을 탄생시킨 충돌이 일어나 지구의 온도가 급작스럽게 1000°C까지 올라갔을 때 심각한 문제가 발생했을 수 있다. 그렇게 높은 온도에서는 설령 45억 년 전에 지구가 깊은 바다로 뒤덮여 있었다 하더라도, 액체 상태의 물이 살아남지는 못했겠지만, 그렇다고 해서 물이 전부 다 우주로 빠져나가는 것은 아니다. 지구가 녹은 상태이건 녹지 않은 상태이건, 중력은 늘 보이지 않게 모든 것을 붙들고 있는 끈처럼 작용하는데, 수소와 산소도 대부분 이 끈에 붙들려 있어 우주로 빠져나가지 못하고 지구에 머물게 된다. 물을 구성하는 요소들은 큰 충돌 이후에도 그대로 유지되었을 것이다. 그리고 우리에게는 다행스럽게도 수소 분자(H_2)와 산소 분자(O_2)는 동창회에서 만난 첫사랑과 같다. 가까이 다가가자마자 곧장 결합한다. 그래서 그런 반응이 일어날 만큼 지구의 온도가 충분히 낮아지자마자 액체 상태의 H_2O가 금방 다시 생겨났다.(이 부분은 저자의 설명이 조금 불완전한데, 수소 분자와 산소 분자를 섞어놓는다고 해서 곧장 물이 생기는 것은 아니다. 그렇다면 지금도 지구의 대기에 있는 수많은 수소 분자와 산소 분자가 결합해 다 물로 변하고 말 것이다. 수소 분자와 산소 분자가 섞인 상태에서 물 분자가 만들어지려면, 먼저 수소 분자와 산소 분자가 각각 수소 원자와 산소 원자로 분해된 뒤에 서로 충돌해야 한다. 분해 과정은 고온에서 쉽게 일어나는데, 지구의 온도가 급상승했을 때 이러한 분해가 일어났을 것이다. 그리고 이렇게 분해된 수소 원자와 산소 원자가 지구의 온도가 조금 내려가자 재결합하는 과정이 일어났을 것이다.―옮긴이) 행성에 큰 격변이 일어난 후에 이렇게 자동적으로 물이 재생성되는 과정은 복잡한 유기 분자의 행동과는 아주 다르다. 만약 외부의 도움이 전혀 없었더라면, 생명의 시작에 필요한 복잡한 유기 분자들은 생명을 만드는 가장 기본적인 유기 성분으로부터 완전히 다시 조립해야 했다(설계도도 없이). 다행히도 외부의 도움이 있었는지 여부를 파악하는 데 도움을 주는 단서가 유기 분자들 속에 숨어있다.

좌회전성과 우회전성 문제

언제나 빚을 갚는다는 라니스터 가문처럼 탄소 원자는 자신의 몸에서 결합이 가능한 장소 네 곳을 항상 가득 채우려고 한다. 메탄(CH_4)처럼 단순한 탄소 화합물 분자의 경우, 이 결합 장소들은 기본적으로 대칭적이다. 중심에 탄소 원자가 자리잡고 있고, 거기에 수소 원자 4개가 각각 정사면체의 꼭짓점에 해당하는 지점에 결합돼 있다. 각각의 수소는 그 위치나 방향에 상관없이 똑같아 보이고 똑같이 행동한다. 하지만 더 복잡한 분자에서는 탄소와 결합하는 네 곳이 각각 서로 다른 원자로 채워질 수 있다. 이런 일이 일어날 경우, 그 결과는 예컨대 아미노산의 한 종류인 알라닌($C_3H_7NO_2$)처럼 화학식은 정확히 똑같지만 3차원에서 보면 탄소 원자에 붙어 있는 가지들의 위치가 달라서 같은 알라닌인데도 구조가 서로 다른 버전들이 생겨날 수 있다. 이런 화합물을 '카이랄성chiral' 화합물 또는 거울상 이성질체라고 부르는데, 화학식은 똑같은데도 서로 거울상인 구조를 지니고 있어 물리적 성질과 화학적 성질이 서로 다르다. 왼손과 오른손의 관계와 같은 이런 성질을 일반적으로 '손 방향성' 또는 '카이랄성'이라고 부른다. 각각의 손은 다른 손을 거울에 비춘 모습과 똑같지만, 서명을 하거나 칫솔질을 하는 데에는 한 손이 다른 손보다 훨씬 능숙하다.

유기화학에서는 이렇게 손 방향성이 다른 분자들을 일반적으로 L형(혹은 좌회전성)과 D형(우회전성)으로 구분해 부른다. 두 화합물은 화학식이 동일하지만, 서로 다른 물질이고* 성질도 차이가 있

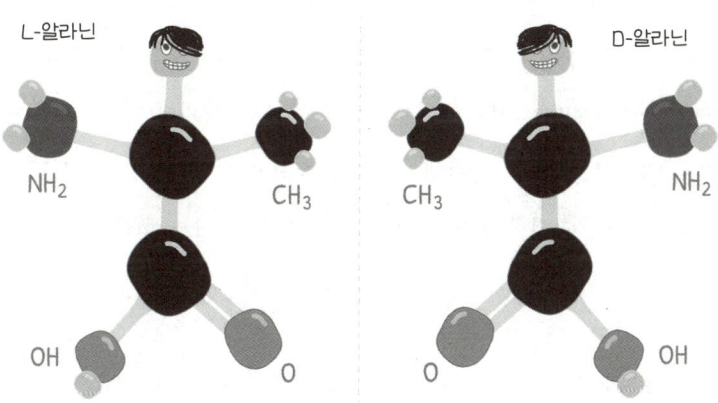

L-알라닌과 D-알라닌은 서로 화학적 거울상이지만, 구성 부분들의 배열이 약간 다르기 때문에 화학적 성질은 동일하지 않다. 예를 들면, D-알라닌의 '왼손'은 NH_2 분자인 반면, L-알라닌의 '왼손'은 CH_3 분자이다.

다. 예를 들면, 세균은 D-알라닌을 사용하지만, 우리는 L-알라닌을 사용한다. 항생제인 페니실린은 D-알라닌을 파괴해 세균을 죽이지만 인체에는 해를 입히지 않는데, D-알라닌만 공격하고 L-알라닌은 공격하지 않기 때문이다. L-메스암페타민과 D-메스암페타민의 유일한 화학적 차이점은 L-메스암페타민은 코막힘 완화제의 활성 성분인 반면, D-메스암페타민은 불행히도 더 잘 알려진 형태의 메스암페타민(중추 신경과 교감 신경을 자극하여 흥분을 일으키는 마약 성분)이라는 점이다. 손 방향성이 다른 분자들에서 덜 치명적인 성질의 차이가 나는 사례는 냄새가 서로 다른 경우이다. 레몬 냄새와 오렌지 냄새의 차이는 그 냄새를 내는 기름 분자의 손 방향성 차이가 그 원인이다.

 다양한 유기 분자의 손 방향성은 지구에서 생명이 어떻게 발달했는지 이해하는 데 중요한 의미를 지닐 수 있다. 자연 발생적 합성 반응(앞에서 설명한 밀러-유리 실험처럼)에서는 L형과 D형이 각각 똑같은 비율로 생기고, 자연에서는 일반적으로 두 종류가 50 대 50의 비율로 섞여 있다.** 하지만 우연히도 생명은 어느 한쪽을 강하게

• 나는 이것을 타코(토르티야에 야채나 고기를 싸서 먹는 멕시코 음식—옮긴이)와 토스타다(토르티야를 파삭파삭하게 튀긴 것 — 옮긴이)의 차이에 비유하길 좋아한다. 둘 다 기본 성분은 토르티야와 리프라이드 빈스refried beans(콩을 삶아서 여러 재료를 섞고 으깬 것), 잘게 썬 치즈, 살사, 과카몰레로 똑같다. 타코에 들어가는 것은 무엇이건 토스타다에도 들어갈 수 있지만, 둘은 각자 다른 맛이 나는 다른 음식이다.

선호하며, 특히 고등 생물을 포함해 대다수 생명체는 L형 아미노산만으로 이루어져 있다. 생명이 우회전성 사촌 대신에 L형 아미노산만으로 자신의 몸을 만들기로 선택한 것은, 탄소 동전을 던져서 나온 결과처럼 순전히 자연의 우연일까?

복잡한 유기 분자의 기원은 지구 밖 우주?

생명의 기원에 관한 이야기에서 가장 기본적인 사실 한 가지는, 달을 탄생시킨 충돌 직후 지질학적 시간으로 아주 짧은 기간에 지구는 복잡한 유기 분자가 전무하던 상태에서, 약 40억 년 전의 암석에 잘 보존된 흔적을 남길 만큼 충분히 많은 생명이 넘치는 상태로 변한 것이다. 이러한 도약이 일어나는 데 필요한 유기 화합물 중 일부는 초기 지구의 환경에서 생겨났을 수 있지만, 과연 생명을 시작하게 할 만큼 충분한 양의 유기 물질이 만들어졌을까? 외부의 도움이 없이 그 과정이 충분히 빠르게 일어날 수 있었을까? 그리고 생명은 우회전성 대신에 좌회전성을 스스로 선택했을까? 아니면

•• 열역학 법칙 때문에 순수한 L형 물질이나 순수한 D형 물질은 오랜 시간이 지나면 결국에는 항상 L형과 D형이 50 대 50으로 섞인 상태가 된다. 만약 그 변화 속도를 안다면, 이 반응을 이용해 어떤 생물이 얼마나 오래전에 죽었는지 알 수 있다.

손 방향성은 사용 가능한 구성 물질을 바탕으로 사전에 정해져 있었을까? 그 답에 대한 단서가 운석에 들어 있다.

이것은 19세기 중엽까지 지속된 '자연 발생설'●에 관한 논쟁과 비슷하다. 자연 발생설의 기본 개념은 무생물 물질로부터 자연 발생적으로 생물이 생겨날 수 있다는 것이다. 자연 발생설을 믿는 사람들은 대표적인 예로 죽은 고기에서 구더기가 생겨나는 것을 들었다. 자연 발생이 아니라면, 어떻게 거기서 구더기가 생겨날 수 있겠는가? 그전에 어미 구더기는 어디서도 목격된 적이 없는데도 며칠이 지나면 고기에서 구더기가 생겨난다. 그러니 구더기는 죽은 고기가 변해서 생긴 게 아니고 무엇이겠는가? 물론 이 생각은 틀렸다. 하지만 1862년에 루이 파스퇴르Louis Pasteur가 실험을 통해 입증하기 전까지는 이 문제에 대한 결정적인 답이 나오지 않았다. 파스퇴르는 공기는 통과하지만 입자(입자에는 미생물이 포함될 수 있다.)는 통과하지 못하도록 특별히 설계한 S자 모양 주둥이가 붙어 있는 플라스크에 영양분이 풍부한 수프를 넣고 팔팔 끓였다. 이 수프를 외부 세계에 노출되지 않도록 밀봉 상태로 유지하자, 거기서 아무것도 생기지 않았다. 하지만 S자 모양 주둥이가 없는 플라스크를 사용해 수프를 외부 세계에 노출시키자, 수프에 세균 집단이 생기기

● 자연 발생설은 아리스토텔레스가 생각한 개념이기도 하다. 아리스토텔레스는 그야말로 아이디어 공장이었다.

시작했다. 이 실험을 통해 파스퇴르는 어떤 물질을 살균해 격리시 킨다면, 그것은 멸균 상태를 유지한다는 것을 보여주었다.* 하지만 수프를 외부의 환경에 노출시키면, 상황이 변해 온갖 세균이 생겨 나기 시작했다.

이 개념은 지구 전체에 쉽게 적용할 수 있다. 달을 탄생시킨 충 돌의 엄청난 열이 지구 전체를 순간적으로 녹이고, 그 당시에 지구

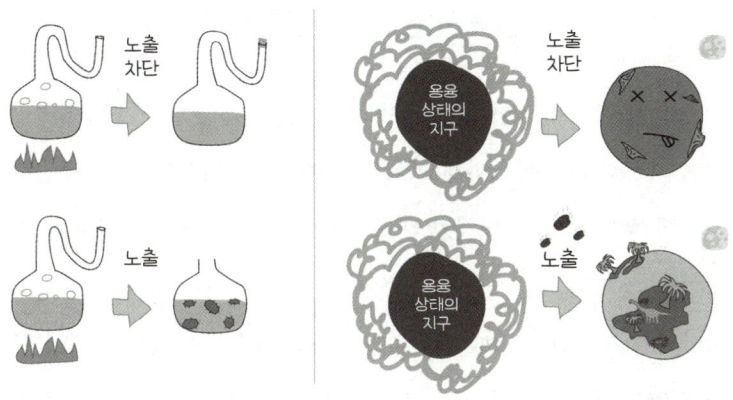

1862년에 루이 파스퇴르는 실험을 통해 생명의 자연 발생설이 틀렸음을 입증했다.
달을 탄생시킨 충돌이 일어난 뒤에 지구도 비슷한 실험 상태에 놓여 있었다.
운 좋게도 우리는 운석에 노출되었다.

- 이 연구는 식품을 안전하게 저장하는 방법으로 널리 사용되는 '저온 살균법'의 발명으로 이어졌 는데, 이것은 파스퇴르의 이름을 따 '파스퇴르 살균법'이라고도 부른다.

에 존재했을지도 모르는 복잡한 유기 분자를 모두 분해함으로써 완전한 멸균 상태로 만들었다. 따라서 지구가 일부 외부 공급원*에 노출되지 않았더라면, 지구는 생명이 전혀 존재하지 않는 암석 덩어리가 되고 말았을 것이다. 하지만 지구는 살균 이후에 외부의 힘들에 노출되었고, 이 외부의 힘들은 놀라울 만큼 많은 양의 복잡한 유기 분자를 포함하고 있었던 것으로 드러났다.

하늘에서 떨어지는 물질의 양

오늘날 지구에는 매일 평균 100톤 이상의 운석 물질이 떨어지고 있다. 즉, 하루에 폭스바겐 골프 자동차 70대 이상의 운석 물질이 지구에 쌓이고 있다. 이것만 해도 상당히 많은 양처럼 들리지만, 수십억 년 전에는 그 양이 훨씬 많았는데, 그 당시 태양계에는 중력의 영향이 안정적인 장소에 정착하길 기대하며 돌아다니는 물질이 훨씬 많았기 때문이다. 물론 가장 큰 관심을 끄는 것은 큰 운석들로, 이것들은 결국 박물관에 전시되거나 이베이에서 거래되지만(물론

• 앞에서 언급했듯이, 이 '외부 공급원'은 실제로는 우주에서 온 것이 아니라 '내부 공급원'이었을 수도 있다. 필요한 모든 유기 물질이 지구에서 자연 발생적으로 만들어졌을 수도 있다. 하지만 이 시나리오에는 여러 가지 문제가 있다는 것이 확인되었으므로, 적어도 어느 수준에서는 외부 공급원이 필요한 것으로 보인다.

간혹 대멸종을 초래하는 것도 있다.), 지구에 추가되는 운석 물질 중 대부분은 눈길을 끌지 않는 미소 운석이나 맨눈으로는 보이지도 않는 성간 먼지 입자의 형태로 들어온다.

지구가 어떻게 생겨났느냐 하는 문제를 다룰 때에는 지구에 추가되는 물질은 어떤 것이건 중요할 수 있다. 하지만 생명의 기원 문제를 다룰 때에는 추가되는 물질의 '종류'가 더 중요한데, 살균 상태로 변한 초기의 지구에서 생명 기계를 다시 굴러가게 하려면 유기 화합물이 필요했기 때문이다. 여기서 중요한 것은 운석 물질, 그중에서도 특히 미소 운석과 성간 먼지 입자에 갑오징어의 기본 구성 요소인 복잡한 유기 화합물이 상당량 포함되었을 가능성이 있다는 사실이다.

탄소질 콘드라이트 carbonaceous chondrite 라고 부르는 특정 종류의 운석에는 이름처럼 탄소를 포함한 화합물이 많이 들어 있다. 탄소를 포함한 화합물의 상대적 양은 운석에 따라 큰 차이가 나는데, 그 차이의 일부 원인은 각각의 운석이 45억 년 이상 우주 공간을 떠돌아다니는 동안, 그리고 지구에 도착하는 순간의 격렬한 충돌에서 강한 열이나 풍화(이 때문에 많은 유기 화합물이 파괴된다.)에 노출된 데 있다. 평균적으로 탄소질 콘드라이트에는 탄소 화합물이 대략 2~4% 들어 있는데, 황량한 우주를 떠돌아다니는 암석치고는 매우 인상적인 양이다. 하지만 일부 성간 먼지 입자에는 유기 물질이 최대 80%나 들어 있다! 이 사실은 외계 물질은 그 조성이 아주 다양하며, 더 중요하게는 초기 지구가 외계 물질로부터 상당히 많은 양의 유기 물질을 공급받았음을 말해준다. 다양한 운석 물질에 포함된 유기 화합물의 양과 40억 년 전에 지구로 유입되던 운석 물질의 양을 바탕으로 추정하면, 초기 지구에는 '탄소 화합물만' 매일 275톤 이상(폭스바겐 골프 자동차로는 200대 이상) 추가되었다는 계산이 나온다! 달을 탄생시킨 충돌 이후에 이토록 많은 양의 복잡한 유기 화합물이 지구에 쏟아졌으니, 지구에 곧 발달할 생물권에 필요한 온갖 구성 성분이 갖춰지기까지는 그렇게 오랜 시간이 걸리지 않았을 것이다.

하늘에서 떨어지는 물질의 구성 성분

외계 유기 물질이 초기 지구의 탄소 예산에 크게 기여했다는 것은 의심의 여지가 없지만, 잠자고 있던 행성에서 생명이 나타나려면, 유기 물질의 양보다 '종류'가 훨씬 중요하다. 비유를 들자면, 내가 지금껏 만든 것 중에서 가장 복잡한 물건은 레고Lego® 데스스타Death Star™이다. 만약 내가 용융된 플라스틱 덩어리만 가지고 시작했더라면, 나는 그 일을 제대로 해내지 못했을 것이다. 하지만 운 좋게도 나는 은하 제국의 최종 병기를 만드는 데 필요한 피스들을 사전 제작된 형태로 모두 갖고 있었고, 그 무기가 완성되자 단 한 번만의 사용으로 반란군을 싹 진압할 수 있었다. 만약 생명의 조립이 이 레고 비유와 같은 식으로 일어났다면(그러지 말란 법이 있겠는가?), 운석은 단지 생명에 필요한 원소들의 원자들(용융된 플라스틱에 해당하는)만 제공하는 데 그치지 않고, 생명의 필수 부품을 사전 제작된 형태로 전부는 아니더라도 많이 제공했을 것이다.

운석 물질에서 분리된 유기 화합물 명단에는 카복실산과 아미노산, 케톤처럼 생명의 구성 성분으로 중요한 화합물이 많다. 눈길을 끄는 한 운석에는 아미노산이 80가지 이상 들어 있다.* 머치슨 운석에서는 마노스와 포도당처럼 중요한 당류가 많이 발견되었는데, 그 함량은 지각에서 발견되는 납 함량보다 높다. DNA를 이루는 뉴클레오타이드 염기 네 가지 중 두 가지가 운석에서 발견되었다. 그리고 RNA를 이루는 뉴클레오타이드 염기 네 가지 중 세 가지가 운석에서 발견되었다. 알데하이드와 다이펩타이드, 퓨린, 방향족 탄화수소를 포함해 생명에 필수적이거나 도움을 주는 그 밖의 분자들도 다양한 외계 물질에서 발견된다. 따라서 지금까지 운석 표본(매년 점점 증가하는)에서 발견된 유기 화합물의 방대한 명단은 생명을 이루는 구성 성분의 명사 인명록과 같다.

물론 운석 물질에서 광범위한 종류의 유기 화합물이 발견된다는 사실은 수백만 년, 수십억 년 동안 우주 공간을 떠돌아다닌 암석에 그것들이 어떻게 들어 있을까라는 질문을 제기한다.

• 생물이 일상적인 기능을 수행하는 데 사용하는 아미노산은 20종(혹은 21종)에 불과하며, 운석에서 발견된 아미노산 중 상당수는 이전에 그 존재가 알려지지 않았던 것이다.

운석에 존재하는 유기 화합물		
아미노산	뉴클레오타이드 염기	생명에 필수적인 그 밖의 분자들 중 일부
알라닌　　류신	아데닌(DNA/RNA)	포도당　　벤젠
아스파트산　프롤린	구아닌(DNA/RNA)	마노스　　메탄올
글루탐산　　세린	우라실(RNA)	당알코올　에탄올
글리신　　트레오닌		케톤　　아세톤
아이소류신　발린		암모니아　폼알데하이드

놀랍게도 탄소질 콘드라이트와 그 밖의 외계 물질에 존재하는 것으로 밝혀진 중요한 분자들 중 극히 일부만 간략하게 정리한 명단. 기술이 발전하고 새로운 운석 표본을 조사함에 따라 이 명단은 계속 늘어나고 있다.

어떻게 외계 물질에 유기 화합물이 들어 있을까?

　은하에서 가장 풍부한 화학 원소를 순서대로 나열하면 수소, 헬륨, 산소, 탄소이다. 은하에서 네 번째로 많이 존재하는 원소인 탄소를 포함한 화합물이 많이 존재하는 것은 당연해 보이는데, 탄소가 산소와 수소처럼 아주 많이 존재하는 원소뿐만 아니라 상위 10위 안에 드는 질소와 황 같은 원소와 결합한 화합물이 많이 존재한다. 이 원소들은 단지 풍부하게 존재할 뿐만 아니라, 헬륨을 제외하고는* 모두 화학 결합에 매우 적극적이다. 이 원소들이 서로 가까이 있고, 온도가 너무 높지만 않다면, 가장 기본적인 분자(한두 가지 원소로 이루어진)의 생성이 저절로 일어난다. 별들 사이와 별들 주위의 우주 공간, 즉 성간 매질에는 온도가 -250°C인 지역이 광대하게 펼쳐져 있다. 이 지역은 유기 분자의 생성에 아주 좋은 조건을 갖추고 있다. 실제로 원격 탐사 기술을 통해 성간 공간 지역에서 떠돌아다니는 탄소 함유 분자가 100종 이상 실제로 발견되었고, 이로써 별들 사이의 이 차가운 환경에서 유기 분자가 생성되고 존재할 수 있다는 사실이 확인되었다.

우주에서 각각의 복잡한 유기 분자를 생성하는 특정 반응은 매우 활발히 연구되고 있는 분야인데, 모든 반응 경로가 완전히 알려진 것은 아니다. 하지만 일반적으로 먼지와 얼음 알갱이는 주로 H_2O와 CO, CO_2, CH_4, NH_3 같은 아주 기본적인 분자들로 이루어져 있다. 이러한 기본적인 출발 물질이 우주선宇宙線 그리고/또는 자외선 복사(둘 다 우주에 아주 흔하게 존재하는)에 노출되면, 새로운 분자가 생성된다. 수조×수조 개의 얼음 입자에 이런 일이 수십억 년 동안 일어나면, 복잡한 분자가 엄청나게 많이 생겨나게 되고, 이 분자들이 별 주위에서 생겨나면 우주 공간을 떠돌아다니는 운석과 혜성을 비롯해 그 밖의 물체들에 포함될 수 있다. 태양계에서는 얼음이 영속적으로 존재할 만큼 충분히 차가운 지역, 즉 현재의 목성 궤

- 헬륨은 화학 반응의 세계에서 고고한 척하는 원소인데, 맨 바깥쪽 전자껍질이 전자로 가득 찬 '비활성 기체' 원소여서 다른 원소와 결합하는 데 아무 관심이(혹은 능력이) 없다.

도 너머 어딘가에서 이런 일이 일어났을 것이다.(그리고 지금도 일어나고 있다.)* 지금도 태양계 바깥쪽에는 수많은 얼음 입자들이 떠다니고 있는데, 태양이 막 태어났을 때에는 훨씬 많은 입자들이 있었을 것이다.

나는 운석에 심지어 기본적인 유기 분자가 들어 있다는 사실을

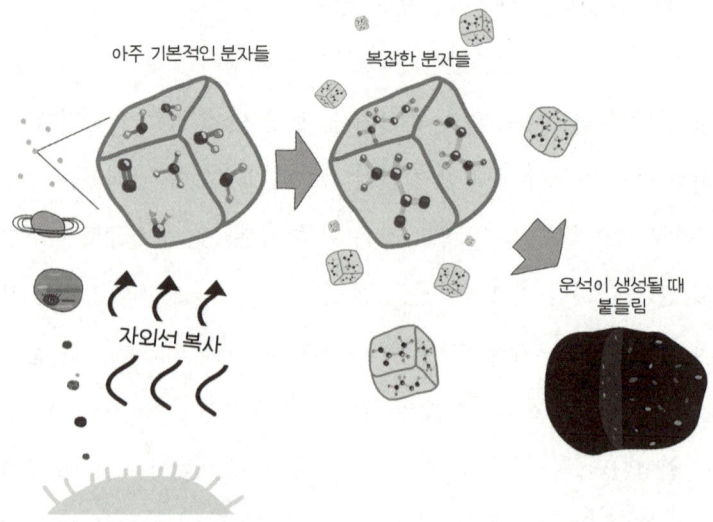

유기 분자들은 차가운 우주 공간에서 아주 기본적인 분자들이 복사와 상호 작용하여
더 복잡한 분자들을 만들 때 생겨난다. 이 분자들은 나중에
운석이 생성될 때 운석에 붙들릴 수 있다.

- 탄소질 콘드라이트에 대한 화학적 연구와 동위 원소 연구 결과는 이 암석들이 목성 궤도 너머에서 생성되었음을 강하게 시사한다. 소행성대의 다양한 동역학적 재구성 결과들이 이 결론을 뒷받침하는 것도 고무적이다.

처음 알았을 때 깜짝 놀랐고, 우리 DNA와 RNA의 주요 성분이 우주 암석 속에 들어 있다는 사실을 알았을 때에는 믿기 힘들 정도였다. 운석 물질에 이 유기 분자들이 포함돼 있다는 사실은 지구에서 생명이 발달하는 과정에 운석이 중요한 역할을 했다는 것을 말해준다. 설령 운석의 영향이 생명의 기원과 직접적 관련이 없다고 하더라도, 초기 지구에 운석이 공급해준 유기 분자들은 적어도 생명과 그 구성 성분의 진화에 영향을 미쳤을 것이다.

초기 지구에서 발달한 생명은 원시적인 맥가이버처럼 활용할 수 있는 것은 무엇이건 다 활용했을 것이다. 그래서 운석에서 발견된 유기 화합물 명단과 생물권에서 발견되는 유기 화합물 명단이 놀랍도록 많이 겹치는 것은 단순한 우연의 일치가 아닐 가능성이 높다. 게다가 탄소질 콘드라이트에서 발견되는 아미노산 중 상당수는 좌선형 형태의 비율이 더 높은데, 어떤 경우에는 L형이 60% 이상을 차지한다. 대부분의 생명체가 우선형 아미노산 대신에 좌선형 아미노산을 재료로 사용해 발달한 이유는 단순히 좌선형이 우선형보다 경쟁에서 더 유리했기 때문일 수 있다. 즉, 단순히 주변에 좌선형이 우선형보다 더 많이 존재했기 때문일 수 있다. 운석의 유기 물질을 연구하는 전문가인 산드라 피차렐로Sandra Pizzarello 박사와 그 동료들은 2006년 연구에서 이를 다음과 같이 표현했다.

외계에서 생물 발생 이전에 일어난 과정들이 분자의 진화에서 이점을 지닌 필수 유기 분자들의 '최적화된' 재고를 지구에 공급했을 수 있다.

운석에 들어 있는 추가적인
생명의 필수 성분

마치 단순히 유기 분자들을 공급하는 것만으로는 지구의 초기 생물권에 기여하는 역할로 충분치 않다고 판단했는지, 운석에는 생명에 매우 중요하고 종종 공급이 부족한 그 밖의 성분들이 추가로 들어 있다. 그것이 어떤 과정을 통해 일어났건, 일단 최초의 생명이 지구에서 살아가기 시작하자, 생명을 계속 이어가기 위해서는 영양분에 접근하는 것이 아주 중요했다.

심지어 오늘날에도 생명에 가장 중요한 영양소 중 하나는 반응성이 높고 물에 잘 녹는 인이다. 집에서 기르는 식물이나 논밭에서 기르는 농작물에 뿌리는 비료에 인이 가득 들어 있는 이유는 이 때문이다. 일반적인 비료에는 인이 최대 10%까지 들어 있는데, 식물에 꼭 필요한 성분이기 때문이다. 하지만 인을 원하는 것은 식물뿐만이 아니다. 모든 생물의 거의 모든 기능에 인이 꼭 필요하다. 인은 RNA와 DNA의 중요한 구조 성분이며, 인체에서 에너지 전달을 담당하는 분자인 아데노신삼인산, 즉 ATP adenosine triphosphate에서도 중요한 성분이다.*

비록 인은 놀랍도록 풍부하지만, 지구에서 대부분의 인은 물에 녹지 않고 접근이 힘든 암석에 갇혀 있다. 이 때문에 연간 150억 달러를 넘는 인산염 채굴 산업이 호황을 누리고 있다. 물론 지구에 처음 나타난 생명체들에게는 이 거대한 채굴 산업이 아직 시작되지 않았다는 문제점이 있었고, 그래서 생물 발생 이전의 화학에서 살아 있는 생물의 발달로 도약이 일어나는 데 큰 어려움이 따랐을 것이다. 지금쯤이면 여러분도 충분히 짐작하겠지만, 이 상황에서 운석이 도움의 손길을 뻗어 반응성이 강한 인의 주요 공급원이 되었을 가능성이 있다. 운석에 포함된 인은 훨씬 환원된 형태(산소와의 결합이 훨씬 적은 형태)이기 때문에, 지질 구조와 암석 속에 갇혀 있는 대신에 생물과 그 생활사 속으로 쉽게 스며들 수 있다. 그래서 초기의 운석들은 지구에 생명이 막 나타나기 시작했을 때, 공급이 부족한 필수 영양소의 주요 공급원이 되었을 가능성이 높다.

그리고 마지막으로, 오늘날의 운석을 단지 값비싼 문 버팀쇠나 수집품 또는 과학적 연구 대상으로만 생각해서는 안 된다. 운석은 아직도 필수 영양소와 원재료의 중요한 운송 수단 역할을 계속 수행하고 있다. 거대한 생물권과 우리의 활발한 채굴 노력 덕분에 필수 영양소가 끊임없이 순환하는 오늘날의 지구에서도 많은 생물

- 인은 그 밖에도 많은 곳에서 중요하게 쓰이지만, 척추동물에서도 신체 구조의 근간을 이룬다. 뼈와 이빨을 이루는 주요 광물 성분은 매우 안정한 인산염 광물인 인회석이다.

은 영양 결핍을 겪고 있으며, 운석이 이를 해결해주는 역할을 맡고 있다.

인과 마찬가지로 철도 많은 생물의 기능에서 중요한 요소를 차지하지만, 생물이 사용할 수 있는 형태의 철을 얻기가 쉽지 않다. 사실상 거의 모든 곳에 엄청나게 많은 양의 철이 널려 있지만, 지각에 존재하는 철 중 대부분은 산화 상태가 높은 형태의 철(Fe^{3+})로 존재한다. 이렇게 산화가 많이 된 철은 액체에 녹지 않기 때문에, 생물의 몸속에서 제대로 활용될 수가 없다. 생물에게는 액체에 녹는 형태의 철(Fe^{2+})이 필요한데, 이런 철은 극히 드물게 존재하며, 많은 생물이 필요한 영양분을 주로 바닷물에서 얻는 바다 같은 장소에서는 더욱 그렇다. 물에 녹아 생물이 이용할 수 있는 형태의 철이 부족한 상황은 바다의 많은 장소에서 생산성을 제한하는 요인이 된다. 특정 위도들에서는 바람에 실려온 사막의 먼지에 물에 녹을 수 있는 철이 충분히 포함돼 있어 해양 생태계의 필요를 충족시킬 수 있다. 하지만 전체 바다 중 넓은 면적은(특히 남반구에서는) 바람에 실려온 철의 혜택을 별로 받지 못해 다른 철 공급원에 의존해야 하는데, 아마도 여러분은 그것이 무엇인지 충분히 짐작할 것이다. 지구에서 가장 중요한 생물인 플랑크톤은 미소 운석과 성간 먼지 입자에 실려온 외계의 철이 없다면, 훨씬 덜 풍부할 것이고 생산성도 크게 떨어질 것이다.

외계의 철이 바다의 생산성에서 차지하는 중요성 때문에 일부 연구자는 약 45억 년 전에 외계 물질의 유입량 증가(기록에 잘 남아 있는)가 전 세계적인 해양 생산성 증가의 원인이었다고 추측한다. 만약 그러한 생산성 증가가 충분히 크게 일어났다면, 전 세계적인 CO_2 농도가 크게 줄어들었을 테고, 그에 따라 지구 전체의 기온도 내려갔을 것이다. 따라서 운석 물질의 유입 증가는 지난 5억 년 동안 가장 그 정도가 심했던 빙하 시대, 그리고 그로 인해 당시 해양 생물 종 중 약 85%를 사라지게 한 오르도비스기-실루리아기 대멸종 사건의 간접적 원인이었을 수 있다. 이처럼 운석은 주는 것도 있지만 앗아가는 것도 있다.

큰 그림

우리 모두는 환경의 산물이라는 말을 종종 듣는다. 이 말은 음악가 집안에서 성장한 아이가 피아노를 상당히 수준 높게 치는 것과 같은 상황에 적용된다. 그 아이는 음악적 환경의 산물이다. 가끔 이 말은 생물의 진화에도 적용되는데, 어떤 새의 부리가 그 지역에서 자라는 특정 종류의 견과를 깨기에 편리하도록 발달하는 경우가 그런 예이다. 그 새는 여러 세대에 걸친 자연 선택의 결과로 중요한 먹이 공급원에 접근하기에 편리한 부리가 발달했다. 하지만 만약 우리가 운석이 날라다준 유기 물질로 만들어졌다면, 우리는 결국 45억 년 전에 태양계 바깥쪽의 얼음 알갱이 혹은 태양이 생기기도 전에 성간 공간에 떠돌던 먼지 입자를 지배한 환경의 산물인 셈이다. 우리의 먼 조상들을 생명으로 전환시킨 유기 물질 성분이 운석에서 왔다는 이 사실이 그다지 놀랍지 않다면, 원재료와 에너지가 도처에 풍부하게 널려 있고 창조 과정이 비교적 단순하다는 사실을 감안할 때, 복잡한 유기 분자로 이루어진 물체가 우주에 거의 보편적으로 존재할 수밖에 없다는 사실을 생각해보라. 만약 지구에서 생명이 발달한 것이 우주에서 자연 발생적으로 생겨난 뒤에 운석이 날라다준 유기 물질 때문이라면, 그리고 생명 발달에 우호적인 그 환경에 필요한 물질을 운석이 계속 공급해주었다면, 우주에 존재하는 행성 중에서 화학 반응에 유리한 환경과 약간의 운을 갖춘 곳이라면 어디서나 어떤 형태로건 생명이 발달할 가능성이 있다.*

• 이것은 '분자 범종설汎種說'의 토대를 이루는 개념이다. 우주의 많은 장소에서 생명이 발달하려면 기본 구성 요소가 반드시 풍부하게 존재해야 한다. 따라서 단순히 '발달할 가능성'이 있는 장소가 아주 많다는 사실에만 초점을 맞춘다면, 생명은 우주 도처에서 비교적 보편적인 특징이어야 한다. 화성 또는 엔켈라두스나 타이탄 같은 거대 기체 행성의 여러 위성을 비롯해 생명이 살 수 있는(혹은 이전에 살 수 있었던) 장소들을 탐사할 미래의 우주 임무는 이 개념에 조금이라도 주의를 기울여야 할 것이다.

6장

화성에서 온
공짜 표본

    행성 화성은 먼 옛날부터 지구의 인류에게 집중적인 관찰 대상이자 큰 호기심을 불러일으키는 존재였는데, 그것은 지금도 마찬가지다. 화성이 수천 년 동안 천문학자들과 SF 작가들에게 큰 호기심을 불러일으킨 이유는 여러 가지가 있지만, 가장 큰 이유는 아마도 하늘에서 일상적으로 맨눈으로 볼 수 있는 천체이기(그리고 어쩌면 붉은색으로 보이기) 때문일 것이다. 화성은 약 4000년 전에 고대 이집트인이 처음 관측했는데, 붉은색에 주목한 그들은 화성을 '붉은 것'이란 뜻으로 헤르 데셰르Her Desher라고 불렀다. 고대 중국 천문학자들은 '붉은 별'이란 뜻으로 화성火星이란 이름을 붙였고, 3000년도 더 전부터 화성이 하늘에서 움직이는 궤적을 추적하기 시작했다. 전쟁을 좋아한 고대 로마인은 피를 연상시키는 붉은색에 착안해 로마 신화에 나오는 전쟁의 신 마르스Mars라는 이름을 붙였는데, 서양에서는 대체로 이 이름을 사용하고 있다. 그런데 이 과도한 관심은 과학적으로 근거가 있는 것일까, 아니면 우주가 우리에게 펼친 심리적 속임수에 불과한 것일까? 즉, 화성은 1990년대 중엽에 초호화 스포츠카림 보이려고 애썼던 선홍색 크라이슬러 르배런Lebaron 컨버터블과 비슷한 것일까?

붉은색 너머의 화성

화성의 붉은색은 시각적으로 눈길을 끄는 특징이긴 하지만, 실상은 문자 그대로 피부의 색에 불과하다. 화성의 표면을 덮고 있는 토양 중 1mm 깊이까지만 붉은색이므로, 그 속까지 포함해 행성 전체가 붉은색이라고 생각해서는 안 된다. 태양계의 모든 지구형 행성과 마찬가지로 화성의 지각도 주로 현무암으로 이루어져 있다. 현무암은 대개 붉은색이 아니라 어두운 회색에서 검은색을 띠는데, 왜 화성의 표면은 붉은색을 띠고 있을까? 초기에 화성의 기후는 현재보다 훨씬 따뜻하고 습했는데, 철을 많이 함유한 표면의 현무암이 이 기후 조건에 노출되자 산화●가 일어났다. 산화철은 불그스름

● 산화는 어떤 원소가 산소와 반응할 때 일어난다. 철의 경우, 환원 철(Fe 금속과 FeO)은 은색에서 암회색을 띠고, 산화철(Fe_2O_3)은 불그스름한 색을 띤다(철의 녹을 생각해보라). 대부분의 산화는 화성의 역사 초기에 일어났을 가능성이 높지만, 자외선에 노출될 때 일어나는 여러 광물의 상호 작용 때문에 지금도 철의 산화가 계속 일어나고 있다.

한 색을 띠기 때문에(우리의 피가 붉은색인 것도 바로 산화철 때문이다.), 표면에서 일어난 산화는 많은 회색 철을 붉은색 산화철로 변화시켰다. 화성의 기후가 춥고 건조하게 변하자, 현무암에서 산화된 부분은 붉은색 먼지 입자로 변했다. 이 붉은색 먼지 입자들이 화성의 강한 바람에 실려 이리저리 날아다니면서 화성 표면에 쌓였고, 그 결과로 화성 전체가 미세한 붉은색 먼지로 얇게 덮였다. 화성은 우리 눈에는 분명히 붉은색으로 보이지만, 화성의 가장 흥미로운 측면들은 녹슨 표면 아래에 숨어 있다.

화성 붐

수천 년간의 맨눈 관측과 150년 이상의 망원경 관측 역사에서 화성에 대한 호기심이 최고조에 달한 시기가 언제였는지는 딱 꼬집어 말하기 어렵다. 현재 진행 중인 것을 포함해 앞으로 계획된 화성 탐사 임무는 화성의 모든 것에 대한 대중의 관심을 계속 사로잡을 게 틀림없다. 그리고 만약 화성 유인 탐사 여행이 가능해진다면, 더 많은 사람들의 시선과 관심이 붉은 행성에 쏠릴 것이다. 비록 화성에 대한 관심이 최고조에 달하는 시점을 정확히 말하기는 어렵지만, 그 관심이 아주 오래전부터 지속돼왔다는 사실만 지적하고 넘어가기로 하자. 현대에 들어와 화성에 대한 관심이 크게 증폭한 계기는 이탈리아 천문학자 조반니 스키아파렐리Giovanni Schiaparelli가 제공했는데, 그는 망원경으로 화성을 관측하다가 1877년에 화성 표면에서 여러 갈래의 직선을 발견하고서 그것을 이탈리아어로 카날리canali*라고 불렀다. 이 관측으로 스키아파렐리(그리고 그 밖의 많은 사람들)는 화성인이 카날리를 인공적으로 만들었다고 추측했다.** 화성의 선진 문명(이런 것들을 건설할 능력이 있다면 고도로 발달한 문명임이 틀림없다.)에 대해 스키아파렐리가 초기에 쓴 글들은 화성의 외계 생명체에 대한 초기의 일부 생각을 대변한다. 다른 망원경을 사용해 비슷한 것을 보았다는 다른 과학자들의 보고까지 이어지자,*** 카날리 열광이 증폭되었고, 그에 따라 화성에 존재하는 생명에 대한

---

* 카날리는 이탈리아어로 '수로들'이란 뜻이지만, 영어로 번역되는 과정에서 'canals'로 오역되고 말았는데, 알다시피 이것은 '운하'란 뜻이다.

** 위대한 니콜라 테슬라Nikola Tesla는 화성인과 교신하는 데 큰 관심을 보였고, 그 방법을 찾느라 상당히 많은 시간을 쏟아부었다. 그 연구 결과로 무선 제어 로봇이 최초로 탄생했는데, 그 로봇은 1898년에 매디슨스퀘어 가든에서 전시되었다. 이 발명은 무선 제어 인공위성과 우주선의 등장을 위한 발판이 되었고, 이것들은 결국 화성으로 날아갔다. 따라서 테슬라는 비록 능동적 방식으로 화성에서 오는 신호를 포착하거나 화성의 선진 문명에 신호를 보내지는 못했지만, 화성에서 오는 신호를 받을 수 있는(비록 자신이 기대한 것보다 훨씬 수동적 방식이긴 하지만) 방법을 발견한 셈이다. 나는 이것이 과학이 효과를 발휘하는 방식을 보여주는 훌륭한 예라고 생각한다. 즉, 당장 이루고자 했던 목표를 이룰 수는 없더라도, 그런 노력의 결과로 더 큰 이해를 낳는 진전이 일어난다. 과학 만세!

*** 부유한 천문학자였던 퍼시벌 로웰Percival Lowell은 화성의 카날리를 더 자세히 연구하기 위해 애리조나주 플래그스탭Flagstaff에 로웰천문대를 세웠다. 이 천문대는 주목할 만한 발견을 여러 가지 했는데, 그중에서도 명왕성의 존재를 최초로 확인한 것으로 인정받는다. 이 천문대는 지금도 세상에서 손꼽는 천문대로 남아 있다.

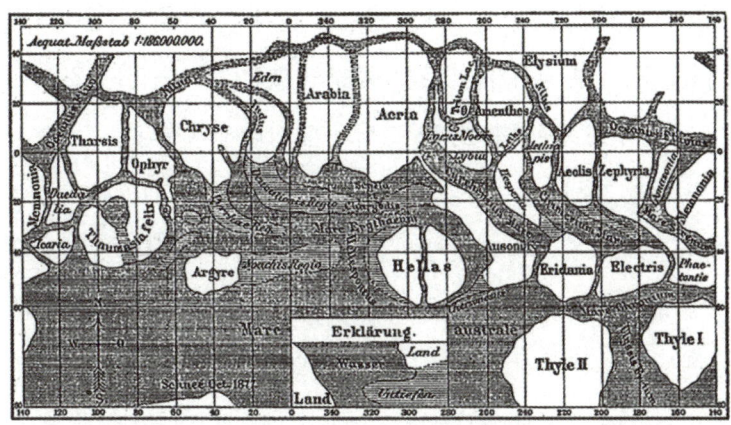

1877년에 스키아파렐리가 화성의 카날리를 묘사한 지도.

열광도 커져갔다. 카날리 열광의 결과로 SF가 문학 장르로 인기가 급상승했고, 화성이나 화성에 사는 생물에 초점을 맞춘 작품이 수많이 쏟아져 나왔다. 이렇게 새로운 장르가 부상하는 가운데 H. G. 웰스H. G. Wells가 여러 세대에 걸쳐 엄청난 반향을 불러일으킨 『우주 전쟁War of the Worlds』*을 썼다. 첫 번째 반향은 20세기로 접어들 무렵에 출판된 책을 접한 독자들에게서 나왔고, 두 번째는 1938년에 그

• 나는 항상 예리한 정치적 메시지에 잘 끌리는데, 『우주 전쟁』은 영국이 태즈메이니아를 식민지로 복속시킨 사건에 영감을 빚은 작품으로, 웰스가 사실상 "만약 영국인이 태즈메이니아 원주민에게 저지른 것과 똑같은 짓을, 화성인이 영국인에게 저지르면 어떻게 될까?"라는 질문을 던지면서 진행한 사고 실험에 해당한다. 스포일러 주의: ······웰스는 영국인도 현실에서 태즈메이니아 원주민이 당한 것과 동일한 일을 당할 것이라고 생각했다.

소설을 라디오 드라마로 만든 방송을 듣던 미국 청취자들에게서 나왔는데, 일부 청취자는 그것이 허구의 오락물이라는 사실을 모르고 긴급 뉴스 속보라고 오해하고서 공황 상태에 빠졌다.

하지만 20세기 초가 되자 화성의 카날리에 대한 과학계의 관심이 차갑게 식기 시작했다. 망원경과 관측 기술이 향상되자, 카날리는 사라지기 시작했다.* 결국 카날리는 상대적으로 열악한 광학 기술에서 비롯된 착시 현상에 불과한 것으로 밝혀졌고, 그것을 건설했다는 선진 문명과 마찬가지로 상상의 산물에 지나지 않았다. 초

흔히 하는 이야기처럼, 부실한 지도 제작은 혼란을 낳는다. 스키아파렐리의 지도 때문에 화성인이 지구를 침공하는 소설 작품이 여럿 나왔는데, 그중에서 가장 유명한 것이 H. G. 웰스의 『우주전쟁』이다.

• 화성에 수로와 계곡이 있긴 하지만, 초기 천문학자들의 망원경으로는 볼 수가 없었다.

기의 화성 관측을 통해 과학계는 화성에 생명이 존재할 가능성에 대해 전 세계적인 흥분을 불러일으켰다가, 기술이 발전하면서 결국 그 개념에 찬물을 끼얹고 말았다. 하지만 카날리가 실제로 있건 없건, 화성에 대한 호기심은 계속 살아남았다. 망원경의 성능 개선에도 불구하고, 상상력이 넘치는 SF 작가에서부터 큰 흥미를 느낀 일반 대중과 여러 분야의 수많은 과학자에 이르기까지 붉은 행성에 대한 호기심은 더욱 커져갔다.

오늘날 더욱 가속되는 화성 연구

화성이 과학계에서 하나의 연구 주제라고 말하는 것은 암이 의사들 사이에서 가벼운 관심 분야라고 말하는 것과 같다. 소련과 미국 모두 처음에 많은 실패를 겪은 뒤에 최초로 성공한 화성 탐사 임무는 NASA가 보낸 매리너 4호였는데, 이 무인 탐사선은 1965년 여름에 화성 옆을 지나갔다. 그 후 화성 탐사를 위해 미국과 소련(그리고 그 뒤를 이은 러시아), 유럽우주국, 일본, 중국, 아랍에미리트, 인도가 추진한 우주 임무는 40차례가 넘는다. 탐사의 목적은 화성의 지진이나 대기, 화성에 존재하는 물의 양을 조사하는 것에서부터 현재 존재하거나 멸종한 생물의 흔적을 찾는 것에 이르기까지 다양하다. 이러한 임무에서 얻은 화성(그리고 나머지 태양계)에 대한 정보와 지식은 관련 분야의 많은 과학 학술지와 서적의 지면을 계속 채워나가고 있으며, 그 모든 것을 여기서 요약해 소개하는 것은 사실상 불가능하다. 어쨌든 지금까지 수백억 달러를 들인 수십 차례의 탐사 임무에서 수많은 고해상도 이미지와 방대한 양의 데이터를 얻고, 화성 표면 위를 돌아다니는 화성 탐사차로 여러 가지를 조사하고 분석하는 데에는 성공했지만, 아직까지 화성에서 물리적 표본을 채취해 가져오는 데에는 성공하지 못했다.

하지만 실망하긴 이르다! 우리에게는 화성의 물리적 표본이 있다! 정말로 화성에서 온 것으로 확인된 물질이 150kg 이상이나 지금 이곳 지구에 있다. 이것은 그냥 우리 눈앞에 나타났다. 이것들은 운석을 통해 도착한 공짜 화성 표본이다.* 이 글을 쓰고 있는 현재, 화성에서 왔다고 확인된 운석은 300개가 넘으며, 매년 새 화성 운석이 발견되고 있다. 대부분은 발견 운석으로, 남극 대륙이나 북아프리카 사막과 오만에서 운석 채집 활동을 통해 회수되었다. 주목할 만한 사실은 이 중에서 5개(모두 합쳐 44kg이 넘는)는 지구로 떨어지는 장면이 목격되었다는 것이다.

첫 번째 목격 사건은 1815년 10월에 프랑스 북동부의 조용한 지역 샤시니Chassigny에 무게 약 4kg의 운석이 떨어졌을 때 일어났

• 이것들은 더 이상은 공짜가 아니다……. 원한다면 이 일에 종사하는 운석 거래상을 통해 화성 물질을 손에 넣을 수 있다. 하지만 가장 싼 것도 1g당 최소 1000달러가 넘는다.

다. 1865년 8월에 인도 셔고티Shergotty(지금은 셔가티)에서도 낙하 운석이 목격되었는데, 낙하 직후에 여러 목격자가 약 5kg의 운석을 회수했다. 1911년에는 이집트 북부에도 화성에서 온 약 10kg의 나클라Nakhla 운석이 떨어졌다.* 약 50년 뒤인 1962년, 지금까지 화성에서 유래한 운석 중 가장 큰 낙하 운석이 나이지리아에서 목격되었다. 무게 18kg의 자가미Zagami 운석은 단단한 땅속으로 60cm 깊이까지 파고 들어갔는데, 거기서 불과 몇 발자국 옆에 한 농부가 경악을 금치 못하고 서 있었다. 가장 최근에 낙하 장면이 목격된 화성 운석은 2011년에 떨어진 티신트Tissint 운석이다. 티신트 운석은 모로코에서 7월 18일 새벽에 여러 차례의 굉음과 섬광 쇼를 동반하면서 떨어졌는데, 석 달 뒤에 티신트에서 48km 떨어진 지역에서 그 파편들이 발견되기 시작했다.

 이 운석들은 지난 200년 사이에 지구에 도착했지만, 화성에서 지구로 곧장 온 것은 아니고, 지구에 떨어졌을 당시에는 화성에서 왔다는 사실이 알려지지 않았다. 운석의 기원을 알아내려면 여러

---

* 낙하 장소 부근에 살던 한 주민은 그 운석이 이웃의 개 위에 떨어져 개를 증발시켰다고 주장했다. 매우 슬픈 이야기처럼 들리지만, 이 이야기는 사실이 아닐 가능성이 높다. 이를 뒷받침하는 증거는 발견된 적이 없고, 그 지역과 그 당시의 언어를 감안해 번역하면 운석이 개 근처에 떨어져 겁을 먹은 개가 달아났다는 것으로 해석할 수도 있다. 그러니 우리는 두 번째 해석을 채택하기로 하자. 그랬을 가능성이 훨씬 높을 뿐만 아니라, 사람들이 운석을 미워하지 않도록 할 수 있으니까.

가지 과학적 조사가 필요하다. 손 위에 놓인 표본만 보고서 그 기원을 확실히 알아내기는 불가능하다.•

이 운석들이 화성에서 왔다는 걸 어떻게 아는가?

우주에서 충돌이 일어나면, 모체에서 암석 파편이 떨어져 나올 수 있다. 이 불안정한 암석이 모체 질량의 중력을 벗어날 만큼 충분히 빠른 속도('탈출 속도')를 가지면, 모체 표면으로 도로 떨어지지 않고 거기서 벗어나 자유롭게 우주 공간을 떠돌아다니다가 결국 다른 물체에 충돌하게 된다. 그 '다른 물체'가 지구일 경우, 그 암석은 지구에 떨어지는 운석이 된다. 지구로 오는 암석 중 대부분은 소행성대가 출발 장소인데, 출발한 모체인 소행성은 행성에 비해 상대적으로 훨씬 작아 탈출 속도도 비교적 작다. 화성은 큰 행성은 아니지만(지름이 지구의 절반에 불과하다.), 그래도 명색이 행성이니만큼 상당히 큰 중력을 갖고 있어 태양계의 어떤 소행성보다도 탈출 속

• 샤시니 운석과 나클라 운석을 분석한 결과에 따르면, 두 운석이 화성을 떠난 시기는 1000만~1100만 년 전이다. 반면에 셔고티 운석과 자가미 운석은 약 300만 년 동안 태양계의 우주 공간을 돌아다니다가 지구에 떨어졌다. 약 5억 9500만 년 전에 생성된 티신트 운석은 화성에서 튀어나온 후 우주 공간을 떠돌아다닌 기간이 약 100만 년에 불과해 다른 운석에 비해 더 짧은 경로를 거쳐 지구에 도착했다.

도가 훨씬 크다. 화성 같은 행성 표면의 암석이 우주 공간으로 탈출하려면 상당히 큰 충돌이 필요한데, 그래서 운석의 형태로 우리에게 날아온 화성의 암석이 있으리라고는 거의 생각하기 힘들었다.*

하지만 이 기이한 운석들은 전 세계의 나머지 모든 운석들과 확연히 다르다. 이 특별한 암석들은 생성 연대가 더 어린데, 다른 운석들보다 수십억 년이나 어린 경우가 많다. 이것은 이 운석들이 지질 활동이 활발한 천체에서 유래했음을 의미한다.** 특정 광물들은 이 암석들이 언젠가 액체 상태의 물과 접촉했음을 알려주는데, 이것 역시 '정상' 운석들에서 보기 힘든 또 하나의 특징이다. 이 기이한 암석들은 나머지 운석들과는 아주 다른 화학적 지문과 동위 원소 지문을 갖고 있어 아주 다른 장소에서 유래했을 것으로 추정된다. 이 문제의 운석 집단은 나머지 운석들과 확연히 구별되는 차이점이 있다. 운석학계는 이 운석 집단이 화성에서 왔을 거라고 '추측'했는데, 1976년에 바이킹 착륙선이 보내온 데이터를 분석한 결

---

* 화성의 탈출 속도는 초속 약 5km이다. 화산 분화 때 튀어나오는 암석은 이 정도 속도에 이르기 힘들며, 따라서 현실적으로 그런 일이 일어날 가능성은 화성 표면에 큰 충돌이 일어날 때뿐이다.
** 태양계에서 지질 활동이 활발한 천체는 극소수인데, 이 사실은 이 운석들이 행성처럼 아주 큰 천체에서 왔음을 시사한다. 지구에 도착하는 운석 물질이 생겨날 가능성을 계산할 때에는 ① 행성의 크기와 ② 태양계 내에서 태양에 대한 상대적 위치라는 두 가지 요인의 상호 작용이 아주 중요하다. 이러한 요인들은 수성이나 금성에서 운석 물질이 날아올 가능성을 크게 떨어뜨리지만, 어떤 것이 '불가능'하다고 말하는 것은 위험하다. 그래도 수성이나 금성에서 유래한 운석 물질이 지구에 떨어질 가능성은 극히 희박하다.

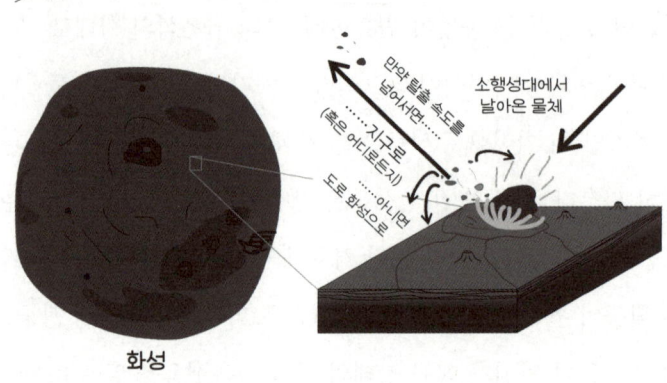

화성 표면에서 탈출한 암석이 결국 지구에 도착해 화성 운석이 되는 방법.

과, 화성 표면의 암석들이 이 기이한 운석들과 화학적 공통점이 아주 많다는 사실이 드러나면서 이 추측에 힘을 실어주었다. 그러다가 1983년에 이 독특한 운석들 속에 갇혀 있던 기체의 조성이 화성 대기의 조성(바이킹 착륙선 탐사 때 직접 측정한)과 정확하게 일치한다는 결과가 나오면서 이 운석들은 화성에서 튀어나온 암석이 우주 공간을 떠돌다가 지구에 떨어진 것이란 사실을 아무도 의심할 수 없게 되었다.

이곳 지구에 있는 어떤 암석이 화성에서 온 침입자라는 사실이 밝혀지자, 이 특별한 표본에 대한 관심이 크게 치솟았다. 이 운석들은 화성의 지질과 환경을 아주 자세히 조사하고 거기서 엄청나게 많은 것(원격 기술로는 알기가 불가능했고 앞으로도 계속 불가능한)을 배울 기회를 제공했다. 그 후로 이 암석들에 관한 연구 논문이 무수히 쏟아져 나왔다. 하지만 이 화성 운석들에 관한 연구들 중에서 나머지 모든 연구를 합친 것보다 더 큰 관심을 끈 특별한 연구가 있었다.

앨런힐스 84001 이야기

그 이야기는(적어도 그 이야기에서 인간과 관련된 부분은) 1984년에 남극 대륙에서 매년 진행되던 운석 채집 활동 시즌*에 시작되었다. 그해에 첫 번째로 발견된 운석에는 관례에 따라 앨런힐스(그 운석이 발견된 장소의 지명)와 탐사가 일어난 해와 표본 번호를 숫자로 표시한 84001을 결합해 ALH 84001이라는 이름이 붙었다. 그런데 감자만 한 크기의 ALH 84001은 아주 특별한 운석으로 밝혀졌다. 이 운석은 처음에는 '디오제나이트'**라는 운석 집단과 관련이 있을 것이라고 생각했지만, 1994년에 이 기묘한 운석은 화성에서 날아왔다는 사실이 밝혀졌다. 이것은 그 자체만으로도 놀라운 소식이었는데, 그 당시에 화성에서 온 것으로 확인된 운석은 몇 개밖에 없었

---

* 이 놀랍도록 흥미진진하고 생산적이었던 운석 채집 활동에 관해 더 자세한 내용은 7장을 참고하라.
** 디오제나이트는 그리스 철학자 디오게네스의 이름에서 딴 것이다. 디오게네스는 기원전 465년 무렵에 아이고스포타모이강에 떨어진 암석에 대해 보고하면서 그것이 지구에서 유래한 것이 아니라고 정확하게 추측했다.

기 때문이다. 하지만 이 운석에 관해 정말로 놀라운 소식은 2년 뒤에 나왔다.

1996년 8월 6일, NASA 국장 대니얼 골딘Daniel Goldin은 신중하면서도 흥분을 불러일으킬 만한 성명을 내놓았다. 그것은 곧《사이언스》에 실릴 논문에 관한 것으로, 그 논문에는 ALH 84001 운석에서 발견된 아주 흥미로운 사실이 포함돼 있다고 했다.

> NASA는 놀라운 발견을 했는데, 이 발견은 30억 년도 더 전에 화성에 원시적인 형태의 미생물이 존재했을 가능성을 시사합니다. 이 결과는 약 1만 3000년 전에 지구에 떨어진 화성 운석을 정교하게 조사한 연구에서 나온 것입니다. 이 증거는 흥분할 만하고 심지어

> 매우 설득력이 있지만, 결정적인 것은 아닙니다. 이 발견은 추가적인 조사가 더 필요합니다. NASA는 이 발견에 뒤따르는 엄밀한 과학적 조사와 활발한 과학적 논의 과정을 지원할 준비가 돼 있습니다. 지금 우리는 '작은 녹색 인간'에 대해 이야기하는 게 아니라는 사실을 모두가 이해하길 바랍니다. 이것들은 지구의 세균과 비슷한, 아주 작은 단세포 구조입니다. 이보다 더 높은 단계의 생명체가 화성에 존재했다는 증거나 그것을 시사하는 단서는 전혀 없습니다.
>
> — 1996년 8월 6일, NASA 국장 대니얼 골딘이 발표한 성명

그다음 날, 빌 클린턴Bill Clinton 대통령은 백악관 사우스론에서 이 연구의 중요성에 대해 이야기했다.* 대통령의 발언은 더 포괄적인 NASA 기자 회견에서 논문 저자들이 한 발언과 마찬가지로 분명히 흥분된 어조였지만 신중한 태도를 잃진 않았다. 특히 논문 제2저자인 에버렛 깁슨Everett Gibson은 그 연구의 중요성을 강조하면서도 인

• 충격을 금할 수 없는 사실이 있는데, 대통령이 지구 밖에 생명이 존재할 가능성에 관한 발언을 한 뒤에 백악관 출입 기자들이 던진 질문은 ① 최근에 공화당의 주도로 낙태를 제한하려고 한 시도와 ② 그날 클린턴 대통령이 선택한 넥타이에 관한 것뿐이었다. 화성의 생명에 관한 질문은 전혀 없었다. 이제 우주에 우리만 있는 게 아니라는 증거가 발견되었을지도 모른다는 선언을 듣고 나서 어떻게 "그 넥타이는 어디서 샀나요?"라는 질문이 나올 수 있단 말인가? 불행하게도 이것은 백악관 출입 기자단의 발표에서 직접 인용한 것이며, 그날 기자들이 던진 질문 중 50%를 차지했다. 이것은 농담이 아니다. 실제로 일어난 일이다. 원한다면, 기록으로 보존된 기자 회견 영상에서 그 대화를 들어보라.

류의 역사를 바꿀 만한 잠재력이 있는 발견 앞에서 중요한 과학적 자제력을 잃지 않았다.

> 2년 동안 우리는 최첨단 기술을 사용해 분석을 한 결과, 화성의 과거 생명에 대해 상당히 근거 있는 증거를 발견했다고 믿게 되었습니다. 우리가 그것을 결정적으로 증명했다고 주장하는 것은 아닙니다. 우리는 과학적 과정의 일부로서 다른 연구자들이 확인하고 개선하고 공격할 수 있도록—그리고 할 수 있다면 틀렸음을 입증할 수 있도록—이 증거를 과학계에 제출할 것입니다. 그러면 일이 년 안에 어떻게든 이 문제가 해결될 것이라고 기대합니다.
>
> —1996년 8월 7일, 논문의 공동 저자인 에버렛 깁슨 박사가 NASA 기자 회견에서 한 말

그 후의 상황은 깁슨 박사의 기대대로 전개되었다. 화성에서 생명의 증거를 찾았다는 NASA의 발표가 나오고 나서 언론이 부추긴 열광적 반응과 함께 여러 분야의 과학자들이 거의 동시에 그 연구 결과에 대한 의견을 내놓기 시작했다. 많은 점에 대해 이견이 지적되었는데, ALH 84001의 탄산염 암맥에 생명체 화석이 존재한다는 근거 중 가장 중요하고도 가장 논란이 되는 주장을 살펴보기로 하자. ALH 84001에서는 다음과 같은 것들이 발견되었다.

1. 화성에서 분해된 유기 물질의 존재를 시사하는 '다환 방향족 탄

화수소' 유기 분자.

2. 지구의 일부 세균이 만드는 것과 구분하기 힘든 여러 가지 광물 알갱이.

3. ALH 84001 안에 들어 있는 세균 모양의 물체들. 이것들은 화성에서 살았던 세균의 유해가 광물로 변한 것일 수 있다.

논문이 발표된 직후부터 많은 과학자가 이 결론의 허점을 지적하기 시작했다.* 시간이 갈수록 그런 '미화석'이 어떻게 생겨났는지, 그리고 ALH 84001에서 관찰된 특징이 생물학적 활동 외에 다른 방식으로 생겨났을 가능성을 놓고 수많은 실험과 연구가 진행되면서 건전한 회의론은 더욱 커져갔다. ALH 84001에 화성의 초기 생명체가 포함돼 있다는 발표를 반박하는 주장들이 많은 학술지에 실렸지만, 여기서는 그중에서 가장 명확한 예를 몇 가지만 소개하겠다.

• 비판은 실제로는 논문이 발표되기 전부터 일어났다. NASA는 정상적인 동료 심사 과정 외에 8월 7일 기자 회견 이전뿐만 아니라 회견 동안에도, 고생물학과 진화생물학 같은 해당 분야의 전문가들에게 이 획기적인 연구에 대한 평가와 비평을 요청했다. 그런 전문가 중에 윌리엄 쇼프J. William Schopf가 있었는데, 쇼프는 NASA의 기자 회견장에서 '지명된 회의론자'였다. 그 후 쇼프는 이 주제와 자신의 독특한 경험에 관해 광범위한 의견을 발표했다. 그중에서도 특히 1999년에 출판된 그의 저서 『생명의 요람Cradle of Life』에는 ALH 84001에서 화성의 생명체를 발견했다는 주장을 둘러싸고 벌어진 일들에 관한 이야기가 길게 포함돼 있다. 과학과 정치, 언론이 교차하는 지점에 관심이 있는 독자라면 읽어볼 만한 책이다.

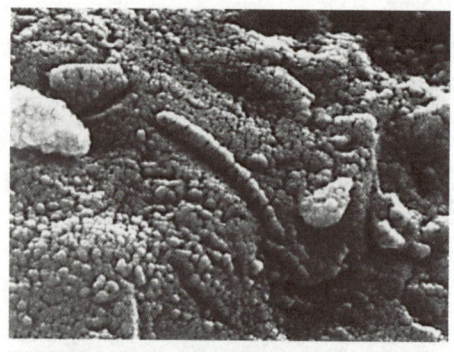

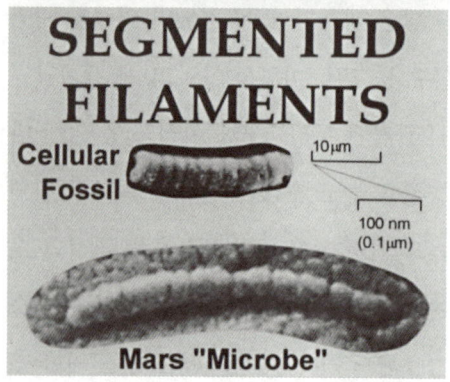

위 | 수많은 논의를 불러일으킨 이미지. ALH 84001 운석에서 발견되었다고 주장된 화성의 '미화석'.

아래 | 윌리엄 쇼프의 1999년 논문에 실린, 오스트레일리아에서 발견된 8억 5000만 년 전의 남세균 화석(위)을 화성의 '미생물'(아래)과 비교한 것. 모양은 비슷하지만 크기에 상당한 차이가 있다.

위에서 생명체의 존재 증거로 제시된 세 가지 주요 근거 중에서 처음 두 가지는 비슷한 방식으로 반박할 수 있다. 첫째, 다환 방향족 탄화수소 같은 유기 화합물은 죽은 나무나 세균, 이구아노돈처럼 유기 물질이 분해되어 생긴 산물일 수 있지만, 무기적 과정을 통해 생길 수도 있다. 비생물학적으로 생겨난 유기 분자는 탄소를 함유한 많은 운석에 보편적으로 들어 있는데, 이것들은 당연히 비생물학적 과정을 통해 생겨난 것이다. 따라서 다환 방향족 탄화

수소의 존재는 과거 생명체의 존재를 확실하게 뒷받침하는 증거가 될 수 없다. 그것은 단지 이 운석이 생성될 때 탄소가 존재했고, 다환 방향족 탄화수소가 생겼다는 증거일 뿐이다. 마찬가지로 ALH 84001에서 발견되어 과거 생명체의 증거로 사용된 다양한 암석 알갱이도 지구에서 세균이 만들어낼 수 있는 물질이긴 하다. 하지만 정상적인 지질학적 과정에서도 생물의 역할이 전혀 없이 동일한 광물 집단이 자주 생겨난다. 그래도 이러한 광물 집단이 발견되었다는 사실은 흥미로우며 그 당시의 환경에 대해 뭔가를 알려주지만, 생명의 존재를 시사하는 것은 (절대로) 아니다.

마지막으로, ALH 84001에서 벌레처럼 보이는 물체는 분명히 지구에서 발견되는 막대 모양의 세균을 닮았고, 오늘날 존재하는 특정 종류의 세균과 나란히 놓고 비교하면 과거 생명체의 증거처럼 보인다. 이것은 화성에 존재한 옛날 생명체의 증거에 관한 수많은 이야기가 이 이미지를 애지중지하는 이유이기도 하다. 하지만 크기가 중요한 변수가 된다. 그것도 아주 중요한.

현미경으로 발견한 ALH 84001 '미화석'의 크기는 지구에 존재하는 대다수 세균에 비해 약 1000배나 작고, 알려진 세균 중 가장 작은 것하고 비교해도 1/10에 불과하다. 이것은 다소 성가신 문제기 될 수 있지만, 가장 큰 문제는 알려진 생명체에 비해 너무 삭다는 사실이 아니다. 진짜 문제는 생명체가 작아질 수 있는 크기에 물리적 한계가 있다는 사실이다. 적어도 그 생명체가 지구에 존재하는 생명체와 비슷하다면 말이다. 만약 ALH 84001에서 발견된 이 물체들이 세균(혹은 지구상의 어떤 생물 세포라도)과 비슷한 것이라면, 세포막이 있어야 할 것이다. 세포막은 '단백질-지질 이중층-단백질'의 샌드위치 구조로 이루어지는데, 이 구조는 당연히 일정 규모의 물리적 공간을 차지한다. 세포가 작을수록 세포막이 세포 내부에서 차지하는 공간이 커진다. ALH 84001 운석 표본의 크기를 감안할 때, 화성 세포의 내부(생명의 모든 기능이 일어나는 장소) 공간은 알려진 가장 작은 생물 세포의 내부 공간보다 약 2000배나 작다는 계산이 나온다.

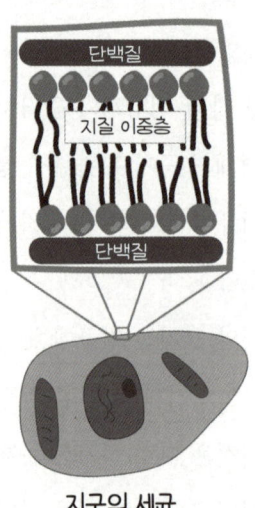

지구의 세균

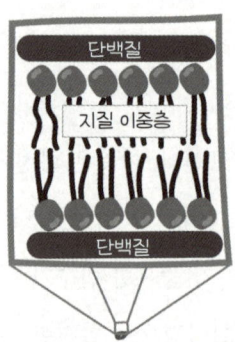

화성의 세균으로 제안된 물체

지구 밖 생명이 지구의 생명과 아주 다른 형태를 하고 있을 가능성을 상상하는 것은 재미있지만, 적어도 지구의 생명과 비슷하다면 동일한 물리적 제약을 받을 것이다. 세포막의 두께 때문에 크기도 그런 제약 중 하나가 된다.

이렇게 작은 크기는 상상하기 힘들 수 있는데, 아주 강력한 현미경을 사용하지 않고는 볼 기회가 전혀 없을 정도로 작기 때문이다. 하지만 인간의 척도에 더 가까운 것으로 예를 든다면, 일반 자동차와 1980년대와 1990년대에 큰 인기를 끌었던 장난감 자동차인 마이크로 머신즈 미니카를 생각해보라. 미니카는 도로의 자동차에 비해 1/100 정도 크기에 불과하다. 만약 보통 자동차를 정상적인 세균 세포라고 한다면, 화성의 세균 세포는 미니카보다 20배는 더 작은 셈이다. 그래도 제대로 기능을 발휘하려면, 그 속에 사람 운전자가 탑승할 수 있어야 한다. 그런 일은 일어날 리가 만무하다.

1996년에 그 논문이 나온 이후 수년간에 걸쳐 다양한 분야에서 증거와 연구 결과와 근거 있는 견해가 쏟아져 나오자, ALH 84001에서 발견된 '미화석'을 과거에 화성에 존재한 생명체의 증거로 보기에는 과학계의 기준에 들어맞지 않는다는 사실이 점점 더 분명해졌다. ALH 84001에서 발견했다는 생명의 증거는 무기적 과정을 통해 생성된 것이었고, 과거에 존재한 화성의 생명체에서 유래한 것이 아니었다. 또다시 과학자들은 화성에 생명이 존재한다는 개념을 주장하고는 금방 그것을 무참히 짓밟아버린 것처럼 보인다. 하지만 만약 화성에 생명이 존재한다는 개념에 과학계가 두 번째로 찬물을 끼얹은 이 행위기 화성을 더 자세히 알고자 하는 대중의 열망을 질식시켰다고 생각했다면 오산이다. 그것은 오히려 그런 열망을 크게 증폭시켰다.

만약 람보르기니 쿤타치를 사기 위해 40만 달러를 지불하기로 결정했다면, 그것이 미니카 모형이 아니라 사람이 탑승할 수 있을 만한 크기인지 반드시 확인하라. 이처럼 크기는 아주 중요하다.

ALH 84001이 가져온 결과

ALH 84001의 연구와 그에 이은 논란의 여파로 화성 연구에 대한 열정이 기하급수적으로 증가해 행성과학과 우주 탐사 부문에서 화성에 대한 관심이 크게 증폭했다. 이미 진행 중인 화성 탐사 임무는 더 큰 관심을 받았고, 여러 우주 기구가 화성 탐사 임무에 박차를 가하게 되었다. 연구비 지원이 화성 연구로 다시 유입되었고(다른 계획에는 낙담스럽게도), 우주생물학 분야가 새턴 로켓처럼 높이 부상했다. 좋건 나쁘건, 1996년 연구는 행성과학 연구의 진로에 부인할 수 없는 변화를 가져왔다.

화성과 관련된 과학 분야에 자원이 재투입되지 않았을 경우에 우리가 어떤 것들을 알아낼 수 있었을지는 말하기 어려운 반면, 재투입 덕분에 우리가 새로 알아낸 것들은 분명히 아주 많다. 우선 지구와 다른 환경(과거와 현재 모두)을 감안해 화성의 생명체가 취할 수 있는 형태를 더 잘 파악하기 위해 노력하는 과정에서, 과학자들은 지구의 극한 환경에서 살아가는 극한 생명체˙를 열심히 찾고 연구했다. "지구의 외계 생명체"—혹은 그 모습이나 행동이 중도적 환경에서 살아가는 생명체와는 크게 다른 생명체—를 찾는 이 노력

• 여기서 '극한'이란 용어는 물론 인간 중심적 관점을 반영한 것이다. 우리에게는 극한 환경일지 몰라도, 거기서 살아가는 생물에게는 매우 정상적이거나 심지어 꼭 필요한 환경일 수 있다.

을 통해 생명이 어떤 장소에서 살아갈 수 있는지, 그리고 인간이 '극한' 환경이라고 간주하는 조건에서 살아가는 생명체에 어떤 일이 일어나는지 더 잘 이해하게 되었다. 주로 1996년 이후에 진행된 이 연구 덕분에 전에는 불가능하다고 여겼던 장소들에도 생명이 존재한다는 사실이 밝혀졌다. 산성이나 염기성이 매우 강한 장소(pH가 0이나 12.5에 가까운 곳들에서도)와 온도 범위가 −20°C에서 122°C에 이르는 장소들, 그리고 깊은 바닷속이나 지각 내부처럼 압력이 엄청나게 높은 장소들에서 살아가는 생명체들이 발견되었다. 독성 폐기물 매립지나 사해死海처럼 염분이 매우 높은 용액에서도 살아가는 생명체가 있다. 심지어 매우 강한 이온화 방사선에 노출된 장소에 적응해 살아가는 생명체도 있는데, 이런 환경에서 치명적인 손상이나 돌연변이를 막으려면, 극단적인 단백질 보호와 세포 유지 능력이 필요하다. 지난 수십 년 동안 생명이 극한 환경에서 살아가는 능력에 대해 우리가 알아낸 지식의 양은 경이로울 정도로 방대하다. 이 방대한 지식은 생명의 '경계 조건'을 점점 더 크게 확장시켰을 뿐만 아니라, 이전에는 거주 불가능하다고 여겼던 다른 행성의 조건에서도 생명체가 존재할 가능성이 더욱 커졌다. 그리고 극한 생명체 연구가 생물학적 과정과 종의 진화에 대한 기본적인 이해를 크게 증진시키고, 의학과 생명공학 분야의 잠재적(그리고 실현된) 발전에 크게 기여한 것은 언급조차 하지 않았다.

    생명이 존재할 수 있는 극한 환경의 이해는 그 자체만으로도 중

화성 탐사차 큐리오시티가 생명체 서식 가능성의 증거를 포함해 붉은 행성에 관한 정보를 찾기 위해 화성 표면 위를 이리저리 돌아다니는 자신의 모습을 촬영한 사진.

요하지만, 관측과 로봇 탐사차를 사용한 화성 탐사 활동을 통해 한때 화성에는 그다지 극단적이지 않은 환경이 존재했다는 증거가 발견되었다. 화성에 한때 액체 상태의 물이 흐른 강과 호수가 존재했다는 증거가 발견되었고, 그 물속에서 퇴적된 점토 광물은 과거의 이 환경에 미생물이 존재했을 가능성을 시사한다. ALH 84001에 관한 1996년 논문은 과거에 화성에 존재한 생명체를 입증하지 못했지만, 결국에는 화성이 초기 역사 중 약 10억 년 동안은 생명이 존재할 수 있는 장소였다는 사실을 간접적으로 입증했다.

화성의 물

생명이 존재하기 위해 꼭 필요한 가장 기본적인 요소는 ① 에너지원, ② 몸을 비롯해 이런저런 것을 만들기 위한 기본 물질, ③ 그런 것들을 운반하기 위한 액체 용매이다. 알려진 우주에서 대부분의 장소는 처음 두 가지 조건을 놓고 경쟁하는 것처럼 보이지 않으므로, 생명의 출현과 발달에 가장 큰 장애물이 되는 것은 세 번째 요소에 접근하는 능력이다. 우리가 아는 생명은 모두 액체 용매로 물을 사용하기 때문에 액체 상태의 물이 없으면 생명이 존재할 수 없다고 흔히 이야기한다. 완전히 옳건 그르건, 실제로도 그런 것처럼 보인다. 따라서 화성에 액체 상태의 물이 존재한다는 증거는…… 화성의 생명이나 혹은 더 큰 규모에서는 우주에서 우리의 위치 같은 것에 관심이 많은 사람들에게 아주 중요하다. 원격 기술은 한때 화성에 물이 존재했음을 정성적으로 입증하는 데 중요한 역할을 했지만, 한때 존재했던 물의 양과 시간이 지나면서 사라진 물의 양을 정량적으로 파악하는 방법은 화성의 운석을 분석하는 것밖에 없다.

운석에서 얻은 정보를 오늘날의 화성을 연구하는 원격 기술과 결합하는 방법은 화성의 기후와 대기의 진화를 연구하는 데에도 적용할 수 있다. 우리가 수집한 화성의 운석 덕분에 화성의 거의 전 역사를 아우르는 타임캡슐을 손에 넣게 되었다. 화성의 지질학적 역사는 크게 노아키아 시대, 헤스페리아 시대, 아마조니아 시대의 세 시기로 나눌 수 있는데, 각 시대의 이름은 그 지질 시대를 대표하는 화성 표면 지역의 이름을 딴 것이다. 생성 직후 시기인 노아키아 시대는 현재보다 더 따뜻하고 습했는데, 아마도 활발한 화산 활동으로 온실가스가 다량 방출되면서 표면 온도가 높아져서 그랬을 것이다. 이 시기에 화성은 큰 분지들(특히 낮은 위도에 위치한)에 액체 상태의 물이 고여 그런 상태가 지속될 수 있었다. 만약 화성에서 생명이 발달했다면, 단연코 가장 유리한 시간의 창은 처음 약 5억 년이었을 것이다.* 화성 탐사차 퍼서비어런스가 탐사하고 있는 곳이 바로 그런 종류의 환경이다. 약 37억 년 전부터 30억 년 전까지의 시기에 해당하는 헤스페리아 시대에는 기후가 훨씬 건조해지고 온도도 크게 내려갔다. 한때 표면에 풍부하게 존재했을지도 모를 액체 상태의 물은 일부 장소에 국한되었고, 결국에는 동결과 승화와 행성 탈출을 통해 사라졌다. 마지막으로 약 30억 년 동안 같은 상태가 고착된 시기인 아마조니아 시대는 아주 춥고 매우 건조한 환경이 유지되었다. 행성으로서는 그다지 좋은 상황은 아니지만, 그래도 금성이나 수성에 비하면 훨씬 사정이 좋은 편이다.

• ALH 84001 운석은 이 시기에 생긴 것이어서 호기심을 더했는데, 그 당시에는 만약 화성에서 생명이 발달한 적이 있다면 그런 일은 이 시기에 일어났을 것이라고 생각했기 때문이다.

표본의 나이를 알아내는 방법

 연구 대상이 지구이건 다른 행성이건, 표본의 나이를 파악하는 것은 지질 환경의 재구성에 필요한 기본 정보 중 하나이다. 이것은 기본적으로 지질학자들이 늘 알아내기 위해 애쓰는 일이다. 즉, 시간을 거슬러 올라가 먼 과거에 어떤 일이 일어났는지 파악하고 나서 동료들과 함께 맥주를 마시러 간다.

 화성 표면의 과거 연대를 파악하는 방법은 크게 두 가지가 있다. 하나는 원격 기술을 사용해 화성 표면의 각 부분이 얼마나 오래되었는지 알아내는 것이고, 또 하나는 실험실에서 화성의 운석을 조사해 각 암석이 얼마나 오래되었는지 알아내는 것이다. 첫 번째 연구는 위성 영상을 사용해 표면에 널린 크레이터의 양과 크기를 자세히 파악하고, 그 정보를 바탕으로 해당 표면이 얼마나 오랫동안 우주의 거친 환경에 노출되었는지 계산해 그 나이를 알아낸다. 기본 전제는 오래된 표면일수록 충돌의 흔적이 많고, 어린 표면일수록 소행성의 폭격을 받은 시간이 짧아 더 신선하다는 것이다. 그 표면을 내 고향이자 우박을 동반한 폭풍이 자주 몰아닥치는 미주리 주에 있는 자동차 보닛이라고 생각해보라. 새로 뽑은 자동차는 흠 하나 없이 근사한 보닛을 자랑할 것이다. 반면에 20년이 지난 자동차라면 크고 작은 폭풍을 많이 겪어 손상된 흔적이 여기저기 남아 있을 것이다. 이것은 화성 표면에도 기본적으로 똑같이 적용된다.

오래된 표면일수록 다양한 크기의 크레이터가 많이 있는 반면, 젊은 지역은 더 평평하고 크레이터의 크기도 더 작은 것만 있을 것이다.* 이 방법은 넓은 지역들의 상대적 나이를 알아내는 데 아주 좋지만, 많은 가정을 수반한다. 무엇보다도 충돌 빈도(혹은 우박을 동반한 폭풍이 얼마나 자주 일어나는지)를 알아야 하는데, 거기다가 그곳 암석층의 나이도 알아야만 계산이 가능하다.**

실험실에서 화성의 운석 나이를 파악하는 두 번째 연대 측정 방법은 이 주제에 관한 이전의 연구를 통해 내게 아주 친숙한 방법이다. 솔직하게 말하면, 친숙함에는 약간의 트라우마도 섞여 있는데, 그 과정이 매우 어렵고 많은 시간을 잡아먹기 때문이다. 끔찍할 정도로 복잡한 세부 내용을 생략하고 간단히 설명하자면, 이 방법은 암석에서 각각의 광물을 분리한 뒤에 분리된 각 광물에서 원소와 동위 원소의 비율을 측정하는 과정을 포함한다. 대부분의 암석에는 시계로 사용할 수 있는 방사성 동위 원소가 여러 가지 들어 있으므로, 이를 이용해 암석의 나이를 계산할 수 있고 그 과정에

---

* 1장에서 지구를 다룰 때 이야기했듯이, 화성에서도 큰 충돌은 작은 충돌보다 훨씬 덜 빈번하게 일어난다.
** 화성에 사용하는 이 방법은 아폴로 계획 때 달 표면에서 채집한 암석과 달 표면의 크레이터 수를 사용해 환산한다. 과학자들은 달에 충돌하는 암석의 빈도를 바탕으로 태양계 내에서의 위치 차이에 따르는 오차를 감안해 계산한 결과를 화성에 적용했다. 이것은 확실한 방법은 아니지만, 상대 연대 측정에는 비교적 잘 성립한다.

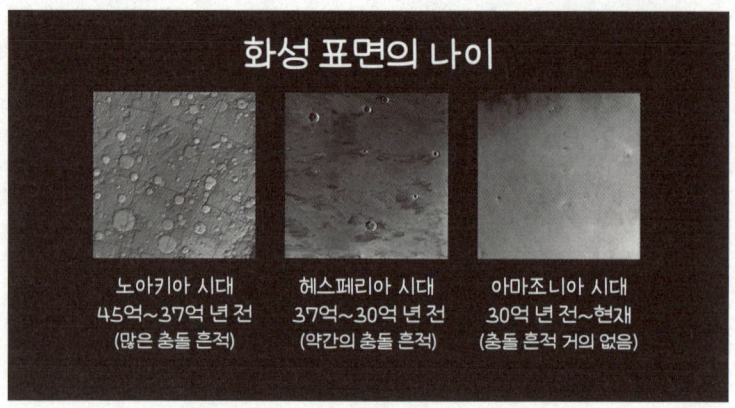

그곳의 암석을 전혀 구할 수 없을 때, 화성 표면의 나이를 계산하는 법.
심하게 두들겨 맞은 곳은 오래된 곳, 새롭고 아주 판판한 곳은 어린 곳이다.

서 부수적인 정보도 얻을 수 있다. 대개의 경우, 개개 암석은 약 1g만 있으면 충분하지만, 각각의 광물상礦物相, mineral phase(특정 조건의 범위 내에서 광물이 취할 수 있는 형태나 조성. 광물은 생성 당시의 온도와 압력 및 기타 조건에 따라 다른 상태로 존재할 수 있다. 조건에 따라 광물 구조 내의 원자 또는 이온의 배열이 달라져 다양한 광물상이 생길 수 있다.—옮긴이)을 분리하고 깨끗이 해야 하기 때문에, 실험실에서 그런 연대를 알아내려면 6개월 이상 작업해야 할 수도 있다.• 다행히도 과학계에

• 내 개인적인 경험을 말하자면, 나는 화성 운석인 티신트 운석의 결정화 시기를 알아내기 위해 현미경을 들여다보며 핀셋을 사용해 필요한 광물상들을 분리하는 작업에만 석 달이 넘는 시간을 보냈다. 이것은 내가 생성 연대를 알아내기 위해 분석한 최초의(그리고 마지막) 화성 운석이었다.

는 그런 일을 할 만큼 훌륭한 자질과 인내심을 가진 사람들이 많이 있으며, 300개가 넘는 화성 운석의 나이 범위는 약 41억 년 전부터 1억 6000만 년 전까지 분포돼 있다. 즉, 화성의 거의 전 역사를 아우르는 셈이다.

화성 운석의 연대를 측정하는 이 연구를 통해 운석의 나이 외에도 다른 방법으로는 얻을 수 없는 화성 내부에 대한 정보를 아주 많이 얻을 수 있었다. 예를 들면, 화성 표면에 있는 수많은 화산은 화성 맨틀의 서로 다른 마그마 저장소에서 유래했으며, 맨틀에는 서로 차이가 큰 지역이 많이 있다는 사실이 드러났다. 화성은 판의 움직임이 없기 때문에, 맨틀의 마그마 저장소들은 지구에서처럼 서로 섞이지 않는다. 게다가 우리가 수집한 화성의 운석들은 화성의 거의 모든 역사를 아우르기 때문에, 화성이 40억 년 이상 지질 활동이 활발했다는* 사실을 알 수 있다. 이 사실만으로도 과학자들은 행성 내부의 열유속(단위 면적당 흐르는 열의 양—옮긴이)을 추정할 수 있으므로, 우라늄과 토륨 같은 원소와 그 밖의 수명이 긴 방사성 동위 원소에서 나오는 방사능(행성의 중요한 열원)의 양이 어느 정도인지 파악할 수 있다. 게다가 화성 운석의 연대 측정은 화성이 행성으

• 이것은 화성 표면이 화산 활동이나 판의 움직임 같은 요인으로 활발하게 변한다는 뜻이다. 우주에서 날아온 물체의 충돌은 중요하지 않은데, 이 경우에 행성은 가만히 앉아서 얻어맞기만 할 뿐, 아무 움직임도 나타내지 않기 때문이다.

로서 아주 일찍 생겨났다는(태양계가 탄생하고 나서 처음 1000만 년 이내에) 사실을 알려주었을 뿐만 아니라, 핵과 지각과 대기가 태양계가 탄생하고 나서 2000만~4000만 년의 시기에 생겼다는 사실도 알려주었다. 이 같은 수치들은 그저 연대표상의 특정 연대에 불과해 보일 수 있지만, 우리 태양계뿐만 아니라 다른 행성계에서도 행성의 탄생과 진화 과정을 광범위하게 이해하는 데 아주 중요하다.

표본의 중요성

화성에서 온 운석(그리고 다른 운석들도)이 전체 태양계를 이해하는 데 아주 중요했던 이유 중 하나는 그것이 다른 행성의 암석 표본 중에서 우리가 유일하게 손에 넣은 표본이기 때문이다. 지구는 처음 2억 년이 지나기 전에 달을 탄생시킨 거대한 충돌로 모든 것이 녹으면서 초기 역사에 대한 정보 중 상당량이 사라졌기 때문에, 이곳에서는 40억 년 이전의 표본을 찾기가 매우 어려우며, 그래서 지구는 행성 생성과 초기 태양계에 대한 단서를 찾기에 이상적인 장소가 아니다.• 달을 탄생시킨 충돌 이후에도 사정은 별반 나아지

• 지구에서 가장 오래된 표본은 오스트레일리아 잭힐스 지역에서 발견된 약 44억 년 전의 것이다. 그리고 그것은 진정한 암석이 아니고 아주 작은(하지만 단단한) 광물인데, 이전 세대의 암석에서 살아남은 광물이 다른 암석에 섞여 들어간 것이다.

지 않았는데, 판의 움직임 때문에 대부분의 암석이 반복적으로 녹거나 이리저리 이동했기 때문이다. 만약 우리가 조사할 표본이 지구에서 나온 암석밖에 없다면, 지구형 행성의 생성 과정에 대해 아는 것이 지금보다 훨씬 적을 것이다.

그동안 화성 탐사는 원격 기술에 초점을 맞춰 진행되었다. 화성까지 사람이 직접 가서 표본을 채취해 돌아오는 왕복 여행의 기술적 어려움과 자원 조달의 어려움을 생각하면, 그것은 충분히 이해할 만하다. 우리는 많은 첨단 장비(망원경, 궤도 선회 탐사선, 착륙선, 탐사차 등)를 사용해 놀랍도록 많은 정보를 얻었지만, 실험실에서 표본을 직접 분석해야 얻을 수 있는 '지상 조사'가 필요한 것이 많다. 아무리 근사해 보이고 아무리 기대 이상의 성능*을 발휘한다 하더라도, 원격 기술로는 얻을 수 없는 것이 많다. 우리가 이미 수집한 화성 운석과 앞으로 손에 넣을 운석은 행성과학계에 아주 큰 선물이다. 우리가 가진 운석들은 화성에 관한 세부 내용을 파악하는 데 큰 도움을 주지만, 이 운석들이 화성의 '어느 곳'에서 왔는지 정확하게 모른다는 맹점이 있는데,** 이것은 큰 문제가 된다. 그 지질학적 맥락을 전혀 알 수 없으며, 그저 임의의 장소에서 유래한 암석이

---

* 화성 탐사차 스피릿과 오퍼튜니티는 불과 90일 정도만 작동할 것으로 예상했다. 두 탐사차는 2004년 1월에 화성에 착륙해…… 스피릿은 2010년 3월까지, 오퍼튜니티는 2018년 6월까지 활동했다. 꽤 오랫동안 버틴 셈이다.

라는 것만 알고 있다.

최근에 스페이스X 같은 민간 기업이 우주 탐사 부문에서 거둔 성공과 각국 정부 우주 기관들의 계속되는 관심과 가속화되는 협력에 힘입어 화성에서 직접 표본을 채취해 가져오는 것이 현실이 될 가능성이 점점 커지고 있다. 하지만 화성에서 채취한 표본을 지구로 가져온다면, 그 표본은 임의의 장소에서 튀어나와 우주를 오랫동안 떠돌다가 살아남아 우연히 지구에 떨어진 임의의 암석과 달리 엄밀히 선택한 암석이 될 것이다. 각각의 표본은 최대한의 과학적 가치를 지닌 것으로 엄선될 것이다. 다른 행성에 존재할지도 모를 생명에 대한 문화적 호기심을 감안하면, 선택된 암석은 옛날의 호수 바닥이나 오래된 강기슭에서 채취할 수 있는데, 과거의 환경을 이해하는 것은 물론이고 과거에 존재한 생명의 증거를 찾는 데 도움이 될 것이기 때문이다. 그리고 ALH 84001 운석은 실험실에서 분석할 표본이 있다 하더라도, 생명의 증거는 모호할 수 있으며, 확실한 결론을 내리려면 여러 과학 분야의 협력이 필요하다는 교훈을 주었다. 만약 표본이 없다면, 다른 행성에 생명이 존재한다

•• 운석과 원격 탐사에서 얻은 지구화학 데이터를 고해상도 화성 사진과 결합해 이 특별한 운석들이 출발한 크레이터의 위치를 찾아내려는 시도는 매우 감질나는 작업이다. 지금까지 여러 차례 시도가 있었지만, 결정적인 결론을 얻은 적은 없다. 하지만 가능성의 범위가 크게 좁아졌고, 그 장소를 찾기 위한 노력은 계속되고 있다.

는 증거처럼 중요한 문제를 놓고 과학자와 비과학자를 막론하고 열띤 논쟁이 벌어질 것이다(물리적 증거가 실험실에 도착하기 전까지는).

지난 150여 년 동안의 화성 연구는 '부적절한 결론'이나 심지어 '실수'로 부를 수 있는 사건들로 점철되었다. 화성에는 화성인이 건설한 운하가 없다. 하지만 운하 개념을 낳은 초기 망원경의 부실한 광학 기술이 없었더라면, 니콜라 테슬라는 화성인과 접촉하려는 노력에 자신의 시간을 쏟아붓지 않았을 테고, 그 결과물인 무선 제어 기술을 발전시키지 못했을 것이다. 퍼시벌 로웰은 로웰천문대를 짓느라 거액을 투자하지 않았을 것이다. 창조적 재능이 있는 사람들은 다른 행성에 존재하는 생명체에 대한 글을 써서 수많은 몽상가에게 지구 밖의 생명체를 생각하도록 영감을 제공하지도 않았을 것이다. 또한, 지구 밖의 다른 세계에 생명이 존재한다는(혹은 한때 존재했다는) 증거는 아직까지 발견되지 않았다. 하지만 ALH 84001의 '미화석'이 과학계에 큰 반향을 불러일으키지 않았더라면, 지구에 존재하는 생명이나 다른 곳에 생명이 존재할 가능성에 대한 우리의 이해가 얼마나 낮은 수준에 머물러 있겠는가? 우리는 큰 우주선을 다른 행성에 착륙시킬 능력을 발전시켰을까? 학제 간 과학 연구는 오늘날처럼 인상적인 단계에 이르렀을까? 시간을 되돌려 이런 변화들을 수반한 역사를 펼치는 것은 불가능하지만, 이러한 '실수들'은 '과학'이 어떤 분야인지 잘 보여주는 사례이다. 과학은 자연계를 이해하기 위해 끊임없이 계속 이어지는 탐구 활동이다. 과학은 하나의 과정이며, 가끔 겪는 좌절도 과정의 일부이다. 어떤 가설이나 연구가 틀릴 수 있지만, 과학계 전체가 탐구 노력을 계속하는 한, 우리는 주변 자연계를 더 잘 이해하는 쪽으로 계속 나아갈 수 있다. 때로는 아주 흥미진진한 방식으로 발전이 일어나기도 한다.

7장

우주 공간에서 실험실로

운석 연구에서 얻은 결과는 과학과 사회 모두에 큰 영향을 미칠 수 있지만, 운석 표본이 실험실로 가서 분석 대상이 되기까지는 어떤 과정을 거칠까? 자, 운석이 떨어졌다는 소식을 듣자마자 곧장 비행기를 타고 현장으로 달려갈 준비가 됐는가? 신선한 표본이 가져다줄 과학적(그리고 금전적) 이득을 위해 여러분은 낌새를 챈 부패 공무원의 추적을 받거나, 전화 통화도 할 수 없는 교도소에 감금되거나, 총구 앞에서 몇 그램의 우주 암석을 강탈당할 위험을 무릅쓰고 당장 그곳으로 달려가겠는가? 현대의 운석 채집가들은 세계 각지의 불안정한 지역에서 운석 수색 작업을 할 때 이런 상황에 자주 맞닥뜨리며, 그때마다 온갖 기지를 발휘해 난관을 헤쳐나가야 한다. 전 세계에서 불안정한 지역은 면적으로 따지면 상당히 넓다.

운석이 없는 상태에서 운석을 연구하기는 매우 어려운데, 그것은 프리스비도 없이 친구와 함께 프리스비 놀이를 하려고 하는 것

7장 | 우주 공간에서 실험실로　　255

과 비슷하다. 물론 운석학 분야에서는 표본이 없어도 훌륭하고 중요한 연구를 일부 할 수는 있지만, 대다수 운석학자는 실제 우주 암석 표본에 크게 의존해 연구한다. 정확하게 어떤 표본을 선택할지, 그리고 어떤 방법으로 표본을 확보할지는 개개 연구자의 판단과 능력에 달려 있지만, 운석학계 전체의 관점에서 볼 때 우리는 표본이 필요하며, 표본은 많으면 많을수록 좋다. 이 분야가 시작되던 시절부터 만약 적절한 관계자를 알고 운석학에 진지한 관심이 있다면, 적어도 일부 천체 물질에 접근하는 것이 가능했다. 이런 상황은 지난 200년 동안 크게 달라지지 않았다. 연구에 관심이 있는 사람은 일반적으로 표본에 접근할 수 있다. 하지만 운석 물질을 입수하는 과정은 예전에는 자연사 박물관의 담당자를 통하기만 하면 되었지만, 지금은 상황이 크게 변했다. 각국 정부는 자국 운석학계에 희귀한 표본에 접근할 기회를 더 많이 제공하기 위해 운석을 찾으려는 노력과 경쟁에 수천만 달러를 투자한다. 현대의 운석 채집은 단순히 암석 수집가가 취미로 기이한 암석을 찾아 나서는 활동이 아니다. 많은 사람들은 이를 위해 모든 시간을 다 쏟아부으며, 짜릿한 흥분의 순간을 자주 경험할 수 있는 천직으로 여긴다.

인류의 역사에서 대부분의 시기 동안, 그리고 운석이 과학적 연구 대상이 되고 난 뒤에도 대부분의 시기에 운석 채집은 행운에 기대는 게임이었다. 운이 좋다면 하이킹 도중에 우연히 발견한 암석이나 밭을 갈다가 쟁기에 걸린 돌이 운석으로 판명날 수도 있다.* '정말로' 운이 좋다면, 운석이 떨어지는 장면을 보고 그곳으로 달려가 운석을 채집할 수 있다. 혹은 더 운이 좋다면, 떨어지는 운석에 맞을 뻔한 경험을 할 수도 있는데, 그러면 새로운 기념품을 챙기는 동시에 생명의 취약성에 대해 새로운 시각이 생길 수 있다. 하지만 이런 종류의 낙하 운석(그것이 바로 곁에 떨어지건 떨어지지 않건) 목격 사례는 매우 드물다.**

수동적이고 무작위적으로 일어난 낙하 운석 목격은 전 세계의 연구자들과 박물관, 골동품 가게에 다양한 종류의 운석을 아주 많이 공급했다. 1955년 이전까지는 전 세계에서 확인된 운석은 2000개를 조금 넘었고, 그중 약 35%가 낙하 장면이 목격된 낙하 운석이었다. 하지만 1950년대 중엽에 세상이 빠르게 변하면서 사람들은 우주로 시선을 돌렸다. 이렇게 집단적 시선에 변화가 일어

---

* 이런 일은 여러 번 일어났다. 가장 오래된 운석 중 하나이자 가장 중요한 현무암질 운석 중 하나인 도르비니 D'Obrigny 운석은 1979년에 부에노스아이레스 근방에서 옥수수 밭을 갈던 농부의 쟁기에 무게 16.5kg의 돌이 걸리면서 발견되었다. 오늘날 도르비니 운석 조각은 1g당 약 500달러에 팔린다.
** 얼마나 드문지 감을 잡으려면 이렇게 생각해보라. 물리적 표본이 남아 있는 것 중에서 낙하 장면이 최초로 목격된 낙하 운석은 861년 5월 19일에 일본에 떨어진 노가타 운석이다. 그 후 약 1160년 동안 낙하 장면이 확인된 운석은 1206개(2021년 초 현재 기준)인데, 대략 계산하면 평균적으로 전 세계에서 1년에 1개가 조금 넘는 낙하 운석이 목격된 셈이다. 물론 이 수치는 현대로 올수록 더 많아지는데, 인구가 늘어나는 동시에 더 넓은 지역으로 확산되면서 목격되는 낙하 운석이 늘어났기 때문이다.

나자, 운석을 바라보는 태도에도 큰 변화가 일어났다. 일반 대중과 과학계 모두 운석 물질의 수요가 크게 증가했다. 이러한 관심 폭증에 촉매 역할을 한 요인이 여럿 있었는데, 가장 중요한 것은 지구를 벗어나 우주로 나아가려는 NASA와 소련의 우주 계획이었다. 이 우주 계획의 부수적 결과물로 곧 지구에 도착할 달 암석 표본을 측정하기 위한 장비와 방법이 개발되었는데, 이것들은 운석에 그 답이 숨어 있을지도 모르는 흥미로운 질문을 해결하는 데에도 아주 적합했다. 우주 계획 추진 외에 급성장하기 시작한 운석학 세계에서 또 하나의 중요한 사건은 우연히도 우주 경쟁이 치열해지던 시기인 1969년에 떨어진 아옌데 운석과 머치슨 운석이었다. 그 덕분에 운석은 소중한 연구와 수집 대상으로 자리를 굳히게 되었다. 어떤 것이 인류에게 소중한 것으로 드러나면, 사회는 그 소중한 것을 더 많이 손에 넣는 방법을 어떻게든 찾아내는 것처럼 보인다. 운석도 예외가 아니다.

운석 채집의 냉혹한 현실

운석의 중요한 기본 사실 중 하나는 운석이 전 세계 모든 곳에 골고루 떨어진다는 것이다. 떨어지는 장소는 위도나 경도, 기후대, 정치적 경계를 가리지 않는다. 사실상 전 세계 각지에 무작위로 떨어진다. 따라서 금전적 이익을 위해서건 과학적 목적을 위해서건 운석을 찾으려면, 무작위성이라는 이 냉엄한 현실을 직시해야 한다. 또 한 가지 애로점은 지표면의 70%가 물로 덮여 있어 같은 비율의 운석이 회수될 수 없거나 영영 사라진다는 것이다. 이 때문에 운석을 찾아야 할 장소가 '육지' 지역으로 한정되는데, 운석 채집에서 보람 있는 성과를 거두려면 추가로 세세하게 신경 써야 할 점이 몇 가지 있다.

금과 다이아몬드, 석유처럼 소중한 지질학적 상품은 특정 지질 환경에서 자연적으로 농축된다. 이런 상품이 어떻게 그리고 어떤 장소에 농축되는지 안다면, 억만장자나 거물로 신분이 격상될 수 있다. 그리고 대단한 경제 지식이 없더라도, 1톤의 암석에서 금 1온스를 채굴하는 것이 1만 톤의 암석에서 금 1온스를 채굴하는 것보다 훨씬 이익이라는 사실은 누구나 알 수 있기 때문에, 금이 높은 농도로 농축된 장소를 찾는다면 훨씬 빠르게 억만장자가 될 수 있다. 경제지질학자들이 지구에서 특정 자원이 농축돼 있는 장소를 찾는 훈련을 받는 이유는 이처럼 효율성이 높은 지역이 따로 있기 때문이다. 자원 개발을 위해 집중적으로 파헤쳐지는 장소가 따로 있는 반면, 나머지 장소는 아닌 이유도 바로 이 때문이다. 하지만 운석은 일반적인 지질학적 상품이 아니며, 게다가 운석을 찾는 데 가장 큰 걸림돌은 일반적으로 운석이 '부족'해서기 이니다. 우리의 수집품에 우주에서 날아온 표본이 넘쳐나지 않는 주요 이유는, 지구의 일반 암석 사이에 위장한 채 섞여 있는 운석을 찾아내고 구별하기가 어렵다는 데 있다.

'정상' 지질학적 보물의 위치를 찾아낼 때에는 복잡한 지구화학 모형과 광범위한 지진파 프로필, 철저한 지하수 표본 조사를 주요 방법으로 사용하지만, 이것들은 운석의 위치를 찾는 방법으로는 하나같이 쓸모가 없다. 하지만 운석과 지구의 일반 암석 사이에는 주목할 만한(그리고 간단한) 차이점이 일부 있는데, 이것이 운석을 구분하는 데 도움을 줄 수 있다. 운석은 대부분 ① 자성을 띠고 ② 어두운 색이다. 이 두 가지 일반화는 화성과 달처럼 큰 천체에서 유래한 운석의 속성을 무시한 것인데, 이 특이한 종류의 운석들은 지구의 일반 암석과 구분하기가 매우 어려우며, 따라서 그것을 식별하려면 특별한 환경과 장비가 필요하다. 자성이 있는 어두운 색의 암석이라고 해서 모두 다 운석은 아니지만, 이런 특성은 가짜 운석을 진짜 운석으로 오인하여 낭패를 보는 사태를 아주 효과적으로 막아주는 첫 번째 필터 역할을 한다.

운석이 대다수 지구 암석보다 자성이 더 강하고 색도 더 어두운 이유가 몇 가지 있다. 첫째, 운석은 일반적으로 지구 암석에 비해 철이 더 많이 포함돼 있다. 철은 자성을 띠며, 지구의 철 중 대부분은 핵에 있기 때문에, 운석은 지표면에 있는 대다수 암석보다 철 함량이 더 높으며 따라서 자성도 더 강하다. 대다수 운석의 색이 아주 어두운 이유는 조금 더 복잡하다. 모든 운석 물질이 지구 암석보다 더 어두운 것은 아니지만(실제로 일부 운석은 매우 밝은 색을 띠고 있다.),

지구로 오면서 겪은 험난한 여정 때문에 표면이 어두운 경우가 많다. 유성체는 엄청난 속도로 지구 대기권으로 들어온다. 비교적 짙은 대기는 금방 침입자의 속도를 늦추는데, 이때 높은 마찰열이 발생하면서 운석의 바깥층이 녹는다. 대기권 상층부를 통과하는 동안 이 과정이 계속되면서 유성체에서 액체 상태의 암석이 떨어져 나가다가, 마침내 유성체 속도가 충분히 느려지면 운석은 이제 녹기를 멈추고 결국 지표면에 떨어진다. 최종 결과는 대기권에 들어올

1971년에 브라질에 떨어진 마릴리아 운석은 내부는 밝은 색이지만
겉은 어두운 색의 용융각으로 둘러싸인 운석을 보여주는 대표적인 예이다.
사진 윗부분에 밝은 색이 드러나 있지만, 전체는 두께 1~2mm의
용융각으로 둘러싸여 있어 나머지 부분에서는 내부의 밝은 색이 드러나지 않는다.

때보다 크기가 훨씬 줄어들고, 두께 1~2mm의 어두운 색 껍데기로 둘러싸인 운석이 된다. 어두운 색의 껍데기를 '용융각熔融殼'이라 부르는데, 이것은 운석을 구별하는 결정적 단서이다.

이처럼 운석이 지구 암석과 구별되는 단순하면서도 일관된 특성이 적어도 두 가지 있기 때문에, 지구 암석들 사이에 섞여 있는 외계 암석 표본을 찾을 때 큰 도움이 된다.

예를 들어 우연히 사막을 거닐 기회가 생겼는데 걸어다니다가 운석을 찾길 원한다면, 끝에 자석을 매단 막대를 들고 돌아다녀보라. 어두운 색의 암석이 눈에 많이 띌 텐데, '자석을 매단 막대'를 사용하면 수백 번이나 허리를 구부리지 않고도 자성을 띠지 않은

대다수 운석의 특징

| 자성 | 어두운 색 | 얼음이 아닌 것 |

운석을 지구 암석과 구별하는 가장 기본적인(하지만 일반적으로 효과적인) 방법을 보여주는 만화. 운석을 찾기에 가장 쉬운 장소는 시야를 흐리는 물질이 많지 않은 장소이다. 사막, 특히 밝은 색 암석이 많은 사막과 빙원은 운석이 쉽게 눈에 띄는 장소이다.

암석(필시 운석이 아닌)을 쉽게 배제할 수 있다. 실제로 이것은 아주 유명한 방법이어서, 어쩌면 "막대 끝에 들러붙는 것이 없더라도, 찾는 것을…… 포기해서는 안 된다."라는 운석 탐사자의 격언을 들어 본 사람도 있을 것이다.

주변에 어두운 암석이 많이 있을 때에는 자석을 이용하는 방법이 최선의 선택이 될 수 있는 반면, 광대한 면적에 걸쳐 어두운 물체가 거의 없는 장소도 많은데, 이런 곳에서는 "이야, 저기 어두운 암석이 있네!"라는 방법이 놀랍도록 유용한 방법이 될 수 있다. 사실, 지구에서 가장 생산적인 운석 채집 장소는 ① 원래 어두운 암석이 거의 없고, ② 시야를 흐리는 식물이 없는 곳이다. 이 마법의 조합이 갖춰진 곳에서는 오랜 세월에 걸쳐 떨어진 운석을 찾기가 훨씬 쉽다. 만약 모험적인 휴가를 보내면서 과학 발전에 도움을 줄 수 있는 활동을 원한다면, 가장 중요한 운석 채집 장소들을 아래에 소개하니 참고하라.

널라버 평원

일찍부터 알려졌고 특히 생산성이 높은 운석 채집 장소 중 하나는 오스트레일리아 남부에 위치한 널라버 평원이다. 나무와 험준한 지형과 색이 모두 없는 곳이라 운석 채집의 생산성이 높다.

평평하고 나무가 없이 광활하게 펼쳐진 널라버 평원은 세계에

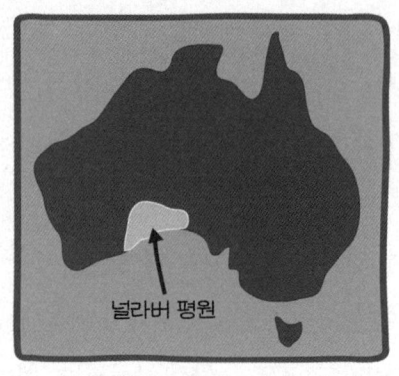

널라버 평원

서 가장 넓은 석회암 노출 지대여서 검은색 암석이 눈에 잘 들어온다. 또한 널라버 평원은 건조한 기후가 수만 년 동안 계속되어 이곳 운석은 온대 지역에서처럼 풍화되거나 침식되지 않고 용감한 운석 사냥꾼의 눈에 띄길 기다리며 노출돼 있다. 널라버 평원은 장거리 자동차 여행 팬이 아주 좋아할 만한 장소인데, 세상에서 가장 긴 직선 도로 구간 중 하나가 이곳을 지나간다. 에어 고속도로Eyre Highway에서는 핸들을 전혀 돌릴 필요 없이 145km 이상의 거리를 달릴 수 있다. 여기까지만 듣고서 이곳에서 운석을 탐사하는 모험을 필생의 여행으로 생각했다면, 오스트레일리아에서 발견된 모든 운석은 '정부 재산property of the Crown'이며, 발견된 운석은 모두 당국에 넘겨야 한다고 법으로 명시돼 있다는 사실을 알아둘 필요가 있다. 다시 말해서, 새로 발견한 운석은 모두 오스트레일리아의 공공 기관에 기증해야 한다는 뜻이다. 이 법 때문에 오스트레일리아에서 운석 채집 활동은 진정한 열성 운석팬만이 펼치고 있고, 전문 운석 사냥꾼들은 광활한 오스트레일리아 오지에 큰 매력을 느끼지 못한다.

비록 법 때문에 상업적 운석 채집에 가장 우호적인 곳은 아니더라도, 오스트레일리아는 운석들에 아주 멋진 이름을 붙이는 것으로 유명하다. 일반적으로 공식적인 운석 이름은 운석이 발견된 장소 이름을 따서 붙이는 것이 관행이다. 그런데 오스트레일리아 운석 명단을 본다면, 오스트레일리아 사람들이 종종 빌리고트 동가 Billygoat Donga나 코클비디 Cocklebiddy, 론드리 록홀 Laundry Rockhole 같은 이름이 붙은 장소로 가는 길을 안내받는다는 사실이 크게 부러울 것이다. 그러니 다음에 오스트레일리아에 가거든, 다음 장소들에서 내게 엽서를 보내주기 바란다. 나는 그것을 자랑스럽게 냉장고에 붙여놓을 것이다.

아주 멋진 오스트레일리아 운석 이름들(농담이 아님)				
비두나 블로홀	캐멀 동가	딩글 델	카이분가	피긱
빌리고트 동가	카툰카나	노완게럽	론드리 록홀	스네이크 보어
버클부	코클비디	조니스 동가	밀빌릴리	스타베이션 레이크
번버라 록홀	크랩 홀	키타키타울루	머킨버딘	원율거나

- 오스트레일리아는 왕이나 여왕이 없는데, 군주를 뜻하는 'Crown'이라는 단어가 왜 들어가 있을까? 아마도 영국 식민지 시절의 잔재일 것이다.

아타카마 사막

남아메리카 서해안, 그중에서도 특히 칠레 북부에는 지구상에서 가장 오래되고 가장 건조한 사막인 아타카마 사막이 있다. 이 사막은 최소한 300만 년 동안 초건조 상태가 계속되었고, 일부 지역은 지난 2억 년 중 대부분의 시기 동안 대체로 건조한 상태를 유지했다. 이곳에서 수 세대 동안 운영된 기상 관측소들 중에는 비가 내린 사례를 단 한 번도 보고하지 않은 곳들도 있다. 이러한 장기간의 건조 기후는 쌀이나 금귤 재배에는 적합하지 않았지만, 대신에 많은 운석을 오랫동안 보존하는 데에는 유리했다. 아타카마 사막은 널라버 평원처럼 하얀 석회암을 배경으로 운석을 눈에 띄게 노출시키는 이점은 없을지라도, '아주' 오랫동안 운석이 계속 쌓였고, 비가

거의 내리지 않는 환경 덕분에 운석이 놀랍도록 오랫동안 잘 보존되었다. 아타카마 사막에서 발견된 운석 중에는 200만 년 이상 그곳에 놓여 있었던 것도 여럿 있는데, 지표면에 노출된 운석이 이렇게 오랫동안 살아남는 경우는 매우 드물다.•

이렇게 건조한 기후와 장기간의 지질학적 안정성 덕분에 아타카마 사막은 아주 중요한 운석 저장소이며, 전 세계의 뜨거운 사막 중에서 운석 밀도가 가장 높은 곳이다. 2021년 초까지 칠레에서 발견된 운석은 공식적으로 1900개가 넘는데, 사실상 전부 다 아타카마 사막에서 발견되었다.

오만

오만 왕국은 아라비아반도 남동부 구석에 자리잡고 있다. 지리적 환경과 위치를 감안할 때, 오만도 운석 채집에 유리한 건조 기후 지역일 것이라고 짐작할 수 있다. 오만의 사막에는 아주 평평하고 건조한 지역뿐만 아니라, 온통 흰색으로 뒤덮인 지형이 광활하

• 이렇게 살아남은 기간을 '지구 체류 시간'이라 부르는데, 표본 속에 갇힌 여러 기체의 동위 원소 조성을 측정함으로써 알 수 있다. 이 측정을 통해 과학자는 그 표본이 지구에 얼마나 오랫동안 머물렀는지 알 수 있다. 비슷한 방법으로 운석이 원래의 천체를 떠나 지구에 도착하기 전까지 얼마나 오랫동안 우주를 떠돌았는지도 알아낼 수 있다.

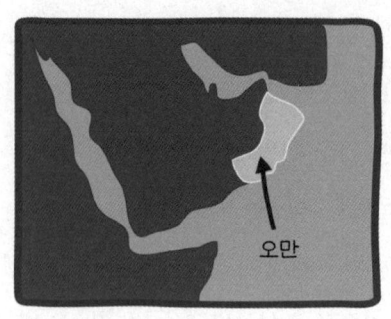

게 펼쳐진 지역도 있다. 오만에 흔한 탄산염층과 소금 평원은 어두운 운석을 드러내기에 완벽한 배경이다. 민간 수집가들과 조직적인 집단들은 1999년 무렵부터 운석 채집에 유리한 이곳 특징에 주목하기 시작했고, 10년 이내에 오만의 사막에서 5000점 이상의 운석 조각이 발견되었다. 오스트레일리아와 달리 오만에서는 운석 채집이 합법적이며, 획득한 물건을 국외로 반출해 판매하는 행위도 법으로 보장된다. 그 후 운석 조각 중 많은 것은 '짝이 있는 운석', 즉 다른 장소에서 발견되었지만 동일한 모운석에서 유래한 조각으로 밝혀졌는데, 운석이 대기권을 통과하면서 여러 조각으로 쪼개질 때 이런 일이 일어난다. 어쨌거나 이곳에서는 상당히 많은 운석이 채집되었다. 지금까지 오만에서 발견된 개별적인 운석의 수는 약 4000개에 이른다. 게다가 오만은 운 좋게도 달과 화성에서 온 운석이 다수 떨어진 곳이어서 운석 채집 장소로서 과학적 가치와 경제적 가치가 더 높아졌다.

하지만 오만 왕국(혹은 다른 곳)의 소금 평원으로 행운의 운석을 발견하러 달려가기 전에 실력과 경험 면에서 손꼽히는 두 운석 사냥꾼 마이클 파머Michael Farmer와 로버트 워드Robert Ward의 이야기를 참고할 필요가 있다. 2011년, 두 사람은 오만에서 2주일 동안 운석 채집 활동을 시작했는데, 마이클이 운석 채집을 위해 오만을 방문한 것은 이번이 스무 번째였다. 흥미로운 새 운석들과 함께 2005년에 마이클이 발견했던 달 운석의 새로운 파편을 여럿 손에 넣어 대체로 매우 성공적인 탐사 여행이라고 생각했다—적어도 불법 채굴 혐의로 오만의 교도소에 감금되기 전까지는. 다행히도 법은 마이클과 로버트의 편을 들어주었고, 두 사람은 재판관들 앞에서 재판을 받은 뒤에 풀려났다. 하지만 그러기까지 석 달 동안 지옥 같은 감금 생활과 교도소 폭동을 겪어야 했고, 각자 40파운드씩 손실을 보았으며, 풀려난 뒤에도 평생 동안 악몽에 시달려야 했다. 우리에게는 다행하게도 마이클과 로버트는 전 세계 각지에서 계속 운석을 찾으러 돌아다닌다.* 하지만 더 이상 오만에는 가지 않는다.

• 같은 해에 마이클은 케냐로 운석 채집 여행을 떠났는데, 2013년 《내셔널 지오그래픽》에 자신의 독특한 직업에 대해 쓴 글에서 이렇게 털어놓았다. "나는 머리 위에 가방을 얹은 채 무릎을 꿇었고, 그들은 내 목에 칼을, 머리에는 총을 들이댔다." 다행히 그들은 돈과 물건만 강탈했다. 또 다른 이야기에서 마이클은 운석을 찾으러 알제리로 밀입국한 이야기를 들려주는데, 몇 시간 동안 군인들에게 쫓기며 지뢰밭을 지나가기도 했다. 결국 알제리 정부는 그를 모로코로 추방했다.

위대한 사하라 사막

위에 소개한 예들을 보고서 아마도 여러분은 세상에서 가장 큰 사막인 사하라 사막이 약 920만 km^{2}에 이르는 그 광활한 면적 때문에 당연히 생산적인 운석 채집 장소 명단에 들어 있으리라고 생각했을 것이다. 그 생각은 틀린 것이 아니다. 지난 20여 년 동안 사하라 사막은 손꼽을 만큼 중요한 운석 채집 장소가 되었고, 분류하고 연구할 수 있는 것보다 더 많은 표본이 매년 계속 발견되어 문제인데, 이 문제는 운석 연구자에게는 행복한 고민일 뿐이다.

사하라 사막은 10개 이상의 큰 나라들에 걸쳐 뻗어 있는데, 국가들의 정치적 경계선은 사실상 끊어지지 않고 죽 연결된 잠재적 운석 채집 지역에서의 활동에 방해가 되지 않는 반면, 국가들의 다양한 법과 간헐적인 정치 불안정은 탐사와 채집, 반출에 큰 지장을 초래한다—현지 국가의 시민이 아닌 경우에는 특히. 그래서 사하라 사막의 운석 중 대다수는 세계 각지를 돌아다니는 전문 운석 사냥꾼이나 학계가 조직한 탐사대 대신에 사막에 거주하는 사람들이 채집한다.

사하라 사막에서 운석 붐이 시작된 계기는 정확하게 말하기 어렵지만, 1997년부터 일어난 두 가지 사건이 큰 계기가 된 것으로 보인다. 먼저, 프랑스의 운석 채집가이자 거래상인 뤼크 라벤Luc Labenne이 모리타니에서 가족과 함께 사하라 사막을 돌아다니다가

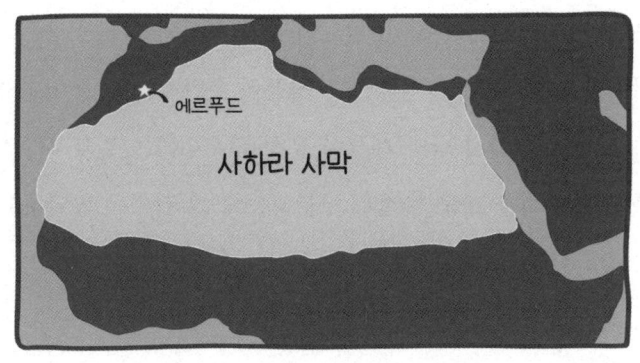

이웃 나라인 알제리에서 운석이 발견된다는 소문을 듣고는, 마침 그곳에서 가깝고 비슷한 지역에 머무는 동안 직접 운석을 찾아보기로 결정했다. 불과 몇 달 만에 라벤은 운석을 200개 이상 발견해, 운석 채집 장소로서 사하라 사막의 잠재력을 과학자들에게 분명히 일깨워주었다. 같은 해에 미국의 운석 거래상 에드윈 톰프슨Edwin Thompson이 영어를 할 줄 아는 모로코인 중개인을 통해 유목민 집단과 접촉했는데, 그 중개인은 엘함마미산맥에 떨어진 낙하 운석을 추적해 그 표본을 입수한 전력이 있었다. 톰프슨은 1997년 11월에 모리타니로 날아가 특별한 동기를 부여하는 미국 달러 뭉치와 유목민의 도움에 힘입어 지금은 엘함마미El Hammami 운석으로 알려진 200kg이 넘는 운석을 찾아냈다. 라벤과 톰프슨이 모리타니에서 수집한 운석들의 과학적 가치는 미미했지만, 그 잠재력을 인정받고 더 중요하게는 운석 시장과 채집 절차가 정착됨으로써 더 넓은 사하라 사막 지역에서 일종의 '골드러시'가 시작되었다. 소문은 금방 퍼져나갔고, 이전에 소금, 금 같은 상품을 운반하는 데 쓰이던 유목민의 교역로가 이제 낙타 대상이 운석을 운송하는 길로 사용되기 시작했다. 운석을 지구 물질과 구분하는 눈이 갈수록 발달하고 수익이 증가함에 따라 유목민은 점점 더 깊은 사막으로 들어가 우주에서 온 암석을 찾았다.

운석 중개인의 국적을 포함해 여러 요인 때문에 모로코°의 사막 마을 에르푸드가 곧 사하라 사막의 운석 거래 중심지로 떠올랐다. 하지만 이 상황에서 가장 중요한 것은 아마도 채굴에 관한 모로코 법에서 운석에 관한 사항이 명확하게 규정돼 있지 않다는 점일 것이다. 이러한 법의 공백 때문에 북아프리카 전역의 상인들이 운석을 모로코 시장으로 가져와 국적에 상관하지 않고 국제 거래상에게 팔았다. 한 예를 들면, 전 세계의 많은 박물관들은 알제리에서 발견된 운석을 구입할 생각조차 하지 않는데, 알제리 땅에 떨어졌다면 그 운석의 실제 소유권이 누구에게 있느냐를 놓고 벌어질 골치 아픈 법적 문제 때문이다. 하지만 모로코에서 발견된 운석은 그런 문제가 없다. 그 결과로 모로코에서 유목민이 '발견한' 운석은 통계적으로 그 수가 놀랍도록 많은 반면, 해외 반출에 관한 정책이 더 까

● 브렌던 프레이저Brendan Fraser의 팬들을 위해 덧붙인다면, 1999년에 개봉된 영화 〈미이라〉의 많은 장면은 에르푸드와 주변 사막 지역에서 촬영했다.

다로운 나라들에서 발견된 운석은 당연히 그 수가 훨씬 적다.*

전체적으로 지난 수십 년 동안 사하라 사막에서 채집된 운석의 수는 파악하기가 쉽지 않다. 약 2500개의 표본에는 다양한 나라에서 발견된 장소의 이름이 붙어 있지만, 약 9000개에는 '북서아프리카'나 'NWA'(북서아프리카를 나타내는 머리글자)라는 포괄적인 명칭이 붙어 있는데, 그 표본을 채집한 장소를 정확히 알 수 없거나 들은 적이 없기 때문이다. 1999년에 분류된 NWA 표본은 45개였다. 20년 뒤에 그 수는 10배 이상 늘어났고, 표본이 가득 든 통들이 분류를 기다리며 쌓여 있었다. 사막에서 채집한 운석 중에서 정상 콘드라이트(가장 흔한 종류의 발견 운석과 낙하 운석)는 그 수가 너무 많아서, 더 비싼 값을 받을 수 있는 더 흥미로운 표본에 자리를 내주기 위해 무시당할 때도 많다. 심지어 일부 운석 채집가는 훗날 그런 수고를 들일 가치가 있으면 다시 돌아올 요량으로 정상 콘드라이트를 사막에 말 그대로 몇 톤이나 쌓아놓는다는 이야기도 있다.

---

* 최근에 모로코에서 발견된 운석 중 적어도 일부는 국내에 남도록 하기 위해 이 문제에 관한 법을 명확히 해야 한다는 움직임이 모로코 내부에서 일어나고 있다. 이것은 미묘한 문제인데, 모로코에 박물관을 세우고 운석 보물의 국외 반출을 막는 것은 고상한 목표이지만, 운석 거래로 생계를 유지하는 사람이 수만 명에 달하는 사정도 감안하지 않을 수 없다. 정책 변화는 이들의 생계에 심각한 타격을 줄 뿐만 아니라, 운석이 시장과 과학적 연구를 위한 학술 기관으로 흘러가는 경로도 심각하게 방해할 것이다.

암석과 얼음의 노래

위에서 언급한 뜨거운 사막 지역의 운석 채집 장소들은 여러 가지 이유에서 아주 중요하고, 연구에 사용할 수 있는 운석 물질의 양과 종류를 대폭 늘렸다. 하지만 표본의 양을 놓고 따진다면, 이곳에 필적할 만한 장소는 이 세상 어디에도 없다. 자, 모두 남극 대륙 앞에 머리를 조아리도록!

운석 채집에 필요한 가장 기본적인 조건은 ① 운석이 떨어질 건조한 지역과 ② 그것을 찾으러 나설 사람들이다. 남극 대륙은 첫 번째 조건을 충분히 충족하지만, 영구적으로 거주하는 주민이 없고 한 순간에 머무는 인구도 5000명을 넘지 않는 조건은 운석 채집 경쟁에서 선두로 치고 나가는 데 큰 문제가 될 것처럼 보인다. 하지만 남극 대륙에는 뜨거운 사막들은 도저히 따라갈 수 없는 비장의 무

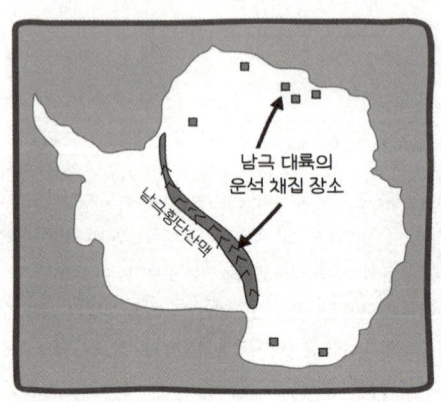

기가 있다.

남극 대륙에서 처음 운석이 발견된 때는 1912년이고, 그 후 50년 동안 여러 탐사대가 몇 개를 더 발견하는 데 그쳤다. 하지만 1969년 12월에 일본 탐사대가 운석을 몇 개 발견하면서 남극 대륙이 운석 채집 장소로서 큰 잠재력이 있다는 사실이 부각되었다.●

일본 탐사대는 남극 동부 빙상에서 빙하 얼음의 흐름과 변형을 추적하기 위해 관측 기지를 설치하는 임무를 띠고 있었다. 이 한 번의 탐사(심지어 그 목적은 운석을 찾는 것이 아니었다.)에서 일본 과학자들은 다양한 종류의 운석을 9개 발견했다. 이것은 이 암석들이 대기 중에서 쪼개진 단일 운석이 아니라는 걸 뜻했다. 이것들은 서로 다른 운석에서 유래한 다수의 운석 조각이 빙하 얼음 여기저기에 흩어진 것이었다. 몇 년 뒤에 운석학회 연례회의에서 이 운석들을 발견한 상황이 보고되었을 때, 지금은 작고했지만 그 당시 피츠버그대학교 교수이던 빌 캐시디 Bill Cassidy는 남극 대륙에서 많은 운석을 채집할 전망에 크게 흥분해, 거의 즉각적으로 이 얼음 대륙으로 운석 채집 탐사 여행에 나설 계획을 이야기하기 시작했다.

캐시디는 국립과학재단으로부터 연구비 지원을 여러 차례 거절

● 아옌데 운석과 머치슨 운석이 떨어지고, 인류가 달에 처음 발을 디딘 해인 1969년에 이런 일이 일어난 것은 아마도 우연의 일치가 아닐 것이다. 그 당시 사람들은 우주에 사로잡혀 있었고, 그런 상황은 운석학 분야의 성장을 자극했다.

당했는데도(아마도 충분히 예상했겠지만) 굴하지 않았다.* 일본인 동료들과의 협력을 통해 그 아이디어를 계속 살려나갔는데, 1969년에 운석을 발견한 그 일본 탐사대에 1975-1976년 시즌에 운석 채집 활동을 추가로 맡기기로 결정했다. 힘이 닿는 한 운석 표본을 적극적으로 수색하는 추가 임무를 맡은 일본 탐사대는 야마토산맥 기지의 동일한 얼음 지역에서 운석 표본을 663개 더 발견했다. 그러자 당연히 그 직후에 캐시디의 운석 채집 계획도 승인을 받았고, 캐시디는 맥머도 기지의 두 미국인 과학자로 이루어진 팀을 이끌고 다음 시즌에 남극 대륙에서 운석을 채집하기로 했다. 좀 우스꽝스럽긴 하지만, 약간의 국제 경쟁이 연구비 지원을 이끌어내는 데 큰 도움을 주었다.

1976-1977년의 첫 번째 탐사 시즌 이후 미국뿐만 아니라 다른 나라들도 남극 대륙의 빙하에서 운석을 채집하기 위해 매년 탐사대를 보냈다. 미국이 이끄는 팀인 ANSMET(ANtarctic Search for METeorites, 남극 대륙 운석 탐사)는 대개 6~12명의 자원자**로 이루어지며, 남극횡단산맥 기슭에 캠프를 설치하고 그 주변에서 운석을 찾는다. 각 시즌은 6~7주일 동안 지속되며, 가로 세로 2.7m의 텐트

• 슬프게도 연구비 신청 심사는 아름답게 진행되지 않았고, 심사 의견에는 '터무니없는ludicrous' 이라는 표현이 포함되었으며, 전반적으로 왜 운석 채집 따위에 신경을 써야 하는지 모르겠다는 논조가 흘러넘쳤다.

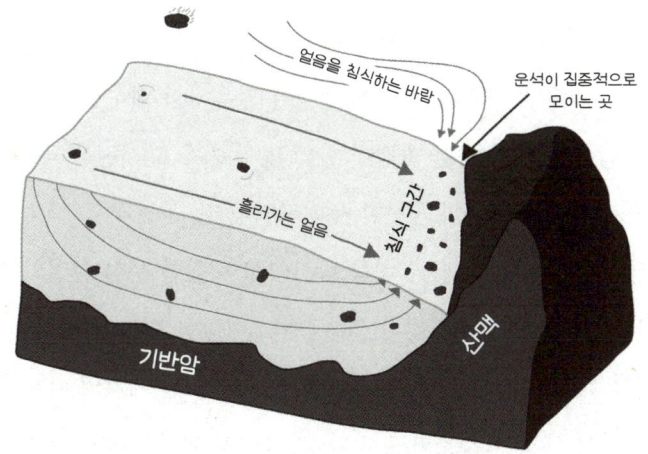

거대한 운석 컨베이어 벨트. 빙하 위에 떨어진 운석은 빙하와 함께 움직이면서 아래로 가라앉는다. 만약 빙하가 산맥에 부딪치면, 운석이 산맥 아랫부분에서 얼음과 함께 쌓인다. 얼음은 바람에 녹거나 승화되어 서서히 사라지고, 그곳에 밀집된 운석이 남게된다.

속에서 보내는 시간은 대체로 날씨에 좌우되는데, 그렇게 좁은 공간에서 지내려면 더 나은 동료를 원하게 될 것이다. 하지만 날씨가 좋으면, 자원자들은 과학의 발전을 위해 태양계의 원시 암석 조각을 찾으러 스노모빌을 타고 파란 빙원이나 빙하 빙퇴석이 쌓인 지역으로 나선다. 내가 대화를 나눈 모든 ANSMET 참가자들에 따르

•• 이것은 매우 경쟁률이 높은 심사 과정을 통과해야 하며, 탐사대원으로 선발되는 것은 운석학계에서 큰 영예로 간주된다. 탐사대에는 남극 대륙에서 살아가는 위험과 어려움에 대처하기 위해 경험 있는 사람이 필요하기 때문에, 합류할 수 있는 '신입' 탐사대원은 한 해에 두 명까지만 허용된다. 따라서 한 번 선발되었으면 또다시 선발될 가능성이 높다.

면, 탐사 시즌이 끝나고 나서 가지고 돌아오는 것 중에서 가장 기억에 남는 것은 이 용감한 탐사대원들이 얼음에서 회수한 외계 물질보다, 남극 대륙의 극한 환경에 함께 맞서 싸우고 시련을 극복하면서 생겨난 동료들 간의 끈끈한 유대라고 한다.

지난 45년여 동안 남극 대륙 탐사에서 채집한 운석 물질의 양은 헤아릴 수 없을 정도로 많다. 전 세계의 다양한 탐사대*가 남극 대륙에서 채집한 외계 물질은 기록된 역사 동안 전 세계의 나머지 모든 곳에서 채집한 것보다도 많다. 지금까지 남극 대륙에서 발견되어 공식적으로 분류된 운석은 4만 5000개 이상이다.

그런데 이 터무니없는 수의 운석은 탐사대원들이 얼음 위를 무작위로 돌아다니면서 채집한 것이 아니다. 특정 채집 장소들이 선택된 이유는 여러 가지가 있지만, 가장 중요한 비결은 아래쪽으로 흐르는 빙하가 산 아랫부분과 만나는 지점에 초점을 맞춰 수색하는 것이다. 남극 대륙의 빙하는 운석학계에 놀라운 서비스를 제공하는데, (느리긴 하지만) 운석을 특정 장소로 실어나르는 거대한 컨베이어 벨트 역할을 한다. 지구상의 다른 장소들과 마찬가지로 운석은 빙하 위에 무작위로 떨어진다. 빙하는 천천히 아래쪽으로 흘러가는 거대한 얼음강이기 때문에, 빙하 위에 떨어진 운석은 흐르

• 주된 역할을 한 나라는 미국과 일본이다. 하지만 중국과 여러 유럽 국가도 탐사대를 파견해 운석을 채집했다.

왼쪽 | 스노모빌을 타고 얼어붙은 빙원 위를 달리며 암석 조각을 찾는 탐사대원.
오른쪽 | 2019-2020년 탐사 시즌 때 발견한 운석을 앞에 놓고 포즈를 취한 ANSMET 탐사대원 에밀리 더넘 Emilie Dunham.

는 얼음 위에서 무임승차를 즐길 수 있다. 만약 빙하가 산에 부딪치면, 얼음과 얼음에 실린 모든 것이 산 아랫부분에 쌓인다. 이런 일이 일어나면, 남극 대륙의 건조한 바람이 쌓인 얼음을 서서히 사라지게 하고 운석이 밖으로 노출된다. 이 과정이 아주 오랜 세월에 걸쳐 계속되면, 산 아랫부분에 운석이 점점 더 많이 모여서 얼음 위의 어떤 지점보다 운석의 밀도가 높아진다. 그래서 남극횡단산맥 아랫부분이 환상적인 운석 재집 장소가 된 것이다.

운석 채집에서 표본 분배까지

남극 대륙 탐사에서 채집한 운석들은 NASA의 존슨우주센터에서 분류하고 관리하며, 과학적 연구를 위해 요청하면 이용할 수 있지만, 남극 대륙 밖에서 채집된 운석은 대부분 결국 자유 시장으로 흘러간다. 평판이 썩 좋지 못한 일부 중개상은 운석이 발견되자마자 길가의 변변치 못한 광물 가게로 가져가거나 인터넷을 통해 판다. 이것은 진짜 운석을 구입하는 한 가지 방법이 될 수 있지만, 초보자는 콘크리트 조각이나 쇠찌끼나 돌로 변한 개똥을 운석인 줄 알고 비싼 값에 살 수도 있다. 반면에 평판이 좋은 운석 채집가와 중개상은 늘 학계와 제휴하여 새 운석을 공식적으로 분류하는데, 그래서 일단 전문가가 분류하고,* 화학적, 광물학적으로 기본적인 측정이 이루어지고 나면, 해당 운석은 그 이름과 함께 운석학회가 운영하는 운석 편람 데이터베이스에 등록된다. 일을 이렇게 처리하면 모든 당사자에게 혜택이 돌아간다. 중개상은 전문적인 분류 정보를 얻어 잠재적 고객에게 제공할 수 있고, 분류하는 과학자는 표

• 운석의 좋은 점 중 하나는 기본적으로 위조가 불가능하다는 것이다. 대다수 사람들은 약간의 훈련만 받으면, 운석과 지구의 암석을 구분할 수 있다. 어떤 종류의 암석이건, 암석을 위조하려는 시도는 큰돈을 벌 수 있는 길이 아닌데, 많은 운석에 존재하는 조직과 광물은 아무리 정교한 장비를 사용하더라도 지구에서 재현하기가 사실상 불가능하다. 가끔 운석인지 아닌지 확실히 구분하기 힘들 때가 있지만, 어떤 암석이 운석이 아니라는 것은 대개 아주 쉽게 알 수 있다.

본 중 일부를 얻어 보관했다가 추후 연구에 사용할 수 있으며, 발견자/중개상으로부터 운석을 발견한 장소와 획득 과정에 대한 정보(길가의 손수레에서 운석을 판매하면 사라지고 마는 정보)를 얻을 수 있다.

투손보석광물박람회

운석이 어디서 어떻게 분류되었건 혹은 분류되지 않았건 간에, 대다수 중개상과 채집가의 목표는 자신에게 가치 있는 것을 얻기 위해 표본을 팔거나 거래하는 것이다. 자본주의란 원래 그런 것이니까. 물론 이러한 판매와 거래는 인터넷을 통해서건 개인 간의 직접적 만남을 통해서건 다양한 장소에서 일어나지만, 가장 중요한 운석 거래 장소는 애리조나주 투손에서 연례적으로 열리는 투손보석광물박람회이다. 개인적 경험을 바탕으로 말하자면, 이 행사는 암석에 관심이 많은 사람이건 아니건 모두에게 매우 초현실적 경험으로 다가온다. 박람회는 규모가 매우 크다 보니, 컨벤션 센터 한 곳에 모든 품목을 수용할 수가 없어서 도시 전체에 걸쳐 곳곳에서 열린다. 특히 운석 중개상은 가능하면 방대한 광물 전시와 극적인 화석으로 눈길을 끄는 메인 컨벤션 홀을 피하려는 것처럼 보인다. 대신에 우주 임석에 관심이 있는 사람들은 네이스인, 라마다, 하워드 존슨 같은 호텔로 모인다. 그렇다고 호텔 로비나 연회장으로 모이는 것은 아니며, 개개의 객실로 향한다. 많은 중개상은 대개 일주일 동안 객실을 빌려 킹사이즈 침대 위에 자신의 상품들을 꽃 모양으로 죽 펼쳐놓는다. 잠재적 고객들은 불편을 감수하고 좁은 통로를 지나 이 방 저 방을 기웃거리면서 구매할 만한 품목을 찾는다. 분위기가 매우 음침할 것처럼 들리지만, 데이스인 호텔의 간이 주방에서 화성에서 온 운석 조각을 합법적으로 구입하려고 누가 15만 달러를 쓰더라도 전혀 이상한 일이 아니다.

운석 거래의 결과

지난 수십 년 동안 지구상의 여러 채집 장소에서 획득한 다량의 운석은 운석 연구의 게임 체인저가 되었다. 그 수가 기하급수적으로 불어난 표본은 단지 연구할 물질을 더 많이 제공하는 데 그치지 않았다. 새로운 운석 집단의 발견을 낳고, 지구로 유입되는 운석을 더 잘 이해할 수 있게 하고, 심지어 운석의 분해 정도를 통해 지질 시대에 걸쳐 사막 조건이 어떻게 변했는지 추적하는 잠재적 고기후 古氣候 표지로 연구하는 데에도 도움을 주었다. 과학적 결과는 긍정적이지 않았다고 말하기가 어려운 반면, 운석 채집 과정에서 사회에 미쳤을 혹은 미칠 수 있는 부정적 결과를 고려할 필요가 있다. 다이아몬드나 석유처럼 더 전통적인 지질학적 자원을 추출하는 과정에서는 이러한 우려가 늘 제기되진 않았다.

첫 번째로 다루어야 할 문제이자 아마도 가장 어려운 문제는 원

윌리어메트Willamette 운석 위에 앉아 있는 두 남자 아이의 아주 기괴한 사진.
전혀 즐거운 표정이 아니다.

주민이 신성한 인공물로 여겼던(혹은 지금도 여기고 있는) 운석이 지금은 개인이나 기관의 소장물이 된 경우이다. 이런 예가 몇 가지 있는데, 가장 유명한 것은 1902년에 오리건주 윌리어메트강 유역에서 발견되어 오리건주 그랜드론드 커뮤니티의 인디언 연맹 부족들 사이에서 오랫동안 신성한 물체로 간주된 윌리어메트 운석이다. 충분히 예상할 수 있듯이, 원주민이 아닌 현지 주민에게 그 존재가 알려지자마자 그 운석은 뉴욕시의 미국자연사박물관으로 옮겨져 계속 영구 전시되고 있다.* 이런 사례는 드물기 때문에, 개별적 사안 차원에서 다루어지는 경향이 있고 그럴 수밖에 없다. 하지만 오늘날 운석 채집을 둘러싼 문제들은 완전히 다른 골칫거리들을 내포하고 있다.

상황에 따라 현대의 운석 채집이 미치는 효과는 겨우 몇몇 사람만 느낄 수 있는 것부터 나라 전체의 경제에 영향을 미칠 만한 것에 이르기까지 다양하다. 이전에 알려지지 않은 운석을 발견하는 방법은 크게 두 가지가 있다. 아주 흥미진진한 첫 번째 시나리오는 새 운석 물질이 땅에 떨어질 때 화구가 나타나는 것이다. 이때에는 운석 물질을 최대한 빨리 회수하는 것이 중요하다. 표본이 지상에 오래 머물수록 연구할 때까지 오염되지 않은 상태로 남아 있기가 힘들다. 과학적 관점에서는 표본이 빗물에 젖기 전에 회수하는 것이 매우 유리하다. 경제적 관점에서는 운석에 관한 보고가 사람들의 마음속에 아직 새로운 소식으로 남아 있을 때 공개 시장에서 더 좋은 가격을 받을 수 있다. 이러한 시급성 때문에 운석이 떨어지면, 일부 외부인이 X 국가의 현장으로 달려가 큰돈을 벌 운석을 찾기 위해 일대를 샅샅이 뒤진다. 얼핏 보기에는 이러한 행위는 식민주의를 연상시킬 수 있다. 하지만 운석 사냥꾼은 운석을 훔치거나 땅 주인을 예속시키려고 그곳에 간 게 아니다. 그들은 땅 주인에게 협상을 통해 자신들이 발견한 암석에 대한 대가를 기꺼이 지불하

- 지금은 그랜드론드 커뮤니티의 인디언 연맹 부족들과 미국자연사박물관 사이에 합의가 이루어졌고, 상징적인 제스처로 운석 중 작은 조각이 원주민에게 반환되었다.

려고 한다. 물론 운석 시장에서 벌 수 있는 돈보다 적은 돈을 지불하겠지만, 이것은 어디까지나 비즈니스이고, 이런 비즈니스에서는 싼 값에 사서 비싼 값에 팔아야 돈을 벌 수 있다. 운석 사냥꾼은 만약 그 운석이 떨어진 장소를 찾아내고 운석을 확인하지 않았더라면, 그 운석은 땅 주인에게는 아무 가치도 없었을 것이라고 합리적인 주장을 펼치면서 며칠 전에 우연히 주인의 땅에 떨어진 물체에 꽤 괜찮은 금액을 지불하는 것이라고 설득할 수 있다. 반면에 운석 사냥꾼이 땅 주인의 부족한 운석 지식을 악용해 땅 주인에게 거액을 안겨주거나 가보가 될 물건의 가치를 후려쳐 폭리를 취한다는 주장도 나올 수 있다. 양쪽 다 일리가 있지만, 이러한 처리 방법이 일반적으로 모든 당사자에게 이익을 가져다주는 것으로 보인다. 땅 주인은 그저 우주에서 떨어진 물체 때문에 운 좋게 돈을 벌고, 운석 사냥꾼은 시장에 내다 팔 새 표본을 손에 넣고, 과학계는 빠른 행동과 신속한 회수 작업 덕분에 혜택을 받는다.

또 다른 운석 채집 시나리오는 덜 시급하고, 낙하 장면의 목격자가 아무도 없을 때 일어나지만, 훨씬 많은 사람에게 영향을 미친다. 이 시나리오에는 대체로 전 세계 각지의 말라붙은 호수 바닥이나 소금 평원, 그 밖의 황량한 장소에서 초기 태양계의 암석 조각을 찾으리 돌아다니는 운석 사냥꾼들이 등장한다. 앞의 예들에서 언급했듯이, 해당 국가의 대처 방식이 이 시나리오의 전개 방향을 좌우한다. 오스트레일리아의 경우에는 수많은 운석이 오지에서 그냥 낭

비되는 것으로 끝날 수 있는데, 그것을 찾아야 할 경제적 인센티브가 전혀 없기 때문이다. 그래서 학계에 종사하지 않는 운석 사냥꾼들은 결국 그 불가사의한 '크라운'에 압수될 물체를 찾느라 시간을 낭비하려 하지 않으며, 이 때문에 과학계는 많은 잠재적 표본을 잃고 만다.

최근에 운석의 보존에 관한 법을 바꾼 사례는 아르헨티나의 캄포 델 시엘로Campo del Cielo('하늘의 들판'이란 뜻—옮긴이) 운석에서 볼 수 있다. 캄포 델 시엘로 철질 운석은 지금까지 회수된 물질이 100톤이 넘어서 세상에서 가장 많이 사용할 수 있는 운석 중 하나가 되었다. 수백 년에 걸친 복잡한 이야기를 간단하게 요약하자면, 발견과 발굴, 방기, '엘 차코El Chaco'라는 표본을 떼어가려는 시도 등 파란만장한 곡절을 겪은 후, 1994년에 아르헨티나의 지방 의회에서 그 운석 조각들을 원래 장소에 보존하기 위한 일련의 법이 통과되었다. 그런데 여기서 '원래 장소'라는 문구에 주목할 필요가 있는데, 그것은 거의 완전히 땅속에 묻힌 상태를 뜻하기 때문이다. 그렇다면 남은 운석 물질 중 상당 부분은 땅속에 묻힌 채 아무도 모르는 사이에 녹슬고 말 것이다. 심지어 관계 당국이 압수한 운석 조각들을 드럼통 속에 넣고 땅속에 묻었다는 이야기까지 전해졌다. 운석과 같은 자연사 표본을 보호하고 적절히 보존하고 연구하고 전시하기 위해 제정된 법은 사회 전체에 이롭다는 주장을 펼 수 있지만, 이 상황에서는 이익을 보는 사람이 아무도 없다. 현지 주민도,

정부도, 환경도, 과학자도, 운석 사냥꾼도, 운석 자체도 이로울 것이 전혀 없다.

정반대의 극단적 사례는 모로코 같은 나라에서 볼 수 있는데, 매달 수 톤 이상의 운석이 합법적으로 국외로 반출되고 있고, 모로코의 박물관이나 연구자에게 돌아가는 것은 설령 있다고 하더라도 극소량에 불과하다. 겉보기에는 이것 역시 나쁜 상황처럼(특히 모로코에는) 보인다. 하지만 모로코에는 운석 연구자가 얼마 없으며, 많은 운석을 관리할 여건을 갖춘 박물관도 거의 없다. 기반 시설과 관리 능력이 충분히 갖추어지기 전까지는 상당량의 운석 물질을 국내에 보관하는 것이 반드시 모로코에 좋다고는 할 수 없으며, 과학적으로 사려 깊은 조치라고도 할 수 없는데, 중요한 잠재력을 지닌 표본들이 연구되지 않은 채 방치될 것이기 때문이다.

개발도상국에서 천연 자원을 착취한 인류의 역사를 감안하면, 폭발적으로 성장하는 운석 채집 사업을 같은 맥락에서 고려하는 것은 충분히 이해할 만하다. 그리고 몇몇 개별적 사례를 바탕으로 전 세계 운석 시장의 불합리성을 지적하기 쉽다. 하지만 현재의 운석 회수 상황이 전반적으로 상당히 공정하고 견실하다는 주장도 쉽게 펼칠 수 있다. 현재의 시스템은 땅 주인에서부터 운석 사냥꾼과 과학자에 이르기까지 대다수 관련 당사자들에게 놀랍도록 잘 작동하고 있다. 게다가 운석 회수에 따르는 환경 손상도 거의 없다. 아무 문제도 없다는 말은 잘못이지만, 전체 시스템이 과학적 산출을 최대화하고 부정적 영향을 최소화하는 것처럼 보이는 방식으로 발전했다.

운석의 도덕과 사업에 관한 논의와 관계없이, 운석의 경제적 가치는 연구자들에게 축복인 동시에 저주가 되었다. 좋은 면을 보자면, 사람들이 제대로 된 운석을 찾기만 하면 큰돈을 벌 수 있을 거라는 기대를 품고 운석을 찾으러 다니는 시장이 생겨났다. 나쁜 면을 보자면, 공개 시장은 빠듯한 예산으로 일하는 연구자들이 좋은 표본을 얻으려고 경쟁하기 어려운 장소가 될 수 있다. 그래도 학구적 성향이 강한 운석 사냥꾼과 수집가, 박물관, 남극 대륙 운석 컬렉션은 운석 연구를 용이하게 해준다.

전반적으로 최근 수십 년 사이에 운석 표본에 대한 접근성이 크게 증가한 것은 우리의 기원과 초기 태양계를 이해하는 데 큰 도움이 되었다. 하지만 운석 표본의 금전적 가치에 대해 일반 대중이 던지는 질문들은, 운석학자들이 표본에서 얻는 지식의 중요성을 계속 이야기하고 운석이 단순히 환금성 상품에 불과한 것이 아님을 강조해야 할 필요성을 상기시킨다. 운석은 특별한 종류의 타임캡슐로, 다른 방법으로는 얻을 수 없는 먼 과거의 정보가 담겨 있다.

8장

운석이 초래하는 피해와 완화 전략

혹시 몹시 운이 나빠 곧 운석에 맞아 죽을지 모른다는 생각이 든 적이 있는가? 아니면, 훨씬 큰 재앙이 닥쳐, 우주에서 거대한 암석이 초음속으로 날아와 지구에 충돌하면서 모두가 종말을 맞이할 것이라고 생각한 적은 없는가? 할리우드 재난 영화가 인간의 마음에 미친 효과를 여기서 과장해서 설명하기는 어렵지만, 여러분이 얼마 전에 어디선가 읽은 것처럼(어쩌면 이 책의 앞 장들에서) 우주에서 날아온 물체가 지구에 충돌하는 일은 실제로 늘 일어난다. 만약 그것이 여러분에게 부딪치거나 크기가 아주 크다면, 정말로 큰 문제가 될 가능성이 높다. 따라서 우주에서 날아온 암석과 관련된 위험과 문제는 다룰 가치가 충분히 있는데, 왜냐하면 ♬ 나는 단 하나도 놓지고 싶지 않기 때문이다. ♬ (영화 〈아마겟돈〉의 주제가 〈I Don't Want to Miss a Thing〉의 가사 일부를 차용한 것이다.—옮긴이)

역사적으로 사람들은 운석에 맞아 죽을까 봐 전전긍긍하지 않았다. 그 이유는 ① 대다수 사람들이 우주에서 암석이 떨어질 수 있다는 사실을 안 것은 지난 수백 년 사이의 일이고, ② 과거에는 운석보다 훨씬 염려해야 할 것(예컨대 콜레라 창궐, 기아, 소 떼의 돌진 등)이 많았다. 하지만 현대인은 하늘에서 날아온 암석에 맞아 죽을 수도 있다는 사실을 알고 있으며, 많은 사람들은 그런 것을 걱정할 만큼 한가한 시간이 많다. 이 두 가지의 결합에 운석이 심장병이나 자동차 사고, 팬데믹, 총기 범죄 같은 현실적인 문제보다 훨씬 더 흥미진진한 걱정거리라는 사실이 더해져, 운석에 맞아 죽을지 모른다는 두려움이 크게 증가했다. 따라서 여기서 이 문제를 다루고 넘어가는 것이 좋아 보인다.

사람이 운석에 맞았다는 이야기˙가 많이 전해지는데, 그중 상당수는 사실일지도 모른다. 하지만 낙하 장면을 다른 사람들이 목격하고 그 운석을 회수해 분석하지 않는 한, 그런 사건의 진위 여부는 가리기 어려울 수 있는데, 그렇게 기이한 사건의 물리적 증거를 소유했다는 소문에서 얻을 수 있는 금전적 이득이나 사람과 운석의 상호 작용 소문으로 얻을 수 있는 반짝 유명세를 감안하면 특히 그렇다. 단순히 사람이 운석에 맞았다는 이야기를 무시하려고 이런 말을 하는 것은 아니지만, 그런 사건을 확인하는 것은 간단하지 않다.

• 사실로 확인되었거나 실제로 일어났을 가능성이 높은 사건들의 명단은 하버드대학교의 지구행성과학과에서 발행하는 《계간 국제 혜성 International Comet Quarterly》에서 찾아볼 수 있다.

치명적인 결과를 초래한 운석 충돌 사건과 아슬아슬하게 스쳐간 사건, 이와 관련된 섬뜩한 이야기 수백 가지의 명단을 소개한다면 분명히 이 책의 흥미를 더할 수 있겠지만, 다행히도 그렇게 할 수가 없다. 아무리 후하게 봐주더라도, 사람이 운석에 맞아 죽었다는 이야기를 뒷받침하는 역사적 증거는 매우 부족하다. 하지만 1972년 10월 15일에 베네수엘라 북서부에서 불운한 암소가 발레로Valero 운석*에 정통으로 맞아 때 이른 죽음을 맞이했다는 이야기를 뒷받침하는 증거가 분명히 있다. 저녁에 하늘에서 강렬한 섬광이 일고 굉음이 들렸는데, 다음날 아침에 농장 일꾼 세 사람이 밖으로 나가 살펴보았더니, 하늘에서 떨어진 50kg의 암석이 지나간 자리에 소 한 마리가 놓여 있었다. 그 소에게는 불운한 최후였지만, 일꾼들은 그 소의 사체에서 남은 부분을 발라내 먹어치웠다고 보고했다.

사람이 운석에 맞은 사례 중에서 기록으로 잘 남아 있는 사건은 1954년에 앨라배마주 실러코가 근처에서 일어났다. 11월 30일, 앤 호지스Ann Hodges는 소파에 누워 오후의 낮잠을 즐기고 있었는데, 그 레이프프루트만 한 크기의 운석이 지붕을 뚫고 들어와 큰 목제 라

---

* 이 운석을 칠레 '바카무에르타' 지역에서 발견된 약 3.8톤의 거대한 바카무에르타 운석과 혼동해서는 안 되는데, '바카 무에르타Vaca Muerta'는 직역하면 '죽은 암소'란 뜻이다. 이것은 정말로 혼동하기 쉽지만, 바카무에르타 운석은 암소를 죽이지 않은 것이 거의 확실한 반면, 발레로 운석은 암소를 죽인 것이 거의 확실하다. 분명히 기억해두라.

디오에 부딪친 뒤에 튀어나와 그녀의 엉덩이를 때렸다. 비록 큰 타박상을 입긴 했지만, 훨씬 심각한 피해를 입을 수 있었는데도 그 정도로 그친 게 천만다행이었다. 앤 호지스는 운석에 맞고도 살아남았고 그 때문에 약간의 유명세[•]를 누렸으니, 내가 대부분의 낮잠에서 얻는 것보다 훨씬 생산적인 결과를 얻은 셈이다.

더 최근의 사례는 1992년에 우간다 음발레에서 일어났다. 다소

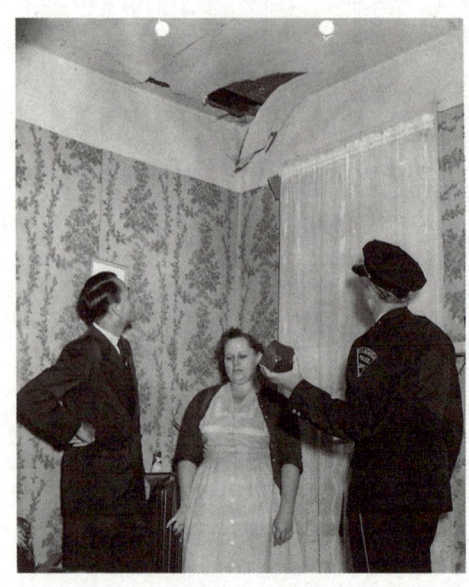

1954년에 실러코가 운석이 떨어지면서 호지스의 집 지붕에 뚫린 구멍.

- 그 유명세는 잠깐 반짝하고는 끝났고, 운석에 맞은 사건이 호지스의 삶에 반드시 긍정적인 결과만 가져다준 것은 아니었는데, 일부 사람들은 그 운석이 호지스와 그 가족에게 일종의 저주가 아닐까 하고 생각했기 때문이다.

큰 음발레 운석은 지구 대기권을 통과하다가 공중에서 폭발했고, 그때 큰 폭음이 인구 밀집 지역 전체에 널리 울려퍼졌다. 그 결과로 생겨난 운석 파편은 20km²가 넘는 면적 위에 뿌려졌고, 현지의 군 병력이 회수한 운석 물질은 150kg이 넘었다.* 많은 건물에 구멍이 뚫리고 많은 운석 파편이 떨어지는 장면이 목격되었지만, 운석에 맞은 사람은 어린 소년 한 명밖에 없었는데, 다행히도 나무에 충돌한 뒤에 튀어나온 아주 작은 운석 조각이었다.

비록 그토록 오랜 세월이 지난 뒤에 그 진위 여부를 확인하는 것은 거의 불가능하긴 하지만, 역사 기록을 살펴보면 적어도 많은 세대가 지나는 동안 운석 충돌이 어떻게 일어났으며 그것이 사람들에게 직접적으로 어떤 영향을 미쳤는지 대략 파악할 수 있다. 케빈 야우Kevin Yau와 그 동료들은 약 2600년 동안 중국에서 사람이나 인공 구조물에 영향을 미쳤다고 보고된 운석 낙하 사례를 종합해 아주 인상적인 목록을 작성했다. 야우는 인명 피해를 초래한 사건 일곱 건을 제시했는데, 그중에는 수만 명의 사망자를 냈다고 보고된 사건도 있다. 다만 큰 사건들에서 발생했다는 사망자 수치는 믿을 만한 것이 아니라는 근거가 충분히 있다. 최근인 2020년에 오스만 튀르크어로 작성된 정부 문서 세 건이 발견되었는데, 1888년 8월

---

* 3장에서 언급했듯이, 음발레 운석 중 상당량은 현지 주민이 에이즈 치료제로 효과가 있을 것이라고 믿고서 가루로 갈아 복용했는데, 이것은 그 당시 그 지역에서 크게 번진 유행이었다.

22일에 오늘날의 이라크 지역에서 일어난 운석 공중 폭발로 한 남자가 죽고 또 다른 남자가 큰 부상을 입었다는 내용이 적혀 있다. 이것이 운석으로 인한 인명 사고를 보고한 정당한 기록이 아니라고 주장하기는 매우 어렵지만, 문제의 운석이 무엇인지 찾아내 입증해야 하는 과정이 아직 남아 있다. 역사에서 이것처럼 흥미로운 사건을 보고한 사례는 여기저기 있고, 보고되지 않은 사례는 필시 더 많겠지만, 그런 사례를 추적해야 하는 대다수 역사학자들은 그 원인이 애매한 죽음의 증거를 찾으려고 여러 언어로 기록된 정부 문서를 수많은 세대에 걸쳐 샅샅이 뒤지는 것보다 더 중요한 일이 많다고 주장할 것이다. 그 입장은 충분히 이해할 수 있다. 하지만 우리가 알려진 것이건 알려지지 않은 것이건 기록에 매우 관대하다 하더라도, 그리고 인류의 전체 역사에서 운석 때문에 5만 명이 죽었다 하더라도, 통계적으로 볼 때 이것은 여전히 매우 희귀한 죽음이다. 5만 명은 지난 50년 동안 사다리에서 떨어져 죽은 사람의 수보다 훨씬 적다.

여전히 상존하는 위험

운석에 맞아 죽는 사람은 극히 드물다 하더라도, 우주에서 날아오는 암석의 잠재적 위험에 경각심을 불러일으킬 만한 사건들*이 근래에 있었다. 전 세계 사람들과 각국 정부에 심각한 경종을 울리는 최초의 사건은 1908년에 러시아의 중심부에 해당하는 지역에서 일어났다. 근처를 흐르는 강 이름을 따 퉁구스카 사건이라 부르는 이 사건은 기록된 인류 역사에서 가장 큰 규모의 '충돌' 사건이었지만, 통상적인 충돌 구덩이가 생기지는 않았다. 이 사건의 정확한 성격은 아직도 알려지지 않았지만, 그 대규모 폭발은 운석이나 혜성의 공중 폭발로 일어났다는 것이 대체로 과학자들 사이에 일치된 의견이다. 이 사건의 여파로 발생한 지진파가 유럽과 아시아 전역에서 기록되었고, 폭발로 인한 음파가 북아메리카 동해안에서 포착되었다. 폭발로 인한 파괴 규모는 거의 상상을 초월할 정도였다. 2150km²가 넘는 면적에서 약 1억 그루의 나무가 쓰러졌는데, 지구상에는 면적이 이보다 더 작은 나라가 25개나 있다. 그것은 웬만한 대도시 지역을 초토화할 만한 위력이었고, 만약 대도시에서 그런 일이 일어났다면 수백만 명의 사망자가 발생했을 것이다. 다행히도 그 사건은 인구 밀도가 극히 낮은 시베리아의 외딴 지역에서 일어나 사망자는 불과 세 명만 보고되었고, 그와 함께 순록 한 무리도 떼죽음을 당한 것으로 알려졌다. 앤 호지스의 경우와 마찬가지로, 까딱 잘못되었더라면 인류는 훨씬 심각한 피해를 입을 수 있었다.

- 의심스럽다면, 공룡에게 물어보라.

일어난 지 20여 년 뒤에 퉁구스카 사건을 과학 탐사대가 조사하러 갔을 때, 이렇게 쓰러진 나무들이 그 사건의 흔적으로 남아 있었다.

그 장소가 워낙 외딴곳이어서 퉁구스카 사건의 진상 조사에는 제약이 따랐는데, 조사를 위한 과학 탐사대가 현장을 방문한 것은 사건이 일어나고 나서 13년이 지난 1921년이었다. 운석 물질로 인한 피해, 특히 심각한 피해가 발생하는 경우는 드물기 때문에, 퉁구스카 사건이 별다른 행동을 촉발하지 않은 것은 제한적인 경제적 피해와 인명 피해를 고려하면(그리고 1908년 당시의 기술도 오늘날의 기준으로 보면 매우 제한적이었다.) 그렇게 놀랄 만한 일이 아니다. 하지만 퉁구스카 사건은 적어도 전 세계 사람들에게 깊은 우주에 숨어 있는 위험에 대해 경종을 울렸다.

작은 감자들
그리고 비슷한 크기의 암석들

피해 면에서 퉁구스카 사건과 비교할 만한 것은 없지만, 1984년에 조지아주 클랙스턴에 떨어져 우편함을 박살낸 운석이나 자연사박물관 계단 바로 옆에 떨어졌다가 그 박물관의 기상학연구소 소장이 회수한 마드리드 운석처럼 세계 각지에서 흥미로운 이야기를 많이 들을 수 있다. 심지어 2011년에 골프공만 한 크기의 운석이 코메트Comette라는 이름의 프랑스인 집에 떨어져 박힌 적도 있다. 그리고 아마도 가장 유명한 사건으로는 1992년에 뉴욕주 픽스킬에 떨어진 운석이 선홍색 1980년형 쉐보레 말리부 트렁크를 뚫고 들어간 일이 있다. 얼마 전에 그 차를 400달러에 구입했던 18세의 미첼 냅Michelle Knapp에게는 매우 불운한 사건처럼 보였지만, 시간이 지나자 그것은 오히려 전화위복이 되었다. 2012년에 부서진 미등 전구와 그 자동차 소유권은 5000달러가 넘는 가격에 팔렸고, 무게 12kg의 운석은 현재 공개 시장에서 1g당 150달러 이상에 팔린다. 사람들은 사연이 있는 암석을 좋아하는 것 같다.

그동안 떨어진 운석에 관한 이야기를 한없이 계속 늘어놓을 수 있지만(그리고 그 이야기들은 모두 그 자체로 흥미로우며 여러 곳에서 자세히 기록되었다.), 지구 규모에서 보면 모두 하찮은 운석 충돌 사건이었다. 이 중 어떤 충돌도 전 세계적인 충격이나 우주에서 날아온 운

 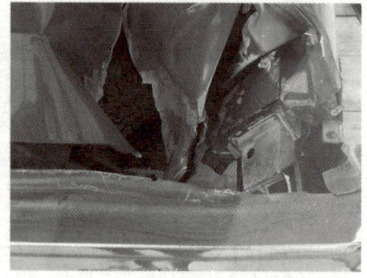

2018년에 파리에서 열린 운석학회 때 전시된 쉐보레 말리부 앞에서 포즈를 취한 필자. 이 사진을 찍으면서 아내는 위치를 잘못 잡아 모서리 지지대로 차에서 손상된 부분을 거의 다 가리고 말았다. 아마도 나는 이것을 절대로 용서하지 못할 것이다.

석으로부터 지구를 보호하기 위한 정치적 담론을 유발하지 않았지만, 우리는 하늘에서 떨어지는 위험에 더 신경을 써야 할 필요가 있을까?

문제가 있음을 깨닫는 것이 첫걸음

1980년대에 과학자들이 우주에서 날아온 거대한 암석 때문에 공룡이 멸종했다는 사실을 밝힌 뒤부터, 사람들은 우리 종도 눈 깜짝할 사이에 멸종하는 것은 아닐까 하고 염려하기 시작했다. 미국 의회는 1992년에 NASA에 폭이 1km 이상인 지구 근접 소행성 중에서 90% 이상의 위치를 10년 이내에 파악하라고 명령했다. 1994년에 슈메이커-레비 9 혜성이 목성에 충돌하면서 전 세계의 모든 핵무기* 폭발 위력의 약 600배에 해당하는 에너지를 방출하고 거대한 행성 표면에 큰 상처를 남기자, 행성 핀볼 게임의 위험은 더 많은 관심을 끌게 되었다. 하지만 그렇다고 해서 비슷한 물체가 지구로 접근할 경우에 대비하는 계획을 적극적으로 세우고 있었던 것은 아니다. 1998년에 나란히 나온 〈딥 임팩트〉와 〈아마겟돈〉은 우리가 다가오는 운석의 표적이 될 경우에 적극적으로 대비책을 마련해야 한다는 쟁점을 부각시키는 데 기여한 것으로 보인다. 하지만 이것들은 어디까지나 할리우드가 만든 영화에 불과한데, 정치인들은 이 문제를 얼마나 진지하게 받아들일까? 다행히도 과학자들은 이 문제를 진지하게 받아들여, 지구에 충돌 경로로 다가올 가능성이 있는 천체를 확인하기 위해 근지구 천체near-Earth object, NEO를 찾으려고 하늘을 샅샅이 훑고 있다. 대학교와 정부 기관에 많은 팀이 조직되어 문제가 될 수 있는 특정 크기와 종류의 근지구 천체를 살피는 일에 몰두하고 있으며, 이러한 집단 감시 시스템을 스페이스가드Spaceguard**(아주 멋진 이름!)라고 부르는데, 많은 팀이 이 시스템에 참여해 1990년대 중엽부터 하늘을 철저하게 감시하고 있다.

- 비교를 위해 덧붙이자면, 그 당시 전 세계의 핵무기 보유량은 3만 8000개를 넘었는데, 대부분은 제2차 세계 대전 말에 사용된 것보다 수십 배 이상 강한 것이었다.
- 아서 C. 클라크의 SF 소설 『라마와의 랑데부Rendezvous with Rama』에 나오는 가상의 우주 감시 시스템 이름에서 딴 것이다.

첼랴빈스크 유성이 지나가는 모습을 촬영한 사진.

2013년 2월 15일에 첼랴빈스크 운석에 시베리아 하늘이 (또다시) 뚫렸을 때, 이 문제가 또다시 크게 부각되었다. 지구를 향해 다가오던 유성이 오전 9시 20분에 태양보다 더 밝게 빛나면서 하늘에 나타났다. 유성은 지표면에 닿기 전에 공중 폭발했는데, 그 여파로 그 부근 지역의 건물 수천 채가 손상을 입었고, 수많은 유리창이 깨졌다. 이 공중 폭발은 유성에서 살아남은 암석 덩어리인 첼랴빈스크 운석보다 훨씬 큰 피해를 초래했다. 그 지역은 러시아에서 비교적 인구 밀도가 낮은 곳이었지만, 이 사건의 여파로 1000명 이상이 다쳤고, 10억 루블(약 3300만 달러)가 넘는 재산 피해가 발생했다. 이 사건의 원인이 된 소행성은 지름이 약 20m였던 것으로 추정되는데, 대기권에 들어올 때까지 전혀 발견되지 않았다.

첼랴빈스크 유성의 공중 폭발로 건물 일부가 파괴된 모습.

 사건이 발생한 날, 유엔 우주문제사무국은 '근지구 천체 대책팀'을 만들자고 제안했고, 미국 연방 하원의 과학 위원회는 우주의 위협에 대처하는 방안을 논의하기 위한 회의를 즉각 소집했다. 다만 미국의 반응은 러시아에서 고의적이건 아니건 뭔가가 폭발하면 특별히 신경이 곤두서는 데에서 비롯되었을 가능성도 일부 있다. 어쨌건 첼랴빈스크 유성 폭발 사건 직후에 NASA는 행성방위조정사무국 설치를 발표했는데, 그 임무는 '응용행성과학'을 사용해 근지구 천체 충돌의 위험을 완화하는 것이라고 했다. 행성방위조정사무국은 폭이 30~50m(첼랴빈스크 유성의 약 두 배) 이상으로 잠재적 위험성이 있는 물체를 발견하고 추적하는 한편으로, 지구에 충돌 가능성이 있는 물체의 위험을 완화하는 전략과 기술을 개발하고 통합 조정하는 임무를 띠고 있다. 따라서 이 임무는 기본적으로 영화 〈아마겟돈〉의 과학적 버전으로, 사용할 수 있는 모든 방안을 고려한다.

가능한 완화 전략*

만약 과학자들이 우리를 향해 다가오는 큰 소행성이나 혜성을 발견한다면, 어떻게 해야 할까? 소스라치게 놀란 다음에 냉정을 되찾고 생각할 수 있는 현실적인 전략은 ① 점진적 방법과 ② 돌발적 방법의 두 종류가 있다. 점진적 방법은 시간을 두고 천체의 경로를 천천히 변화시켜 지구 충돌 경로에서 벗어나게 한다. 돌발적 방법은 악당을 폭발시켜 날려버리는 것이다. 두 방법 사이에서 현명한 선택을 하려면, 다가오는 충돌체의 크기와 모양, 속력, 기본 조성 같은 정보를 자세히 알아야 한다. 지구에 충돌하기까지 남은 시간을 파악하는 것도 중요하다. 아직 수년이나 수십 년의 시간이 남아 있다면, 선택지가 더 많아진다. 만약 시간이 몇 달이나 1년밖에

- 만약 추가적인 개념이나 여기서 소개한 일부 개념을 더 자세히 알고 싶다면, 나탈리 스타키 Natalie Starkey가 쓴 『별 먼지 붙잡기 Catching Stardust』 10장에 다양한 완화 전략이 아주 잘 설명돼 있으니 참고하라.

남지 않았다면, 돌발적 방법을 쓰는 수밖에 달리 도리가 없다. 어느 쪽이건, 우리는 사태를 더 악화시키길 원치 않는다. 애초에 충돌 경로로 다가오지 않던 천체를 끌어당겨 우리의 궤도와 겹치게 하거나, 원래는 지구를 스쳐 지나갈 큰 암석 덩어리를 폭파시켜 중간 크기의 암석 덩어리 20개가 지구에 충돌하게 만드는 사태를 방지하려면, 정확한 측정과 훌륭한 데이터가 필수적이다.

우리를 멸종시킬 만한 천체가 10년 안에 지구에 충돌하는 경로로 다가온다고 가정해보자. 우주 공간에서 움직이는 거대한 암석 덩어리의 경로를 천천히 바꾸려면 어떻게 해야 할까? 첫 번째 단계는 우주선을 그 천체 가까이에 보내는 것이다. 그러고 나서 사용할 수 있는 가장 소극적인 접근법은 중력에 거의 모든 일을 맡기는 것이다. 중력은 보이지 않는 밧줄처럼 작용하므로, 그 천체는 충분히 가까이 접근한 우주선에 끌리는 힘을 받는다. 그리고 이따금씩 추진 엔진을 가동해 우주선의 경로를 천천히 바꾸면, 중력의 작용으로 그 천체도 우주 공간에서 아주 조금 우주선 쪽으로 움직이게 된다. 이 방법에는 '중력 트랙터'라는 멋진 이름이 붙어 있다. 더 적극적인 방법으로는 우주선에서 천체를 향해 지속적인 이온 흐름을 발사하여 천천히 그 경로를 변화시키거나 근지구 천체 표면을 흰색 페인트로 뒤덮어 태양 복사에 반응하는 방식을 바꿈으로써 경로를 변화시키는 것이 있다. 하지만 이 방법들은 모두 수년간의 준비와 수년간의 실행 과정이 필요하다. 만약 충돌까지 1년이나 6개월밖에 남지 않았다면, 어떻게 해야 할까? 할리우드는 그런 상황에서 소행성 표면을 흰색으로 칠하는 영화는 절대로 만들지 않았다.

만약 여러분이 1980년대에 아타리Atari 비디오 게임에 나만큼 열성 팬이었다면, 미사일 대신에 암석이 날아오고 지상의 방어 무기로 그것을 쏘아 맞추는 '미사일 커맨드Missile Command'나 우주선을 타고 날아다니면서 골칫거리 암석을 파괴하거나 그 경로를 바꾸는 '아스테로이즈Asteroids'와 비슷한 적극적인 교전 전략을 상상할 수 있을 것이다. 그렇다면 스스로를(그리고 아타리를) 칭찬해도 좋은데, 왜냐하면 그 전략이 거의 옳기 때문이다. 만약 지구에 종말이 닥치기 전에 우리가 행동할 시간이 얼마 남지 않았다면, 지상에서 뭔가를 발사해 그 천체를 파괴하거나, 그곳으로 날아가 그것을 파괴하거나, 중력 트랙터를 진짜 트랙터로 개조하여 소행성/혜성을 끌어당김으로써 위험한 경로에서 벗어나게 해야 한다.

이것은 물론 공학적 환상처럼 들리지만, 다행히도 행성과학자들은 이미 이러한 경로 변경 기술을 열심히 시험하고 있다. 2005년, NASA는 딥 임팩트 임무의 일환으로 작은 발사체를 쏘아 보내 태양계를 돌아다니던 템펠 1 혜성에 명중시키는 데 성공했다. 이 임무는 과학자들이 템펠 1 혜성의 조성에 관해 많은 것을 파악하는 데 도움을 주었고, 또한 장래에 지구를 구하기 위해 비슷한 행동을 해야 할 때 이 방법의 효과를 개념적으로 증명했다. NASA와 유럽 우주국이 공동으로 추진한 DARTDouble Asteroid Redirection Test(이중 소행

만약 우리에게 시간이 얼마 없다면

우리를 향해 다가오는 큰 천체를 발견할 경우,
우리가 사용할 수 있는 행동의 종류는 남은 시간에 달려 있다.

성 궤도 변경 시험) 임무는 딥 임팩트 임무를 훨씬 큰 규모로 확대한 후속편에 해당하는데, 이중 소행성 디디모스Didymos의 경로를 변경하는 것을 목표로 삼는다. 소행성을 적극적으로 끌어당겨 현재 궤도에서 벗어나게 하는 그 밖의 기술들도 계획 단계에 있으며, 향후 10년(혹은 수십 년) 안에 시험할 가능성이 높다.*

  이러한 행성 방어 전략들 중에서 인류가 지구에 거주하는 동안 어떤 것이 필요하게 될지는 불확실하다. 하지만 미래의 어느 시점에 큰 소행성이나 혜성이 지구에 충돌하는 사건이 일어나는 것은 통계적으로 거의 확실하다. 단지 그 일이 일어나는 때가 언제이고, 그때 우리가 아직도 지구에 살고 있느냐 하는 것만 불확실할 뿐이다. 우리가 지구에 거주하고 있을 때 그런 일이 일어난다면, 거기에 대응할 수단을 마련해두는 것이 좋다. 지금은 SF처럼 들릴 수 있는 탐지 능력과 실험, 공학적 전문 지식에 과감한 투자를 하지 않는다면, 우주의 통계로부터 자신을 보호할 수단이 전혀 없을 것이다. 큰 소행성의 충돌을 피하기 위해 적극적인 행동을 취함으로써 지구의 모든 주민을 구하는 것이 우주과학을 연구해야 할 적합한 이유로 보이지 않는다면, 이 세상에서 여러분의 마음을 바꿀 수 있는 것은 거의 없을 것이다.

---

* 이 기술은 새로 설립된 많은 우주 채굴 집단이 지지하고 있는데, 언젠가 희귀한 금속이 풍부하게 매장된 소행성을 지구 궤도로 끌어와 채굴할 수 있을 것이라고 기대하기 때문이다.

9장

오늘날의 운석 연구

　지난 200여 년간 진행된 운석의 과학적 연구는 태양계보다 오래된 별의 화석 발견에서부터 행성의 생성과 진화 과정에 대한 이해에 이르기까지 놀라운 발견을 수많이 낳았다. 그런데 우리는 모든 것을 제대로 다 이해했을까? 전혀 그렇지 않다. 우리는 운석 연구를 통해 태양계의 환경과 우리의 자연계, 인류가 만든 세계에 대해 많은 것을 알아냈지만, 여러 갈래의 운석 연구는 아직도 매우 크고 흥미진진한 질문들을 붙들고 씨름하고 있다. 태양계는 어떻게 시작되었을까? 우리는 아직 그 답을 제대로 모른다. 화성에 생명이 존재한 적이 있을까? 확실한 것은 알 수 없다. 복잡한 유기 분자를 만들려면 어떤 환경이 필요한가? 좋은 질문이다. 생명에서 흥미진신한 부분은 어떤 일이 일어날지 알 수 없을 때 일어나는데, 그래서 이 책의 마지막 부분에서는 내가 과학 전반에서 가장 흥미롭다고 여기는 기본적인 것들을 다루려고 한다. 그 답을 알아내지 못한 흥미진진한 질문이 많이 있으며, 그래서 우리는 그 답을 찾으려고 노력한다. 아래에 소개하는 것들은 운석학 분야의 흥미로운 연구 과제들을 빠짐없이 모아놓은 것은 아니지만, 개인적으로 특별히 매력적이라고 여기는 우주과학 분야의 질문들과 그 답을 찾기 위한 현재의 노력과 성과를 간략히 정리한 것이다.

운석 낙하 추적:
신선한 표본 구조 활동

사람들은 운석이 어디서 오느냐는 질문을 자주 한다. 가끔 달이나 화성에서 오는 것도 있지만, 대부분은 소행성대에서 온다. 하지만 소행성대는 그 폭이 1억 5000만 km나 되고, 지름이 1km 이상인 소행성만 해도 약 100만 개나 되며, 그보다 작은 소행성은 아마도 수십억 개나 될 것이다. 따라서 '소행성대'란 답은 정확하긴 하지만 매우 모호하다. 우리는 그보다 더 나은 답을 원한다.

1959년 4월 7일, 그 당시 체코슬로바키아의 프리브람에 운석이 떨어지는 장면이 온드르제요프천문대의 여러 카메라에 포착되었다. 운석 낙하 장면이 촬영된 것은 이번이 처음이었다. 화구를 필름으로 포착하는 것은 멋진 일이지만, 실제로 그렇게 하려고 엄두를 내기는 힘들다. 하지만 운석 낙하 장면을 사진으로 촬영해서 얻는 이득은 어마어마하다—적어도 이론적으로는. 첫째, 만약 셔터 속도가 알려진 카메라를 사용해 화구가 떨어지는 장면을 여러 장 촬영한다면, 유성의 속도를 알아낼 수 있다. 둘째, 만약 여러 대의 카메라로 낙하 장면을 포착한다면, 삼각 측량법을 사용해 운석의 출발점과 종착점을 알 수 있다. 화구가 향하는 종착점을 안다면, 신선한 운석을 손쉽게 발견할 수 있는데, 신선한 운석은 수천 년 동안 지표면에 놓여 있던 운석보다 과학적으로 훨씬 유용하다. 게다가 삼각 측량법을 사용해 역산하면 그 운석의 원래 궤도를 알아낼 수 있는데, 그러면 "운석은 어디서 오는가?"라는 질문에 훨씬 정확한 답을 얻을 수 있을 뿐만 아니라, 현재의 태양계 활동도 훨씬 잘 이해할 수 있다.

천문대에서 촬영한 필름을 현상한 연구자들은 이 개념들을 모두 현실적으로 구현할 수 있었는데, 프리지브람 운석의 종착점을 수학적으로 계산해 알아냈고, 운석 탐사에 나선 팀이 일주일 만에 예측된 장소에서 5.8kg에 이르는 운석을 발견했다. 과학자들은 또한 운석의 속도를 파악해 그것이 우주를 떠돌 당시의 전반적인 궤도도 계산했다. 그것은 사진 기술과 수학의 결합에서 나온 환상적인 성과였다.

그 후에도 몇몇 운석 낙하 장면이 카메라에 포착되었고, 그 궤적을 삼각 측량법으로 알아낼 수 있었지만, 디지털 사진과 패턴 인식 기술의 발전 덕분에 이것과 같은 연구를 훨씬 큰 규모로 추진할 수 있게 되었다. 2005년 오스트레일리아 퍼스의 커튼대학교는 사막에서 서로 멀찌감치 간격을 두고 설치한 카메라 3대를 사용해 우주에

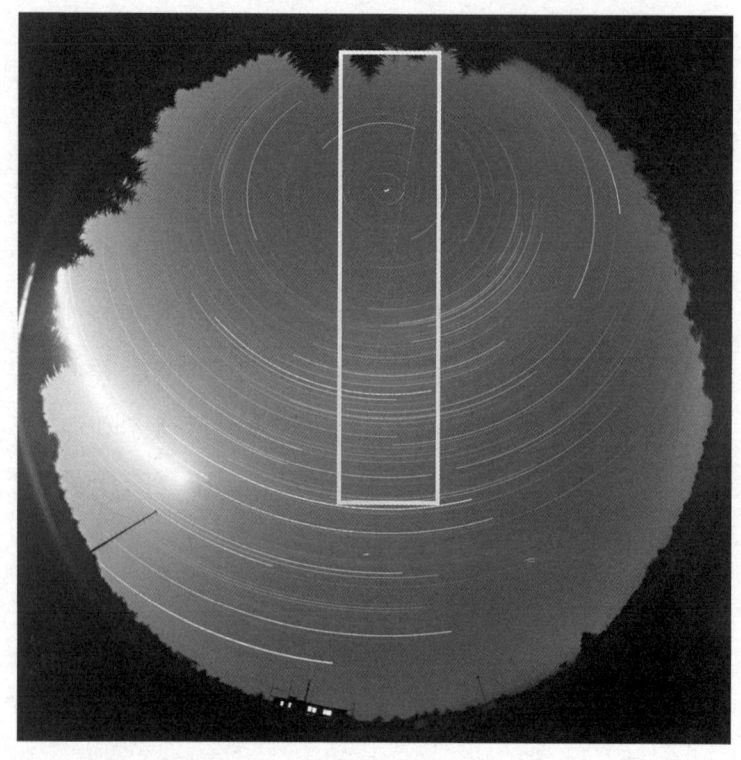

유럽 하늘에서 별의 궤적들 사이로 지나가는 화구(사각형 부분)를 전천 카메라(시야가 180°인 어안 렌즈를 사용해 전 하늘을 관측하는 카메라—옮긴이)로 촬영한 사진. 화구 이미지는 여러 구간으로 분할되어 그 존재가 뚜렷이 드러날 뿐만 아니라, 알고 있는 카메라 셔터 속도로부터 화구의 속도까지 계산할 수 있다.

서 날아와 웨스턴오스트레일리아주의 광활한 자연에 떨어지는 암석을 촬영하려고 시도했다.

자동 카메라 네트워크를 사용해 얻은 최초의 주요 성과는 오스트레일리아 남서부 하늘에서 화구가 관측된 2007년 7월 20일에 일어났다. 확률이 가장 높은 낙하 장소를 계산한 뒤에 탐사팀은 (예측된 장소로부터 100m 이내에서) 번버라 록홀Bunburra Rockhole이란 이름이 붙은 이 운석의 파편을 다수 회수했다. 이 일로 원격 추적 시스템의 효과가 입증되었을 뿐만 아니라, 탐사팀은 낙하 직후에 비교적 희귀한 종류의 운석을 회수했으며, 연구자들은 그 운석이 원래 소행성대의 어느 지점에 있었는지 파악했고, 오스트레일리아에 떨어지기 전에 태양계를 돌아다니다가 2001년에 하마터면 충돌할 만큼 금성에 바짝 다가갔다는 사실도 알아냈다.

번버라 록홀이 떨어진 뒤, 원격 카메라 네트워크는 오스트레일리아에서만 3개에서 50개 이상으로 확대되었고, 이제 전 세계 여러 나라에서 매일 밤 새로운 운석을 찾기 위해, 그리고 이 암석들이 어디에서 오는지 알기 위해 전체 밤하늘 중 상당 부분을 감시하고 있다. 하지만 더욱 흥미로운 것은 이 계획이 지구에서 가장 거대한 카메라 네트워크를 활용하기 시작했다는 사실인데, 그 네트워크는 바로 스마트폰이다. 'Fireballs in the Sky(하늘의 화구)'라는 앱을 사용하면 지구 어디에서건 누구라도 운석 추적 작업에 참여할 수 있는데, 앱이 보고하는 목격 정보와 장소를 이용해 운석의 궤적을 추적하는 일을 도울 수 있다. 카메라로 운석을 추적하는

• 내가 오스트레일리아의 운석 이름들을 얼마나 사랑하는지는 이루 말로 다 표현할 수 없다.

것은 세상에서 가장 획기적인 과학은 아닐지 몰라도(그런 일은 이미 1959년에 일어났다.), 더 많은 사람을 우주과학에 참여하게 하고 흥분을 느끼게 하는 동시에, 신선한 운석을 더 많이 수집하기에 아주 환상적인 방법이다.

운석과 인류학

석기 시대에 뒤이은 청동기 시대에 인류의 문명은 여러 면에서 놀라운 방식으로 급성장했다. 사실, 이 시대에 인류 문명은 바퀴 발명, 문자 발달, 광범위한 농업 시작, 도시 지역 건설, 최초의 법체계, 전 세계에 걸친 교역망 발달 등을 비롯해 중요한 발전이 몇 가지 일어났다. 이 모든 것이 청동기 시대에 일어났다. 하지만 그 시대를 청동기 시대라 부른 이유는 실제로는 운석학과 깊은 관련이 있다. 인류는 청동을 만드는 법을 생각해내고 실행에 옮겼지만, 철(운석에서 많은 양이 발견된 물질)을 제련하는 방법은 아직 발견하지 못했다. 3장에서 보았듯이, 이러한 야금술의 장애 때문에 대다수 문화에서 철 금속을 얻는 방법은 ① 운석에서 얻거나 ② 기술이 더 발전한 사회와 교역을 해서 얻거나 ③ 기술적 돌파구를 발견함으로써 그 문화에 새로운 시대를 가져오는 것밖에 없었다. 이 선택들은 인류학적으로 아주 큰 차이가 있는데, 해당 문화를 이해하려면 이 차이를 아는 것이 아주 중요하다. 얽히고설킨 이 그물을 푸는 첫 단계는 그 문화의 인공물에 운석 철이 포함되었는지 여부를 알아내는 것이다.

세계 각지의 박물관에 있는 다수의 인공물은 '청동기 시대 철'로 알려진 이 범주에 속하며, 인류학자들은 이 은빛 소장품의 원천이 무엇인지 알면 많은 정보를 얻을 수 있다. 운석 금속과 지구 금속의 차이를 판단하는 것은 오늘날의 질량 분석계를 사용하면 아주 간단한 일이지만, 박물관 큐레이터들은 아무리 적은 양의 물질이라 하더라도 대체 불가능한 인공물에 파괴적인 기술을 사용하는 것을 당연히 꺼린다.

다행히도 이 문제는 최근에 휴대용 X선 형광이라는 비파괴 검사 기술이 개발되어 해결되기 시작했다. 이 기술은 사실상 X선 총을 표적에 발사해 거기서 발생하는 2차 X선을 측정함으로써 금속 인공물에 포함된 원소들을 분석하는 방법이다. 물체에 포함된 금속의 비율—예컨대 철과 코발트와 니켈의 비율—은 그 철이 지구에서 온 것인지 외계에서 온 것인지 판단하는 데 중요한 단서가 된다. 이러한 비파괴 검사 기술 덕분에 소중한 박물관 인공물을 분석할 가능성이 훨씬 높아졌으므로, 우리는 곧 고대 문화들의 교역 관행과 기술 발전에 관해 훨씬 많은 정보를 얻게 될 것이다.

화성의 생명체?

위대한 데이비드 보위David Bowie가 노래로 잘 표현했듯이, '많은'

사람들이 화성의 생명체 존재 가능성에 큰 관심이 있다는 것은 부인할 수 없는 사실이다. 다른 행성에서 생명체가 발견된다면, 그것이 우리 사회에 어떤 변화를 가져올지 예측하기는 어렵지만, 아주 큰 변화가 일어나리라는 것은 거의 확실하다. 우리가 그 증거를 발견하건 않건, 운석은 화성의 생명체를 찾는 노력에서 중요한 역할을 해왔고, 앞으로도 계속 그럴 것이다.

6장에서 이야기했듯이, 화성의 현재 기후는 다소 혹독한 편이다. 표면 온도는 뉴욕시의 쾌적한 가을 날씨와 비슷할 수도 있지만, 한편으로는 -153°C까지 내려갈 수도 있다. 화성의 평균 표면 온도는 -63°C로, 이곳 지구의 15°C와 비교하면 결코 온화하다고 할 수 없다. 낮은 기온보다 더 중요한 것은 화성의 얇은 대기로, 생명에 치명적인 자외선 복사를 전혀 차단하지 못하기 때문에, 현재 화성 표면에 생명체가 존재할 가능성은 극히 낮다. 하지만 '현재' 붉은 행성에 생명이 존재할 가능성은 극히 낮은 반면, 과거 한때 화성의 환경이 훨씬 쾌적했다는 사실이 최근 연구에서 드러났다. 그때에는 대기가 훨씬 짙었고, 표면을 흐르는 물과 호수와 어쩌면 옅은 얼음까지 존재했기 때문에, 생명체가 존재하지 않았을까 하는 추측을 낳는다. 하지만 미생물 화석처럼 '보인' 흔적을 놓고 잘못된 주장을 펼친 과거의 사례를 감안할 때, 화성에 한때 생명이 존재했다는 증거로 받아들일 수 있는 것으로는 무엇이 있을까?

지난 수십 년 사이에 화성 연구에서 일어난 가장 중요한 발견 중 하나는 한때 그 표면에 액체 상태의 물이 존재했다는 사실을 압도적으로 뒷받침하는 증거이다. 예를 들면, 연구자들은 화성에서 얕은 바다나 호수 바닥처럼 물로 덮인 환경에서 생기는 점토 광물을 발견했다. 그리고 점토가 풍부한 지역들 중 많은 곳은 수백만 년 이상 외부의 방해를 받지 않고 보존되었다는 사실이 중요한데, 따라서 어떤 형태로든지 생명체가 존재했다면, 그 흔적이 지금도 어딘가에 남아 있을 것이다. 점토가 풍부한 이 지역들은 장차 화성에서 표본을 채취해 지구로 가져올 임무의 주요 목표 지점이며, 과거에 물로 덮였던 이 화성 퇴적물 표본은 내가 은퇴하기 전에 지구의 실험실에 도착해 분석될지도 모른다. 그런데 이것이 운석과 무슨 관계가 있을까? 화성에 생명체가 존재한 증거를 찾으려고 한다면, 그동안 화성의 환경이 어떻게 변해왔는지 최대한 많이 아는 것이 중요한데, 운석이 많은 정보를 제공한다. 예를 들면, 많은 화성 운석에는 점토뿐만 아니라, 생물학적으로 중요하면서도 생명체와 아무 상호 작용 없이 생길 수 있는 단계들이 포함돼 있다. 그리고 과거에 존재한 생명체가 들어 있을지도 모를 화성 표본이 지구에 도착하면, 화성 운석 점토를 분석한 결과는 지질학적 지문과 잠재적 생명의 지문을 비교하는 데 아주 중요하게 쓰일 수 있다. 게다가 화성에서 가져온 표본을 연구하기에 가장 적합한 연구자는 특별한 현미경 영상 기술을 개발하고 화학적 조성과 동위 원소 비율 측정 장비를 발명한 사람들이 될 것이다.* 화성 운석과 먼 옛날의 지구 표본에서 잠재적 생명의 지문을 연구하는 데 쓰이는 과학 기술은 계속 발전하고 있으며, 전문가들은 분석하기 어려운 표본을 연구하는 데 소중한 경험을 쌓는 동시에 그 일에 필요한 장비를 개선하고 있다. 이런 종류의 연구를 통해 우리는 지구에 존재한 생명과 다른 행성들에서 일어난 과정들에 대해 이미 많은 것을 알아냈지만, 제대로 측정하고 분석할 준비가 되어 있지 않다면 화성에서 굳이 힘들게 표본을 채취해 가져올 이유가 없다. 과연 화성에 생명이 존재한 적이 있을까? 우리가 그 답을 알아내지 못할 가능성도 있지만, 찾으려는 노력조차 하지 않는다면 그 답은 절대로 알지 못할 것이다.

유기 분자: 우주에서 어떤 유기 분자들이 왔으며, 그것들은 어떻게 생겨났을까?

운석에 유기 분자가 들어 있다는 사실만 해도 놀랍지만, 그토록 복잡하고 다양한 분자들(생명에 필수적인 당, 알코올, 아미노산을 포함해)이 많은 종류의 운석에 풍부하게 포함돼 있다는 사실은 많은 생각

- 수많은 훈련과 단계를 거치지 않는 한, 당장 경기에 나서 메이저 리그 투수로부터 홈런을 칠 수 있는 사람은 아무도 없다. 우선 리틀 리그(8~12세 소년 야구 리그) 투수를 상대하는 것부터 시작해 대학교와 마이너 리그를 거쳐 차례로 단계를 밟아가다 보면, 언젠가 화성에서 가져온 표본을 분석할 능력을 갖추게 될 것이다.

을 자극한다. 연구자들의 집중적인 노력으로 운석에 포함된 분자들이 아주 빠른 속도로 확인되어 분리되고 있다. 이것은 그 자체로도 아주 흥미로운 연구 분야인데, 이들 유기 분자 중 다수는 이곳 지구에서 생명의 순환 과정에 참여하지 않아 연구가 제대로 이루어지지 않았기 때문이다. 다양한 종류의 분자들 중에서 지구의 생명을 이루는 모든 단백질과 효소의 뼈대에 해당하는 아미노산에 특별히 큰 관심이 쏠렸는데, 지구와 다른 행성에 존재하는 생명의 전구체일 가능성이 있기 때문이다. 아미노산은 고립된 우주 환경에서 생겨날 수 있을까? 아니면, 이 복잡한 분자는 조립된 소행성, 즉 소행성 '모체'에서만 생겨날 수 있을까? 아미노산이 보존되려면 어떤 조건이 필요하고, 이미 생성된 그 분자는 특정 환경에서 어떻게 변할까?

연구를 통해 아미노산의 생성과 보존을 좌우하는 요소가 여러 가지 밝혀졌다. 연구자들은 여러 가지 온도와 물의 작용을 경험한 많은 종류의 운석에 포함된 유기 분자들을 체계적으로 연구함으로써 잠재적 보존 조건을 파악하기 시작했지만, 모체의 광물학적 조건도 아주 중요하다는 사실을 발견했다.* 이 요소들—각각의 운석

• 남극 대륙에서 채집한 운석들은 외계 유기 분자에 대한 정보를 얻는 데 특히 중요한 도움을 주었다. 남극 대륙 운석들은 일반적으로 보존 상태가 양호한데, 그동안 지구에서 고온에 노출되거나 유기 물질에 오염되지 않았기 때문이다.

모체에 따라 조금씩 차이가 있는—이 아미노산의 구조와 생성, 보존에 미치는 영향은 이제 막 밝혀지기 시작했다. 지금까지 확인된 운석 아미노산의 다양성을 감안하면, 초기 태양계와 운석 모체에서 다양한 생성 메커니즘이 작동했을 가능성이 높다. 그런데 그 메커니즘들은 과연 무엇일까? 그것을 밝혀내기 위한 연구는 아직도 진행 중이다.

또 다른 유기 분자 연구 분야는 왜 운석에 포함된 아미노산에 '좌회전성' 아미노산(지구의 생명이 사용하는 유형)이 압도적으로 많은가 하는 문제와 이것이 생명의 기원에 도움을 주었느냐 하는 문제를 다룬다. 아미노산이 처음 생겨날 때부터 좌회전성 분자가 압도적으로 많았을까, 아니면 모체에서 머문 오랜 시간 동안에 특정 광물학적 조건이나 환경 조건에 노출된 결과로 좌회전성 분자가 많아졌을까? 우리는 아직 그 답을 모르지만, 우주 공간과 운석 모체의 조건을 모방해 진행한 실험이 실마리를 제공할지 모른다. 게다가 분자의 구조와 행동을 재현하는 컴퓨터 모형도 이 흥미진진한 주제들을 이해하는 데 중요한 역할을 할 것이다. 우리는 아직 우주에서 유기 분자가 어떻게 만들어지고, 운석에서 어떻게 보존되고 변형되는지 확실하게 알지 못한다. 하지만 우주와 운석에 유기 분자가 풍부하다는 사실을 알고 있으며, 그 이유와 과정을 알아내기 위해 계속 연구하는 한편으로, 그 답들에 함축된 의미도 분석할 준비를 하고 있다. 유기 분자의 기원에 관심이 있는 사람을 위해 이 흥미로운 분야의 일부 중요한 질문들에 대한 답을 찾으려고 진행 중인 우주 임무 두 가지를 소개하겠다.

우주 임무: 운석의 기원을 찾아서

현재 추진 중이거나 향후 일어날 일부 우주 탐사 임무를 운석 연구로 간주하는 것은 부당해 보일 수 있지만, 소행성의 표본을 채취하기 위해 우주선을 보내는 것은 곧 운석이 우리에게 오기 전에 그 기원의 모체를 미리 방문하는 것이 아닌가? 직접 소행성을 방문해 표본을 채취하면, 우리가 원하는 특정 소행성의 표본을 입수하는 과정이 순전히 '운'에 의존하던 연구 관행에서 벗어날 수 있으며, 또한 표본이 지구까지 오는 과정(설령 그 시간이 아무리 짧다 하더라도)에서 오염되거나 변형될 위험을 없앨 수 있다. 그리고 화성 표본 귀환 임무와 마찬가지로, 소행성에서 가져온 표본도 운석을 분석하는 데 경험이 많은 사람들이 분석할 것이기 때문에, 당연히 이 임무들은 운석학과 밀접한 관련이 있다.

달 이외의 다른 장소를 표적으로 삼은 표본 귀환 계획은 드물기는 하지만 과거에 추진된 적이 있다. 2004년에 태양풍 표본을 지구로 가져오기 위해 NASA가 보낸 제너시스 탐사선이 유타주 사막에 불시착하면서 성공에 준하는 성과를 거두었다. 2년 뒤에 실시한 스타더스트 임무에서는 와일드 2 혜성의 입자를 채집했는데, 이를 통해 혜성의 조성과 생성에 관한 기존의 지식에 큰 변화가 일어났다. 2010년, 일본이 보낸 무인 탐사선 하야부사는 소행성 25143 이토카와에서 일부 물질 알갱이를 채취해 가지고 돌아왔다. 그 뒤를 이어 2014년 12월에 일본의 우주항공연구개발기구JAXA는 하야부사 2호를 발사했다. 하야부사 2호의 목표는 162173 류구라는 과학적으로 더 흥미로운 소행성에서 더 많은 표본을 채취해 돌아오는 것이었다. 하야부사 2호는 2020년 12월 9일에 류구의 표본을 가지고 지구로 돌아오는 데 성공했다. 이 글을 쓰고 있는 현재, 과학자들은 이렇게 채취해온 보물 같은 표본들을 지구의 영향에 의한 잠재적 오염 위험이 전혀 없는 조건에서 조심스럽게 열어 살펴보고 있다.

NASA는 2016년 9월에 하야부사 2호와 비슷한 임무를 띤 오시리스-렉스 탐사선을 소행성 101955 베누로 보냈다. 101955 베누(하야부사 2호가 방문한 162173 류구와 과학적으로 비슷한 소행성)를 선택한 이유는, 원격 관측을 통해 이 소행성이 유기 분자를 풍부하게 함유한 탄소질 콘드라이트와 아주 비슷하게 탄소질 물질이 풍부한 것으로 드러났기 때문이다. 오시리스-렉스는 최적의 표본 채취 장소를 선택하느라 소행성 주위의 궤도를 돌며 1년 반 이상을 보낸 뒤에 베누의 탄소질 물질을 약 60g 이상 채취해 2023년 9월 24일에 지구로 귀환할 예정이다.(오시리스-렉스는 계획대로 표본을 채취해 2023년 9월 24일에 지구로 귀환했다.—옮긴이) 만약 두 임무가 계획대로 잘 굴러간다면, 하야부사 2호와 오시리스-렉스가 가져올 유기 분자가 가득한 외계 표본은 지구에서 생명을 낳은 유기 화합물의 기원에 대해 중요한 정보를 제공할 것이다. 이것은 과학적으로 결코 사소한 기여가 아니다.

행성들의 배열: 태양계는 특별한 장소인가?

천문학과 운석학을 결합해 현재 진행 중인 매력적인 연구 분야는 태양계 행성들의 배열을 이해하는 데 초점을 맞추고 있다. 망원경이 발명된 이래 태양 가까이에는 작은 암석질 행성들이 궤도를 돌고, 더 멀리 떨어진 바깥쪽에는 목성과 토성 같은 '거대 기체 행성'이 궤도를 돈다는 사실이 알려졌다. 하지만 최근에 외계 행성들이 많이 발견되면서 이러한 배열은 다른 행성계에서는 사실상 보기 드문 것으로 드러났다. 대다수 행성계에서는 거대 기체 행성들이 중심 별에 아주 가까운 곳에 위치해˙ 사실상 수성과 금성과 지구가 있는 곳에 목성과 토성, 해왕성이 있는 것이나 다름없다. 왜 태양계는 행성들의 배열이 대다수 행성계들과 완전히 다를까? 그리고 이 배열은 태양계에서 생명의 발달에 결정적 역할을 했을까?

• 많은 별들은 쌍성계를 이루고 있다는 사실에도 주목할 필요가 있다. 〈스타워즈〉에서 두 개의 태양이 지는 타투인 행성의 유명한 석양 장면은 다른 세계들에서는 결코 특이한 광경이 아니다.

만약 다른 행성계에서 우리와 비슷한 배열이 발견된다면, 그곳은 생명이 발달할 가능성이 더 높을까?

이것은 물론 다양한 측면에 걸친 문제여서 여러 분야의 전문가들이 필요하지만, 이 문제에 운석이 중요한 방식으로 도움을 줄 수 있다. 운석을 사용해 태양계의 시원적 구조를 재구성할 수 있다. 즉, 먼 옛날에 태양계의 모습이 어떠했는지 보여주는 "지도를 다시 작성"할 수 있다. 1장에서 이야기했듯이, 태양계의 구조는 많이 변했는데, 특히 탄생 초기에 많이 변했다. 그 이유는 초기의 가스와 먼지 원반에 행성을 만드는 데 사용할 수 있는 물질이 한정돼 있었기 때문이다. 그래서 목성과 토성이 먼저 생겨나 원반에 있던 물질 중 대부분을 흡수했고, 안쪽 행성들을 만들 수 있는 재료는 사실상 부스러기만 남았다. 작은 행성들을 만들 만큼 충분한 물질이 아직 남아 있긴 했지만, 거대 기체 행성들은 계속 커져갔고, 중력의 작용으로 이 행성들은 태양 주위를 돌기에 가장 안정한 궤도를 찾아 이동했다. 그 과정에서 거대 기체 행성들은 태양 근처의 행성으로 뭉쳐 살아가려고 했던 부스러기들에 대혼란을 초래했다.

이 과정에서 운석들의 모체가 생겨났다. 더 큰 행성이 되려고 애쓰던 미행성체들이 태양 가까이에서부터 거대 기체 행성들 밖의 외곽에 이르기까지 그 당시 태양계 전체에 흩어져 있었다—하지만 지금은 모두 같은 장소에서 이웃을 이루어 살고 있다. 같은 장소란 바로 소행성대이다. 오늘날 지구로 오는 운석들은 소행성대에서

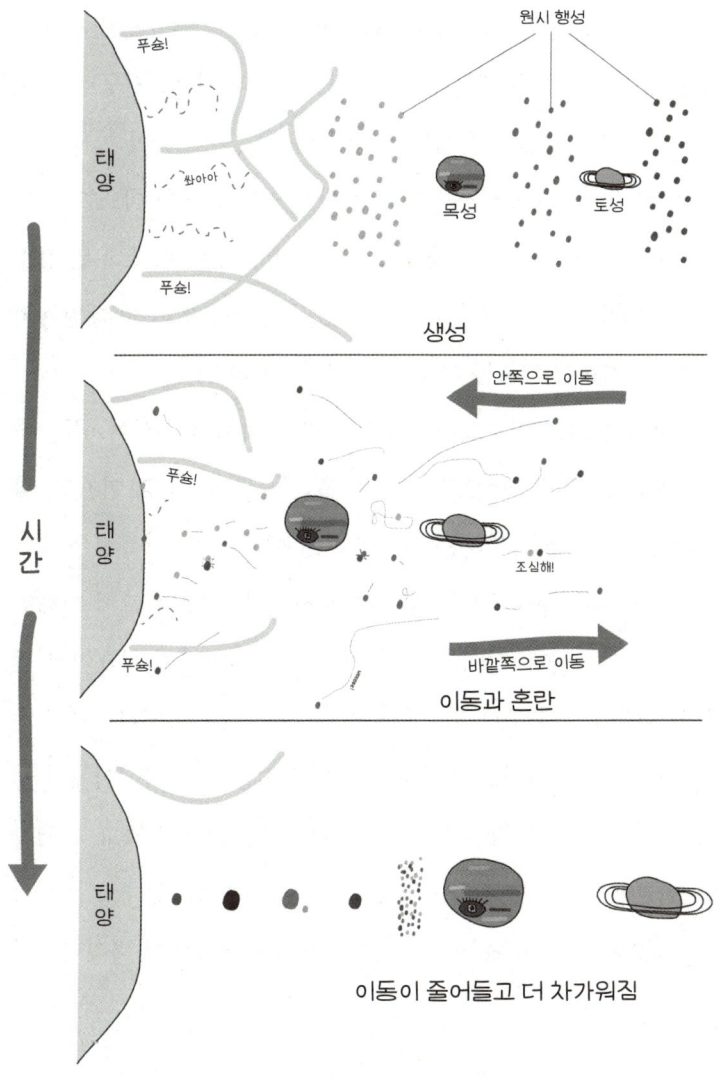

1장에서 살펴본, 거대 기체 행성의 이동에서 비롯된 초기 태양계의 혼돈에 관한 그림. 운석의 동위 원소 지문을 사용해 이 이동이 일어나기 이전의 태양계 구조를 재구성할 수 있으며, 따라서 초기 태양계의 모습을 그려볼 수 있다.

날아오는데, 행성이 되려다 실패한 이 부스러기들이 서로 충돌할 때 떨어져 나온 작은 파편들이 우주 공간을 떠돌다가 지구로 온다. 따라서 우리가 수집한 운석들은 단지 현재 그 모체들이 머물고 있는 장소뿐만 아니라, 태양계 전체에 퍼져 있던 물질을 대표한다. 그리고 이 모든 물질이 거대한 재배치가 일어난 뒤에 머물게 된 장소뿐만 아니라 처음에 생겨났을 때 있었던 장소를 안다면, 태양계의 생성과 진화를 이해하는 데 큰 도움이 될 것이다.

운석에는 원래 어디에서 생겨났는지 알려주는 특성이 있는 것으로 드러났다. 직관적으로는 매우 유력한 특성처럼 보이지만, 실제로는 그 기원을 파악하는 데 별로 도움이 되지 않는 특성은 물의 함량이다. 물은 우주에서 놀랍도록 흔하지만, 대부분 고체 형태인 얼음으로 존재한다. 그리고 물이 액체 상태이건 고체 상태이건 간에, 암석에서 물을 쫓아내는 데에는 그다지 많은 열이 필요하지 않다. 그래서 어떤 천체가 태양처럼 아주 뜨거운 천체 가까이에서 생성된다면, 뜨거운 태양 때문에 물을 많이 포함할 수가 없고, 천체가 뜨거울 때에는 물이 거기에 머물러 있지 않는다.* 반대로 별에서 멀리 떨어진 곳에서 천체가 생겨날 때에는 물이 전혀 빠져나가지

• 만약 그 물체에 행성과 같은 대기가 있다면, 우주 공간으로 빠져나가려는 수증기를 붙잡을 수 있다. 여러 가지 이유로 어떤 천체는 대기가 있는 반면에 어떤 천체는 대기가 없는데, 이 점은 문제를 더 복잡하게 만든다.

않으므로 물을 많이 포함하게 된다. 이 원리는 태양계 전체에서 일반적으로 성립한다. 태양계 내에서 아주 먼 바깥쪽에서 생성된 게 확실한 혜성 같은 천체는 물이 언 얼음이 구성 성분의 거의 100%를 차지하는 반면, 태양 가까이에서 생성된 수성 같은 천체에는 물이 거의 없다. 물의 함량을 기준으로 어떤 천체가 태양계에서 처음에 생성된 장소를 파악하려는 시도에는 한 가지 문제가 있는데, 아주 큰 천체에서도 물의 함량은 변하기 쉽기 때문이다. 만약 혜성이 행성과 충돌하면, 큰 바다에 해당하는 양의 물을 행성에 추가할 수도 있다. 만약 물의 함량이 낮은 소행성이 행성과 충돌하면, 충돌에서 발생한 열 때문에 상당량의 물이 증발해 우주 공간으로 빠져나갈 수 있다. 따라서 행성체가 처음에 생겨난 장소를 파악하려면, 물의 함량 외에 다른 도구가 필요하다.

막 활용되기 시작한 도구 중 하나는 '고지자기古地磁氣'인데, 이것은 사실상 오래전에 기록된 자기장을 들여다보는 것과 같다. 태양은 막 태어났을 때 강한 자기장을 갖고 있었다. 막대자석으로 못을 자화시키는 것과 비슷하게 태양의 자기장은 주변의 물체에 영향을 미쳤는데, 자기 광물들이 배열된 방식을 보면 그 영향을 추정할 수 있다. 어린 태양에 가까이 있었던 물체일수록 그 암석들에 기록된 자기장의 영향이 더 강하게 남아 있을 것이다. 불행하게도 이 방법은 모든 종류의 표본에 통하는 것은 아니며, 지구에서 암석을 적절하게 다루지 않는다면 잘못된 결과가 나올 수 있다. 그래도 고지자기는 태양계가 막 탄생했을 때 어떤 천체가 태양에서 얼마나 떨어져 있었는지 계량화할 수 있는 수단을 제공한다.

생성 당시의 표본과 태양 사이의 거리를 알아내는 또 한 가지 방법은 우리의 오랜 친구인 동위 원소*가 제공한다. 오늘날의 질량 분석법이 지닌 정밀도 덕분에 최근의 몇몇 연구에서 운석에 기록된 동위 원소 조성 기울기가 태양과의 거리와 밀접한 관계가 있다는 결론을 얻었다. 이것은 태양계 안쪽에서는 높은 열 때문에 특정 물질 상태들이 증발하는 반면, 태양계 바깥쪽에서는 낮은 온도 때

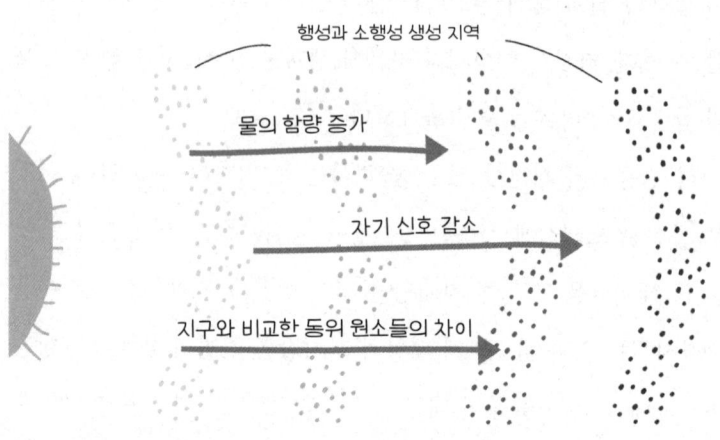

우주 위치 추적cosmolocation 연구는 운석의 여러 가지 성질을 살펴봄으로써 그 운석이 생성된 장소를 파악하는 방법이다.

---

* 동위 원소와 그 용도에 관해서는 부록을 참고하라.

문에 원반 바깥쪽 부분의 이 물질 상태들이 아무 영향을 받지 않아서 일어났거나(온도 차이에 따라 얼음에 일어나는 상태 변화와 비슷하게), 아니면 물질이 우리의 우주 믹서, 즉 태양과 행성들을 탄생시킨 회전 원반에서 섞인 방식과 관계가 있을 수도 있다.

물의 함량을 보건, 동위 원소 지문을 보건, 잔류 자기를 보건, 혹은 이상적으로는 이 셋을 모두 종합해서 보건 간에, 이러한 장소 특이적 지문을 사용해 탄생 초기의 태양계 모습을 재구성할 수 있다. 그리고 우리는 난마처럼 뒤엉킨 소행성대의 실타래를 풀어 초기 태양계에서 행성체들의 위치를 알아냄으로써 태양계의 원래 구조를 파악하려고 한다. 그러면 태양계의 진화를 더 잘 이해할 수 있을 뿐만 아니라, 그것을 다른 행성계의 구조와 비교할 수 있기 때문이다.

태양계 생성:
시작의 방아쇠를 당긴 것은 무엇?

우리는 태양이 언제 생겨났는지(약 45억 6800만 년 전에) 알고 있지만, 태양은 어떻게 탄생했을까? 태양계 생성 과정을 시작하게 한 원인은 무엇일까? 조금 더 넓게 본다면, 우리는 어떻게 여기에 있을까? 우리은하에서 다른 행성계가 탄생하는 장소들을 망원경으로 관찰한 결과에 따르면, 태양계는 거대한 가스와 먼지 구름으로 시작해 그것이 붕괴하면서 태양과 행성들이 생겨난 것으로 보인다. 하지만 아이작 뉴턴이 알려준 것과 우리가 소파에 누워 넷플릭스 영화를 보면서 반복적으로 직접 경험한 바에 따르면, 정지하고 있는 것은 계속 정지 상태로 머물려는 경향이 있다. 그렇다면 45억 6800만 년 전에 우주 공간에 활기 없이 떠 있던 거대한 가스/먼지 구름이 어떻게 빠르게 붕괴하는 원반으로 변했고, 거기서 태양과 행성, 소행성, 혜성, 그리고 결국에는 자 자 빙크스*까지 생겨났을까? 충분히 많은 먼지 알갱이들이 그저 무작위로 들러붙다가 태양과 행성들을 탄생시킨 중력 도미노 효과가 일어났을까? 아니면 우리의 먼지 구름에 영향력을 행사한 외부의 원인이 있었을까? 태양 성운의 붕괴를 촉발한 원인으로 외부의 영향을 끌어들이는 것은 종교적 주장에 가까운 것처럼 들릴 수도 있다. 하지만 근처의 초신성 폭발에서 발생한 충격파라면 활기 없는 상태로 넓은 공간에 퍼져 있던 성운을 빠르게 수축하는 원시 별로 변화시키기에 충분한 자극을 제공할 수 있다. 하지만 태양계가 태어나기도 전에 일어난 사건을 어떻게 알 수 있을까? 만약 태양계 생성이 초신성의 충격파로 시작되었다면, 우리 성운에는 폭발한 별의 다른 구성 성분들도 흘러 들어왔을 것이다. 그렇다면 이 성분들은 초신성 폭발 사건을

- 분명히 하자면, 나는 자 자 빙크스 Jar Jar Binks(〈스타워즈〉의 등장 인물 — 옮긴이)가 긍정적 결과물이라고 주장하려는 것이 아니다. 하지만 그는 우리 원시 성운의 최초 붕괴에서 생겨난 결과물이었고…… 분명히 〈스타워즈〉 우주의 붕괴를 촉발한 단초가 된 인물이다.

뒷받침하는 물리적 증거가 될 수 있는데, 운석에 그런 성분들이 포함돼 있는지 살펴볼 수 있다.

특정 종류의 운석에는 태양 이전 알갱이presolar grain라고 부르는 알갱이가 포함돼 있는데, 이것은 죽은 별의 화석에 해당하는 것으로, 가장 원시적인 표본에서 발견된다. 불행하게도 우리는 태양 이전 알갱이가 언제 어디서 왔는지 정확히 알지 못하며, 다만 그런 것이 존재하며, 또 태양이 탄생하기 이전부터 존재했다는 사실만 안다. 우리 분자 구름의 붕괴를 촉발한 특정 초신성의 증거를 찾으려면, 그 초신성 폭발이 언제 일어났는지 알려주는 증거가 필요하다. 다행히도 별이 그토록 격렬하고 극적인 방식으로 죽음을 맞이할 때에만 생성되는 방사성 동위 원소가 그 시기를 알려주는 단서를 제공한다.

조리를 할 때, 특정 요리에는 특정 조건이 필요하다. 미주리주 캔자스시티 토박이인 나는 전자레인지로는 군침이 절로 돌 만큼 딱 알맞게 익은 바비큐 갈비를 만들 수 없다는 사실을 자연적으로 안다. 제대로 조리하려면, 연기가 나는 숯불 위에서 낮은 온도로 오랜 시간 천천히 구워야 한다. 이와 비슷하게 어떤 동위 원소는 특정 조건에서만 만들어진다. 그리고 별이 폭발할 때에는 제한된 공간에 여분의 중성자가 가능한 환경이 만들어신다. 이렇게 중성자 밀도가 극도로 높은 환경에서는 다른 방법으로는 만들어지지 않는 동위 원소들이 생겨난다. 그중 일부 동위 원소는 방사성을 지니고 있어 운석 내부에 장착된 시계 역할을 하는데, 이 시계는 폭발이 일어난 순간부터 재깍거리기 시작했다. 특정 방사성 동위 원소의 존재는, 태양계 탄생의 방아쇠를 당긴 원인이 정말로 초신성인지 판단하는 데 필요한 바로 그 증거이다.

만약 별이 폭발하면서 우리의 분자 구름에 방사성 동위 원소들을 공급했다면, 이 동위 원소들은 같은 원소의 사촌 동위 원소들과 섞였을 것이다. 따라서 광물상에서 그 특정 원소가 많이 농축돼 있는 운석에서 가장 쉽게 발견될 것이다. 예를 들면, 초신성 폭발 때에만 만들어지는 특정 철 동위 원소의 증거를 찾는다면, 우선 철이 많이 포함돼 있는 운석을 찾아야 한다. 그러려면 적절한 표본을 찾아 그 암석학적 구조와 조성을 파악해야 할 뿐만 아니라, 비교를 위해 여러 광물상의 동위 원소 조성을 화학적으로 분리하고 측정하는 작업이 필요하다. 이런 방향으로 진행된 연구들은 초신성의 충격파가 태양계의 탄생을 촉발한 방아쇠였는가라는 질문에 아직 확실한 답을 내놓지 못했지만, 추가 연구에 계속 주목할 필요가 있다.

운석학에는……
마을 전체가 필요하다

위에서 소개한 연구들은 이전부터 다년간 진행돼왔고 앞으로도 다년간 계속 진행될 연구 계획들이다. 그런 점에서 이 연구 계획들은 특별한 것이라고 할 수는 없다. 운석학 연구―그리고 이 문제에 관련된 대다수 과학 분야―는 단체 경기이다. 이런 종류의 연구에는 다양한 분야에 종사하는 전문가들의 협력 네트워크가 필요하다. 수천 명의 공학자와 비행 전문가, 수학자가 필요한 곳은 우주 임무뿐만이 아니다. 지상에서 진행되는 운석 연구에도 동일한 인적 자원이 필요하다. 예컨대 초신성이 태양계 탄생의 원인인지 아닌지 밝히려는 연구 계획을 살펴보자. 기본 개념은 태양계 탄생 초기에 특정 종류의 방사성 물질이 얼마나 많이 존재했는지 알아내는 것이다. 이것은 일견 아주 간단해 보이지만, 그 전에 먼저 그 방사성 동위 원소가 배경 물질로 존재하는 양을 알아야 하고, 또한 서로 다른 초신성 폭발에서 생긴 양이 각각 얼마인지 알 필요가 있다. 그러려면 그런 폭발들을 모형으로 만들고 초신성 폭발의 잔해가 분자 구름에 어떻게 섞여드는지 예측하는 과학자가 필요하다. 지난 45억 년 동안에 일어났을지도 모르는 운석의 변형에 혼동되어서는 안 되기 때문에, 우리가 조사하는 운석이 정확한 표본인지 확인해 줄 암석학 전문가도 필요하다. 그리고 나서 최선의 표본을 화학과 질량 분석 전문가에게 보내, 원하는 원소들과 동위 원소들의 분리와 정확한 측정을 맡겨야 한다. 결과가 정확하게 나오도록 보장하려면, 이 과정을 여러 운석을 대상으로 여러 차례 반복할 필요가 있다. 특정 주제에 관한 어떤 문제에서는 한 개인이 놀라운 기여를 할 수 있지만, 큰 문제에서 의미 있는 과학적 진전을 이루려면, 다양한 배경과 재능을 가진 사람이 많이 필요한 경우가 많다.

운석학은 처음에 잘못된 걸음을 몇 번 내디뎠고, 우주 시대의 도래로 운석의 과학적 가치가 명백히 입증될 때까지 지난 200년 동안 지지부진한 상태에 놓여 있었다. 이 때문에 태양계의 타임캡슐 연구에서 비롯된 과학 지식의 폭발에는 불과 몇 세대의 전문 분야 과학자만이 참여할 수 있었다. 더 다양하고 더 많은 과학자 집단이 이 암석들을 연구하기 시작하면, 얼마나 놀라운 사실들이 밝혀질까? 그러니 앞으로 이 분야를 계속 주시할 필요가 있으며, 물론 직접 참여해 활동할 수 있다면 더할 나위가 없다.

운석을 본격적으로 연구하는 것은 기원을 연구하는 것이다. 즉, 생명체가 거주할 수 있는 행성에서 진화한 우리의 기원, 그리고 현대 문화를 이루어 인간으로 살아가는 우리의 기원을 탐구하는 것이다. 운석은 우리가 인간성을 발전시키기까지 걸어온 여행에서, 그리고 우리가 어떻게 여기까지 이르게 되었는지(폭발한 별의 원자들의 재활용에서 시작해 지구의 생성, 바다에서 기어나온 생명체, 새로운 신을 숭배하는 종교적 무리에 이르기까지) 이해하는 여행에서 지대한 역할을 했다. 그리고 이 모든 것은 진정한 인간성을 찾기 위한 계획에서 큰 의미를 지닌다. 나는 우리 모두가 이 여행의 일부라는 사실에 감사한다.

부록

운석 연구의 기초

부록 1

운석의 분류

본문에서 다루었지만, 소행성의 궤도역학 연구는 우리 종의 때 이른 퇴장을 피하는 데 도움을 줄 수 있고, 운석학이 제공하는 과학적 정보는 우리가 애초에 어떻게 나타나게 되었는지에 대해 많은 것을 알려줄 수 있다. 하지만 그러려면 먼저 운석을 제대로 식별하고 분류하는 것이 필요하다. 운석은 그저 우주에서 떨어지는 같은 종류의 암석이 아니며, 어느 모로 보더라도 지구에서 생성된 암석들보다 훨씬 다양하다. 일부 운석에는 물이 아주 높은 비율로 들어 있어 운석은 지구의 바다에 물을 공급한 원천이었을 가능성이 있지만, 어떤 운석은 너무나도 건조해 지표면에 잠시 머무는 것만으로도 상당량의 물을 흡수한다. 어떤 종류의 운석은 유기 물질을 많이 포함하고 있어 지구 생물권에 기본 구성 요소를 공급했을 수 있다. 어떤 운석은 녹은 적이 한 번도 없으며, 오래전에 죽은 별의 화석과 태양계에서 맨 처음 생겨난 물체를 포함하고 있다. 하와이 화산에서 분출한 암석처럼 보이는 운석도 있는데, 실제로는 화성에서 온 것이다. 어떤 암석을 운석으로 분류하는 것(그것이 지구에 생성된 암석이 아님을 확인하는 것)은 첫 단계에 불과하다.

등장인물들의 이름도 배경 이야기도 다른 인물과의 연결 고리도 전혀 모르는 상태에서 〈스타워즈〉 영화를 본다고 생각해보라. 물론 그래도 한 솔로는 여전히 멋질 테지만, 그가 밀수꾼으로 생계를 유지하고, 란도(나중에 그를 도와주고 배신하는)라는 남자와 도박을 해 우주선을 얻고, 자바 더 헛이라는 갱단 두목에게 큰 빚을 지고 있다는 사실을 알면, 한 솔로가 더욱 매력적으로 보일 것이다. 단순히 인물들의 유기적 조직과 연결 관계 때문에 훨씬 나은 이야기가 된다. 이와 비슷하게 우주를 포함해 우리가 살아가는 자연계도 복잡한 네트워크의 그물로 이루어져 있다. 조직과 연결이 없으면, 큰 그림에 관한 문제나 자연계의 '이야기'를 이해한다는 것은 꿈도 꾸기 어렵다. 따라서 그토록 복잡한 계에서 어떤 것을 이해할 수 있는 최선의 기회는 분류학에 달려 있다.

지구지질학에서는 모든 암석을 크게 세 집단으로 분류한다. 지질학자가 아닌 사람들도 대부분 과학 교육 과정 중 어느 단계에서 암석 순환의 세 기둥에 해당하는 화성암, 퇴적암, 변성암이란 용어를 배운다. 대다수 사람들은 셋 중에서 화성암에 가장 큰 매력을 느낄 텐데, 화성암은 화산과 액체 상태의 뜨거운 마그마에서 유래하기 때문이다. 요컨대 화성암은 녹아 있던 암석이 결정화 과정을 거쳐 오늘날 우리가 보는 것과 같은 모습으로 변한 것이다. 화성암은 반짝이는 결정을 많이 포함하고 아름다운 색을 띨 수 있으며, 그래서 온갖 환호와 찬사를 독차지한다. 퇴적암은 화성암에 비해 훨씬 수수하고 평범하여 암석 중에서는 평민에 해당한다. 퇴적암은 거의 다 물속에서 오랜 시간에 걸쳐 천천히 생성되며, 위에서 떨어져 내려오는 물질은 무엇이건 쌓여서 형성된 퇴적층에서 생기거나(예컨대 사암), 물속에서 과포화 상태에 이른 물질이 침전되어 생긴다(예컨대 석회암). 변성암은 화성암이나 퇴적암이 생성된 뒤에 그 성질이 변한 암석이다. 땅속 깊은 곳에서 큰 압력과 높은 열을 받아 원래의 결정이나 결정층이 비틀리거나 단단하게 짓눌려, 전혀 다른 특징을 지닌 (때로는 이전의 모습을 전혀 알아볼 수 없는) 암석으로 변한다.

위에서 설명한 분류 체계는 중력과 흐르는 물과 판들의 활동이 퇴적과 파괴와 변형의 지배적인 요인으로 작용하는 곳에서 생겨난 지구의 암석들에는 잘 적용된다. 하지만 우주 공간에는 해저 퇴적과 판 구조론이라는 조건이 존재하지 않는다. 행성들 중에서 바다가 있고 판들의 활동이 일어나는 곳은 지구밖에 없다. 알려진 운석들 중 대다수는 진공 상태의 우주 공간에서 가스와 먼지가 서로 들러붙으면서 생겨나 대체로 그 상태를 그대로 유지했거나 혹은 전체가 거의 다 고체 금속으로 만들어졌다. 운석은 기묘한 암석이다. 그리고 지구의 암석과는 완전히 다른 환경에서 만들어진 기묘한 암석들은 아주 다른 분류 체계가 필요하다.

유명한 SF 작가(덜 알려지긴 했지만 생화학 교수이기도 했던) 아이작 아시모프 Isaac Asimov는 분류학을 다음과 같이 표현했다.

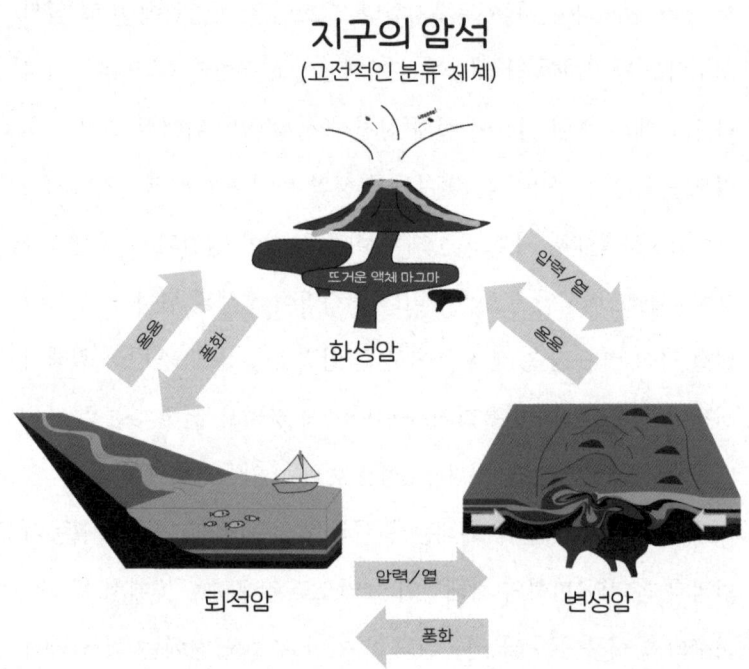

이것은 지구의 암석에 일어나는 기본적인 암석의 순환이다.
운석은 이 구도에 들어맞지 않는다.

카드 게임을 하는 사람은 자신의 패를 최대한 유리하게 정리하는 것으로 시작한다. 과학자도 수집한 사실들을 가지고 똑같이 한다.

영향력 있는 대중 과학 작가 스티븐 제이 굴드Stephen Jay Gould는 이렇게 말했다.

분류는 자연 질서의 기본에 관한 이론이며, 단지 혼돈을 피하려고 모아놓은 지루한 목록이 아니다.

하지만 내가 가장 좋아하는 표현은 열대 딱정벌레 전문가이자 현대 분류학의 진정한 거장(만약 그런 게 있다면)인 리처드 블랙웰더 Richard Blackwelder 교수가 한 말이다.

분류학 연구는 가장 넓은 의미에서 본다면 나머지 모든 분야의 기초일 뿐만 아니라, 생물학이나 박물학에서 가장 오래된 분야이다. 왜냐하면 우리와 관련된 사물들에 대한 지식을 얻는 첫 단계는 그것들을 구분하고 식별하는 법을 배우는 것이기 때문이다.

분류는 현재 진행 중

초기의 운석 수집가들도 우주에서 날아온 암석이 지구의 암석과 아주 다르다는 사실을 알았다. 그리고 운석에서 많은 것을 알아내

- 여담이지만, 블랙웰더가 얼마나 흥미로운(그리고 인상적인) 분류학자인지 보여주는 일화가 있다. 곤충학 분야에서 광범위한 업적을 세우고 은퇴한 뒤에 블랙웰더는 여가 시간을 활용해 자신이 좋아하는 판타지 문학 작가 톨킨 J. R. R. Tolkien 에 관련된 것이라면 무엇이건 닥치는 대로 수집했다. 그 후 20여 년 동안 블랙웰더는 개인적으로 역대 최대 규모의 톨킨 전설 모음집을 수집하고 조직했다.

려고 한다면, 다양한 표본들 사이의 유사점과 차이점을 아는 것이 중요하다는 사실도 알았다. 그래야 다양한 종류의 운석이 태양계의 생성과 진화에 대해 알려주는 이야기를 제대로 이해할 수 있을 것이기 때문이다. 현재의 운석 분류 체계는 1860년대 후반에 베를린 대학교 광물학 교수이자 베를린의 왕립광물학박물관 관장이던 구스타프 로제Gustav Rose와 대영박물관의 머빈 허버트 네빌 스토리 매스클라인Mervyn Herbert Nevil Story Maskelyne*의 연구로 시작되었다. 아마도 당연한 일이겠지만, 이 두 선구자는 유명한 과학자들의 손자들이어서 그 피에는 질서와 조직이 흘렀던 것으로 보인다. 구스타프는 비록 봄철의 냄새 때문에 그런 이름이 붙은 것은 아닐 테지만, 지금도 '로제 합금'이라 불리는 납과 비스무트, 주석의 합금을 만든 대☆ 발렌티네 로제Valentine Rose의 손자였다.**(Rose metal은 영어로 '장미 금속'이란 뜻이 될 수 있으므로 저자가 또 아재 개그를 한 것이다.—옮긴이)

---

* 나라면 매스클라인의 이름 중에서 4개 모두는 말할 것도 없고 어느 하나도 오늘날의 아기 이름으로 추천하지 않을 것이다. 그 아이가 나중에 학교 운동장에서 심하게 놀림을 받거나 로커나 캐비닛에 자주 갇히길 원치 않는다면 말이다.
** 매스클라인의 할아버지인 네빌 매스클라인 목사는 영국 왕실 천문관이었고, 최초로 지구의 무게를 과학적으로 측정한 사람이었다.

주요 운석 집단

많은 종류의 운석에서 우리가 얻을 수 있는 정보를 제대로 이해하려면, 운석들이 각각 어떤 집단으로 분류되며, 왜 그렇게 분류되는지 아는 것이 중요하다. 모든 것과 마찬가지로 서로 경쟁하는 체계들이 있다. 수많은 운석들을 다소 비슷한 특징을 가졌다는 이유로 같은 범주로 묶길 원하는 사람들이 있는데, 이들을 병합파라고 부른다. 반면에 세세한 차이를 바탕으로 수백 개의 집단으로 나누길 원하는 사람들이 있는데, 이들을 세분파라고 부른다. 어느 진영에 속했건 간에, 물리적 특성, 광물학적 특성, 화학적 그리고/또는 동위 원소 조성 등(그 명단은 계속 이어진다.)에 따라 운석을 분류하기로 선택할 수 있다. 최근의 기술 발전에 힘입어 '유전적' 관계와 원반에서 생성된 모체의 위치(태양에 가까운 곳인지 멀리 떨어진 곳인지)에 따라 운석들을 분류할 수 있게 됨에 따라 이 명단은 더욱 복잡해질 수 있다. 세부적인 것에서는 분류 체계가 다소 혼란스러워질 수 있지만, 여기서는 더 고전적인 체계를 따르기로 하자.

150년도 더 전에 구스타프 로제가 한 것처럼 운석은 크게 콘드라이트chondrite와 아콘드라이트achondrite의 두 집단으로 나눌 수 있다. 콘드라이트라는 이름은 그 운석에 포함된 콘드룰chondrule이라는 구상체球狀體에서 유래했다.* 콘드룰은 운석학계 밖의 사람들은 물론이고 심지어 지질학자에게도 낯선 물질인데, 이것은 운석 이외의 다른 곳에는 존재하지 않기 때문이다. 자세히 설명하자면 복잡하지만, 콘드룰은 기본적으로 밀리미터 단위의 둥근 암석으로, 한때 우주 공간에서 자유롭게 떠다니던 용융 상태의 작은 구상체였다. 콘드룰은 콘드라이트에서 상당한 비율을 차지하며(종종 80% 이상에 이를 정도로), 대다수 콘드라이트에서 맨눈으로 쉽게 식별할 수 있다. 반면에 아콘드라이트에는 콘드룰이 없다. 그 이유는 콘드룰이 녹아서 사라져버렸거나 애초에 그 운석에 아예 존재하지 않았을 수 있다. 어쨌든 아콘드라이트는 어느 시기에 녹았다가 대략 행성 비슷한 것이 된 행성체에서 떨어져 나온 파편이 우주를 떠돌다가 우리에게 날아온 것이다.

한 번도 녹지 않은 암석의 분류: 콘드라이트

모든 종류의 콘드라이트는 우주에서 생성된 퇴적암(지구의 퇴적암처럼 물속에서 생성된 것이 아니라)이라고 생각하면 이해하기 쉽다. 태양이 아직 어리고 행성들이 막 생겨나던 무렵인 태양계의 역사 초기에는 많은 가스와 먼지, 작은 암석 덩어리가 우주 공간에서 떠돌고 있었다. 무작위적으로 떠돌아다닌 것처럼 보인 이 우주의 부

• 다소 1차원적이고 따분해 보이는 이 작명법은 우주지질학자들이 창의성이 부족하다는 인상을 줄 수 있지만, 이들은 운석의 분류를 제외한 부분에서는 그렇지 않다.

스러기들이 중력 작용으로 서로 모여 비교적 작은 미행성체를 이루었다. 암석과 분류 모두를 위해 중요한 사실은, 이 콘드라이트 미행성체는 구성 성분을 녹일 만큼 충분한 열이 발생한 적이 없었다는 점이다. 생성 과정에서 많은 열이 발생할 만큼 크기가 충분히 크지 않았거나,* 초기 태양계에 존재했던 (수명이 짧고 열을 발생시키는) 방사성 원소 대부분이 붕괴해서 사라진 다음에 생성되었거나,** 혹은 두 가지 이유가 복합적으로 작용했기 때문일 것이다. 그 이유야 무엇이건 간에, 지금 우리는 녹은 적이 전혀 없는 초기 태양계의 거의 순수한 표본을 콘드라이트에서 볼 수 있다. 그리고 콘드라이트는 생성 이후에 거의 변하지 않았기 때문에, 이 표본은 태양계가 어떻게 생겨났으며, 2차 과정(용융과 혼합 같은 과정. 이 과정은 태양계의 상태를 너무 복잡하게 만들어 원래 상태로 재구성하는 것을 매우 어렵게 만든다.)이 시작되기 이전에 어떤 물질로 이루어져 있었는지를 파헤치는 데 중요한 단서를 제공한다.

일반적으로 콘드라이트의 중요한 특징 한 가지는 태양계를 탄생

• 큰 물체는 작은 물체들이 많이 뭉쳐서 생긴다. 작은 물체들이 아주 많이 모이면, 그 사이에 많은 충돌이 일어나며 열에너지가 많이 발생한다. 운동 에너지가 열에너지로 변하는 이 과정을 일반적으로 '강착 에너지energy of accretion' 또는 '강착 열accretionary heat'이라고 부른다.

•• 이 주제에 관한 자세한 내용은 뒤에서 다룰 테지만, 지금은 태양계에 존재하지 않는 동위 원소들이 태양계가 탄생한 초기에 존재했다는 개념은 아주 놀랍다. 이 사실은 진화 과정에서 각각 다른 단계에 있는 여러 종류의 별들이 보이는 행동 덕분에 알 수 있다.

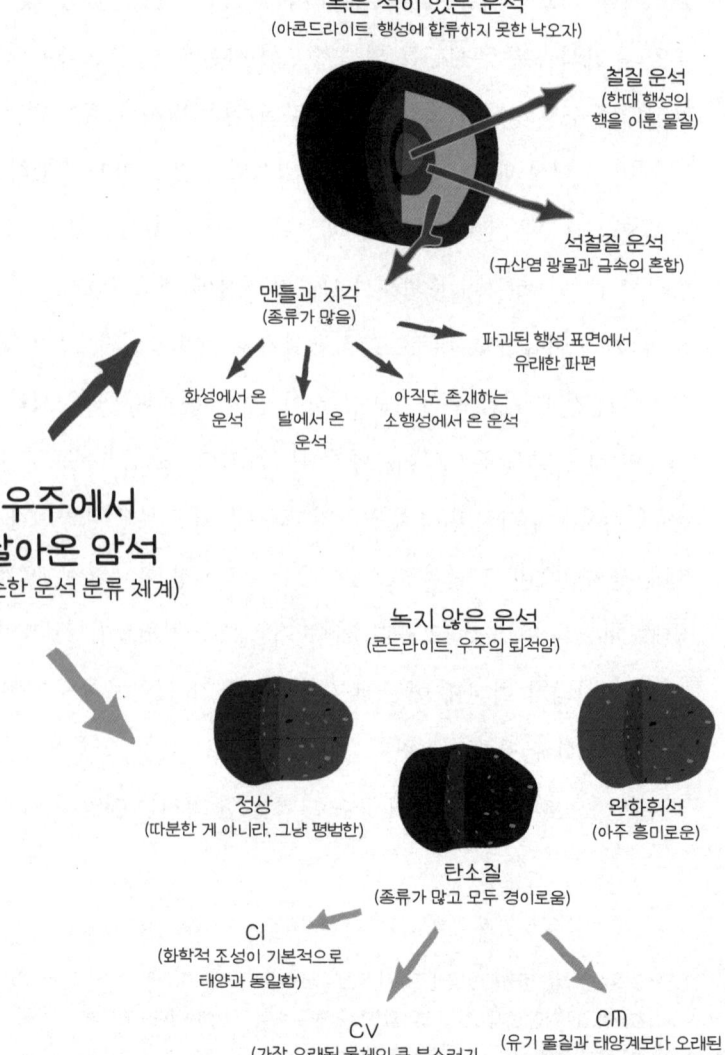

다양한 종류의 운석을 구분하는 분류 체계를 단순하게 정리한 것.

시킨 분자 구름의 원소 조성을 거의 그대로 물려받았다는(그리고 계속 유지했다는) 점이다. 그 사실을 어떻게 아느냐고? 첫째, 우리는 분광학이라는 멋진 기술 덕분에 태양이 어떤 원소들로 이루어져 있는지 정확히 파악할 수 있다. 분광기는 기본적으로 별(이 경우에는 태양)을 응시하면서 거기서 나오는 전자기 스펙트럼(즉, 가시광선과 적외선, 자외선 등등)을 기록한다. 그리고 이 복사의 다양한 파장을 분석함으로써 그것들이 어떤 원소들 때문에 나타나는지 알 수 있고, 따라서 태양이 어떤 원소들로 이루어졌는지 알 수 있다.• 태양은 태양계 전체 질량의 99.8% 이상을 차지하지만, 행성들과 운석들이 서로 차지하려고 싸운 나머지 부스러기들(그중 대부분은 목성이 집어삼켰다.) 역시 여전히 동일한 기본 물질로 이루어져 있고, 태양계가 생성된 뒤에 추가된 기묘한 물질이 아니다. 그것을 어떻게 아느냐고? 앞에서 언급한 콘드라이트가 어떤 원소들로 이루어져 있는지 조사해보면, 휘발성이 강한 원소들을 제외한 나머지 원소들의 조성 비율이 태양과 거의 완벽하게 일치하기 때문이다. 그리고 생각해보면, 운석에 비활성 기체가 태양만큼 많이 포함돼 있지 않은 것은 지극히 당연하다. 헬륨, 네온, 아르곤 등은 맨 바깥쪽 전자껍질이 전자로 꽉 채워져 있어 암석을 만드는 광물과 결합하지 않는다.

• 태양의 경우에는 수소와 헬륨이 대부분을 차지하고, 산소와 탄소가 약간 있으며, 나머지 천연 원소들(서로 결합하여 우리 존재의 기반을 이루는 구성 요소가 된)이 극미량 포함돼 있다.

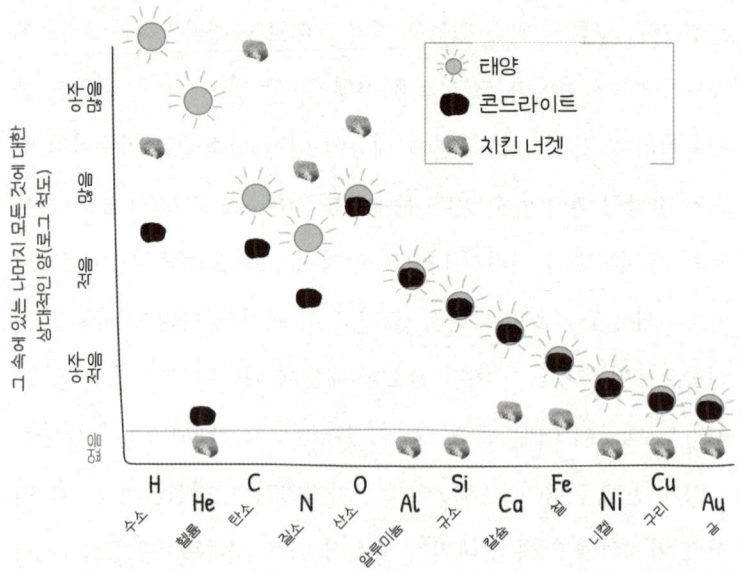

태양계를 이루는 물질이 무엇인지 이해하려고 할 때 콘드라이트가 치킨 너겟보다 훨씬 나은 대용물임을 보여주는 도표. 콘드라이트와 태양에 포함된 원소의 비율이 일치하는 경향은 주기율표의 나머지 원소들에 대해서도 기본적으로 성립한다. 콘드라이트의 구성 성분 비율이 태양과 큰 차이가 나는 경우는 주로 휘발성이 아주 높은 기체(예컨대 헬륨)로 존재하는 경우뿐이다.

기본적으로 콘드라이트 운석과 태양 사이의 이러한 일치가 말해 주는 가장 중요한 사실은, 행성들과 태양(그리고 태양계의 나머지 모든 것)이 애초에 본질적으로 아주 비슷한 물질로 만들어졌다는 것이다. 각 행성에 각각의 원소가 얼마만큼씩 포함되고, 그 원소들이 각 행성에서 현재 어느 장소에 저장되어야 하는지를 좌우한 것은 각 행성이 만들어지던 장소의 환경 조건이었다. 물론 나중에 물질들이 섞이면서 물질의 미소한 이동이 일어나긴 했지만, 여기서 요점은 우리 모두가 기본적으로 동일한 물질로 만들어졌다는 것이다.

이제 콘드라이트가 특별한 종류의 원시 암석이라는 사실을 분명히 알았지만, 이들이 모두 똑같은 암석은 아니며, 많은 하위 집단으로 다시 나눌 수 있다. 콘드라이트는 크게 탄소질 콘드라이트, 정상 콘드라이트, 완화휘석 콘드라이트의 세 집단으로 나눈다. 어떤 면에서 이것들은 각각의 집단에 즉각 짐작할 수 있는 정보를 제공하는 사려 깊고 유용한 이름들이다. 예를 들면, '완화휘석$_{enstatite}$'은 주변에 산소가 빈약할 때 생성되는 광물이다. 그래서 완화휘석 콘드라이트는 매우 '환원적'인 조건, 즉 여분의 산소가 부족한 조건에서 만들어졌다. 하지만 다른 면에서 보자면, 이 이름들은 시대에 뒤떨어졌고 오해와 혼란을 불러일으킬 수 있다. 예를 들면, '탄소질'이란 용어는 처음에 알려진 이 운석 표본들 중 일부에 탄소가 많이 들어 있다는 사실에서 유래했지만, 이 집단에 속한 운석 중 상당수는 실제로는 탄소 함량이 아주 낮으며, 따라서 이것은 결코 좋은 이름이라고 할 수 없다. 다소 폄하하는 이름으로 들릴 수도 있는 '정상 콘드라이트'는 지구에 떨어지는 운석 중에서 가장 흔한 종류라서 붙은 이름이다. 그렇다고 해서 흥미롭지 않은 것은 아니다. 그저 다른 종류의 운석보다 더 많을 뿐이다.

세 범주의 콘드라이트는 차이점보다 공통점이 훨씬 많다. 탄소질 콘드라이트이건 완화휘석 콘드라이트이건 정상 콘드라이트이건 간에 '전형적인' 콘드라이트는 세 가지 주요 성분이 있는데, 태양계 생성 과정에서 각각 순차적으로 생겨났다. 가장 오래된 성분은 일반적으로 'CAI'라고 부르는 내화성 포유물refractory inclusion이다. 널리 알려진 CIA와 혼동하기 쉬운 이 이름은 실제로는 '칼슘-알루미늄 포유물calcium-aluminium-rich inclusion'의 약자이다. 이 이름은 매우 투박해 보이지만 유용한 정보를 전달하는데, 충분히 짐작할 수 있듯이 칼슘-알루미늄 포유물에는 칼슘과 알루미늄 원소가 아주 풍부하게 포함돼 있기 때문이다. CAI는 태양계에서 가장 오래된 물체여서 CAI의 나이는 곧 태양계의 나이와 같다. CAI는 태양계가 시작된 출발점에 해당하기 때문에, 태양계가 탄생하던 순간의 장면을 간직하고 있어서, 막 태어난 아기 태양계의 첫 번째 사진으로 생각해도 무방하다.

앞에서 콘드라이트라는 이름의 유래가 되었다고 언급한 콘드룰은 태양계 생성 과정에서 두 번째 주요 단계에 나타났고, 그래서 태양계 육아 일기에서 두 번째 항목으로 등장한다. 콘드룰은 콘드라이트의 주요 성분이고, 더 중요하게는 태양계의 진화에서 놀랍도록

- CAI는 지금까지 내 경력 중 상당 부분을 쏟아부어 연구한 주제이기 때문에, 너무나도 흥미로운 세부 사항을 말하고 싶어서 입이 근질거리지만, 애써 그 유혹을 억제하려고 한다. 다만 CAI가 태양계 생성에 관해 어마어마한 양의 정보를 제공하는 놀랍도록 흥미로운 물체라는 사실만 지적하고 넘어가기로 하자. 더 많은 것을 알고 싶다면, 여러 과학 문헌을 참고하라.

중요한 단계에 해당한다. 하지만 우리는 콘드룰이 만들어진 과정을 아직 정확하게 알지 못하고 있다. 어떤 사람들은 콘드룰이 앞서 일어난 미행성체의 충돌에서 생성되었다고 주장하고, 어떤 사람들은 성운의 번개에서 생겨났다고 주장하며, 또 어떤 사람들은 행성 생성 과정에서 생긴 '뱃머리 충격파bow shock'(태양풍이 행성의 자기권이나 이온층과 부딪칠 때 발생하는 충격파. 초음속으로 날아가는 비행기 앞부분에 생기는 충격파와 비슷한 원리로 발생한다.—옮긴이) 때문에 생성되었다고 주장한다. 이런 주장 중에는 그렇게 해서는 절대로 콘드룰이 만들어질 수 없다고 연구자들이 이야기하는 것들(물론 이 명단에는 미행성체 충돌, 성운 번개, 뱃머리 충격파도 포함된다.)도 많이 있지만, 다년간의 연구에도 불구하고 콘드룰의 생성 과정을 명확하게 설명할 수 있는 메커니즘은 아직 발견되지 않았다. 콘드룰이 어떻게 만들어지느냐는 질문에 농담조로 자주 나오는 답변은 "콘드룰은 콘드룰 생성 과정을 통해 만들어진다."*라는 것이다. 지금은 흔히 들을 수 있는 이 답변은 ① 명백한 진리와 유머 ② 이 주제에 관한 우리의 무지 인정 ③ 당혹스러움이 절묘하게 합쳐진 것이다. 하지만 과학의 전진은 멈추지 않고, 콘드룰 생성에 관한 연구에서도 계속 진전이 일어날 것이다. 어쨌든 가장 관대한 정의를 적용하더라도 운석학 분

---

* 이 재치 있는 답변은 1990년대 후반에 열린 달과 행성 과학 학회의 열띤 토론/질의 시간에 고故 존 와슨John Wasson이 처음으로 했다.

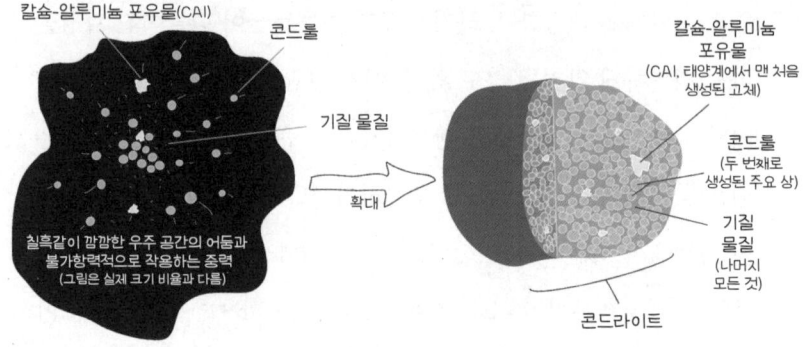

모조 콘드라이트의 생성 과정과
전형적인 모조 콘드라이트의 세 주요 상을 보여주는 단면.

야가 생겨난 것은 불과 200여 년밖에 되지 않았다는 사실을 기억할 필요가 있다. 이에 비해 아기가 어떻게 만들어지는지 우리가 '제대로' 안 지는 수천 년이 넘었으며, 그리고 그것은 성인 인구 중 상당수가 연구하길 즐기는 주제이다.

콘드라이트의 세 번째 주요 상相은 '기질基質, matrix'이다. 여기서 말하는 매트릭스(기질)는 충분히 오랫동안 응시하면 빨간 드레스를 입은 미인이 나타나는 수직 방향의 초록색 숫자들이 아니다. 운석의 기질은 CAI와 콘드룰을 제외한 '나머지 모든 것'에 해당한다. 콘드라이트의 기질은 CAI나 콘드룰보다 훨씬 낮은 온도에서 생성되며, 따라서 더 높은 온도에서 생성된 나머지 두 주요 성분보다 휘발성 성분을 훨씬 많이 함유하고 있다. 특별히 원시적인 콘드라이트에는 기질 물질에 유기 화합물이 많이 포함될 수 있다. 단 하나의 원시적인 운석에서 80가지 이상의 아미노산이 발견되었다. 원시적인 콘드라이트의 기질에는 상당량의 물이 포함돼 있는데, 그 양은 운석 전체 질량의 20%가 넘을 수도 있다. 지구의 바다를 채운 물이나 생명을 탄생시키고 지구의 생물권을 만든 유기 물질이 콘드라이트의 기질 물질에서 유래했다고 추정하는 사람들도 있다. 게다가 콘드라이트의 기질에는 '태양 이전 알갱이'라는 물질도 포함돼 있다. 이 물질은 콘드라이트의 종류에 따라 형태와 양이 제각각 다르지만, 본질적으로 태양이 탄생하기 이전에 존재했던 행성계의 잔해 화석이다. 이 작은 입자들은 태양계와 그 안의 모든 것을 만든 물질들이 모일 때 함께 휩쓸려 들어왔지만, 행성이나 아콘드라이트, 심지어 밀리미터 단위의 콘드룰 같은 더 큰 물체에 녹아서 합류되는 운명을 피했다. 이 태양 이전 알갱이 물질은 함께 섞여서 녹아, 태양계에서 밀리미터 크기와 더 큰 모든 것을 만든 기본 구성 요소가 되었다. 녹지 않은 것은 우리를 태양계 이전에 존재한 것과 연결해 준다.

콘드룰을 포함하고 있는 세 집단(정상 콘드라이트, 완화휘석 콘드라이트, 탄소질 콘드라이트)은 모두 위에서 설명한 CAI와 콘드룰과 기질이 들어 있지만, 그 비율과 특성이 제각각 다르다. 이것은 원래 구성 물질의 차이 때문이기도 하고, 각각의 콘드라이트가 45억 년 이상 살아오면서 겪은 환경의 차이 때문이기도 하다. 각 콘드라이트가 겪은 환경의 차이에 따라 운석 표본들을 유형과 하위 집단과 소

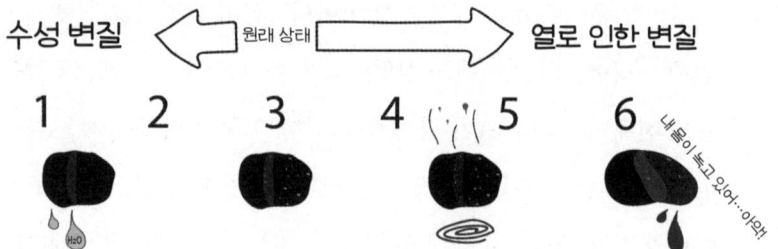

운석의 변질 등급 체계.

집단으로 더 나눌 수 있는데, 그동안 겪은 수성 변질(물로 인한 변질, 암석학적 유형 1~2)과 열로 인한 변질(암석학적 유형 3~6)의 정도를 토대로 분류한다. 예를 들면, 유형 2(예컨대 'M'형 탄소질 운석인 CM2)로 간주되는 것은 존재하는 동안 수성 변질은 약간 일어났지만 높은 온도에 노출된 적이 없는 탄소질 운석이다. 그 반대편에 있는 유형 6은 높은 열(최대 약 900°C까지)에 노출된 표본인데, 열의 원천은 방사성 붕괴에서 나온 내부 열이나 모체에 충돌한 물체 등 다양할 수 있다.

운석에 일어난 수성 변질의 정도는 그 운석이 얼마나 많은 물에 노출되었는지 알려주기 때문에 중요하다. 얼핏 생각하기에는 이것은 그다지 중요하지 않을 것 같다. 지구의 암석은 늘 물에 노출되며 그런 상황에 익숙하지만, 운석의 경우에는 약간의 습기가 있는 조건조차 큰일이 될 수 있다. 운석이 얼마나 많은 물에 노출되는가를 좌우하는 주요인은 생성 장소의 위치인데, 기본적으로 생성 당시에 태양에 얼마나 가까이 있었는지가 중요하다. 태양계 안쪽(현재 화성의 궤도 안쪽 지역)에서 생성된 운석은 매우 건조하여 물의 함량이 매우 적은데, 이곳에서는 뜨거운 태양열에 물이 기화되어 날아가기 때문이다. 하지만 '설선 雪線, snow line'(지구에서는 높은 산에서 사시사철 눈이 녹지 않는 부분과 녹는 부분의 경계선을 설선이라고 부르는데, 우주화학자들은 이 용어를 빌려와 우주에 적용했다. ―옮긴이) 너머 지역에서 생성된 운석도 많았는데, 태양에서 멀리 떨어진 이곳에서는 물이 언 얼음이 풍부하게 존재하면서 막 발달하던 미행성체에 합류할 수 있었다. 암석학적 유형 1의 운석들은 그런 조건에서 생겨났고, 물을 약 15% 함유하고 있다. 이것은 상당히 많은 양의 물인데, 꽉 쥐어짜지 않은 행주에 포함된 물의 비율과 비슷하다. 이 유형의 운석들은 젖은 것처럼 보이고 감촉도 축축한데, 실제로 젖어 있기 때문이다.*

애초에 이 정도 양의 물을 가지고 출발해 45억 년 이상 반응이 일어난 결과는 주목할 만하다. 유형 1의 콘드라이트에서는 콘드룰들 사이의 경계가 더 이상 구분되지 않으며, 남아 있는 것은 탄소 성분이 풍부하고 잘 부스러지는 무더기로, 반쯤 젖은 암석 가루처럼 보

---

* 대기를 통과할 때 일어난 마찰 때문에 운석이 지표면에 떨어질 때에는 전체가 타는 듯이 뜨겁다는 것이 보편적인 상식이다. 운석의 바깥쪽은 실제로 심한 마찰열 때문에 뜨겁지만, 내부는 기본적으로 대기권 진입 과정에서 별 영향을 받지 않는다. 대개 땅에 떨어진 운석은 뜨거운 암석 덩어리가 아니라 실제로는 이주 차가운데, 수백만 년 동안 -270°C의 우주 공간에서 지냈기 때문이다.

인다. 숫자가 더 높은 유형으로 갈수록 물의 함량(그리고 수성 변질)이 더 적다. 예를 들면, 암석학적 유형 3의 경우, 물의 함량이 3% 미만이며, 이 표본들에서는 경계가 뚜렷한 콘드룰들이 남아 있고, 변질되지 않은 투명한 유리가 존재한다.

  암석학적 유형 3을 지나 그 위로 가면, 원래의 광물학적 구조를 그대로 유지할 수 있는 조건보다 훨씬 높은 온도에 노출된 암석들을 보게 된다. 어떤 암석이 노출된 최대 온도를 판단하는 것은 다소 자의적인 것으로 보일 수 있지만, 만약 여러분이 나처럼 집에서 만든 트레일 믹스(견과류, 말린 과일 등을 섞은 식품으로, 특히 하이킹을 할 때 체력 보강을 위해 먹는다.―옮긴이)를 좋아한다면, 그 원리를 아주 쉽게 이해할 수 있다. 똑똑한 사람이라면, 에너지를 보충하기 위해 땅콩과 아몬드, 건포도 등에 초콜릿 덩어리를 집어넣을 것이다. 그리고 더운 날에 하이킹에 나서 하이킹 출발점에 이를 때까지 트레일 믹스를 먹지 않는다면, 지금 내가 이야기하는 상황을 경험할 것이다. 어느 온도에 이르면, 초콜릿은 약간 물렁해져서 트레일 믹스를 먹으려고 할 때 손에 끈적하게 들러붙을 것이다. 만약 온도가 조금 더 뜨거우면, 초콜릿 덩어리는 원래의 형태를 잃고 지저분한 형태로 변하기 시작할 것이다.(그런 부분은 빨리 먹어치우는 게 낫다!) 만약 트레일 믹스를 일찍 먹지 않거나 맛있는 간식이 든 배낭을 친구가 짊어지고서 그것을 먹지 못하게 한다면, 한낮의 하이킹은 초콜릿이 완전히 액체로 변해 모든 건포도와 땅콩을 뒤덮는 참사를 빚어낼 것이다. 뭐 그렇다고 해서 완전히 나쁜 것만은 아니지만(그래도 먹기에는 여전히 맛있을 테니까), 간식이 든 배낭을 직접 메고 가지 않으면 이 같은 일이 벌어질 수 있다는 교훈을 준다.

이 초콜릿 사례는 콘드라이트가 열에 노출되어 등급이 나누어지는 방식과 비슷하다. 만약 운석이 낮은 온도, 예컨대 100°C 아래에서 생성되었다면, 낮은 온도를 시사하는 특정 광물 구조와 상이 남아 있을 것이다. 온도가 더 올라가면 다른 광물 구조와 상이 나타나면서 더 이상 안정하지 않은 낮은 온도의 구조를 지워버리는 경우가 많다. 온도가 올라가면 물 같은 휘발성 성분은 광물 구조에서 빠져나갈 수 있는데, 이런 사건은 비가역 반응인 경우가 많아서 온도의 '최고 수위선'을 알려준다. 콘드라이트 등급이 유형 3에서 유형 6으로 올라감에 따라 휘발성 성분이 감소한다. 물의 함량은 약 3%에서 1% 미만으로 떨어지고, 이에 수반된 광물학적 변화가 여러 가지 일어난다. 많은 광물의 안정성 상한선인 950°C 부근에서 용융이 시작된다. 만약 콘드라이트가 이 암석의 루비콘강을 건너면, 콘드라이트라는 정체성과 드높은 지위를 잃고 녹은 암석들이 머무는 아콘드라이트 세계로 들어가게 된다.

각 종류의 콘드라이트에 관한 흥미로운 사실

정상 콘드라이트

전 세계의 박물관과 컬렉션이 소장하고 있는 운석 중 80% 이상은 정상 콘드라이트로 분류되기 때문에, 왜 이것들을 '정상' 콘드라이트라고 부르는지 쉽게 이해할 수 있다. 왜 지구에 이 종류의 운석이 그토록 많이 떨어지는지 그 이유는 분명히 밝혀지지 않았다. 논리적으로 추정해볼 수 있는 것은 소행성대에서 이 운석들의 다양한 모체 소행성들이 있는 위치가, 충돌이 일어났을 때 거기서 떨어져 나온 파편이 우리 쪽으로 날아오기에 중력적으로 유리할 가능성이다. 만약 이 생각이 옳다면, 이 모체들은 매우 역동적이고 흥미로운 장소임이 분명한데, 정상 콘드라이트들은 아주 다양한 특성을 지녔기 때문이다. 정상 콘드라이트의 암석학적 유형은 3에서 6까지 광범위한데, 이것은 어떤 것은 열적 변질이 전혀 일어나지 않은 반면(유형 3), 어떤 것은 대규모 열적 사건을 겪었다는(유형 6) 것을 말해준다. 열적 변질이 거의 일어나지 않은 일부 정상 콘드라이트에서 수성 변질이 발견되었는데, 이것은 적어도 이 집단의 일부 운석에서는 물이 미소하지만 어떤 역할을 했다는 것을 말해준다. 정상 콘드라이트는 개개 운석에 따라 금속 함량도 큰 차이가 나지만, 금속이 가장 적게 든 표본도 그 속에 눈으로 확인할 수 있는 금속 덩어리들이 곳곳에 산재한다. 만약 여러분이 하이킹에 나섰을 때

막대 끝에 매단 자석을 여기저기 마구 갖다 대길 좋아하는 유형이라면, 높은 금속 함량 때문에 정상 콘드라이트를 손쉽게 발견하고 그것이 운석이라는 것도 쉽게 확인할 수 있을 것이다. 이것은 수집된 운석 중에서 정상 콘드라이트가 높은 비율을 차지하는 또 한 가지 이유이다.

완화휘석 콘드라이트

정상 콘드라이트와 반대로 완화휘석 콘드라이트는 알려진 운석 중에서 가장 희귀한 종류인데, 현재까지 확인된 표본은 겨우 200여 개밖에 안 된다. 앞에서 암시했듯이 완화휘석 콘드라이트는 독특한 광물학적 특성을 지니고 있는데, 이것은 그 생성 지역에 대한 단서를 제공한다. 지금까지 알려진 암석들 중에서 가장 많이 환원된* 상태의 암석(원래의 금속 알갱이를 최대 10%까지 포함한)에 속하기 때문에, 완화휘석 콘드라이트는 산소가 존재하기 매우 힘든 지역인 태양계 중심 부근(어쩌면 현재의 화성 궤도 부근)에서 생성된 것으로 추정된다. 또 한 가지 흥미로운 점은 완화휘석 콘드라이트는 지금까지 연구된 어떤 암석보다도 물 함량이 낮아 매우 갈증이 심한 암석이라는 사실이다. 이렇게 낮은 물 함량은 완화휘석 콘드라

---

* 즉, 산화물 광물을 만드는 데 사용되는 '자유' 산소 함량이 극히 낮은 상태이다.

이트가 태양 가까이에서 생성되었다는 개념을 뒷받침하는 또 하나의 근거이다.

탄소질 콘드라이트

나는 최고의 콘드라이트를 맨 마지막에 소개하려고 아껴두었다. 탄소질 콘드라이트는 상당히 희귀한 집단(알려진 전체 운석 중에서 5% 미만)이지만, 그래도 연구 대상으로 선택되는 운석 중에서는 압도적 다수를 차지한다. 과학계가 탄소질 콘드라이트에 이렇게 큰 관심을 보이는 이유는 여러 가지가 있지만, 가장 중요한 이유는 이미 원시적인 표본 집단 속에서도 가장 원시적인 부류이기 때문이다. 간단히 말해서, 탄소질 콘드라이트는 태양계가 시작된 순간의 정보가 훼손되지 않은 채 담겨 있는 기록 보관소이다. 7월에 애리조나주 피닉스에 가본 사람이라면, 탄소질 콘드라이트의 일부 표본보다 더 높은 온도를 경험했을 가능성이 높다. 이 운석들은 원시적인 모습을 그대로 보존하고 있기 때문에 태양계의 순수한 기본 구성 요소가 어떤 것이었는지 보여준다. 탄소질 콘드라이트는 태양 이전 알갱이 물질 중에서 가장 중요한 주역인, 오래전에 죽은 별의 화석으로, 45억 6700만 년에 이르는 태양계의 역사가 시작되기 이전 시기를 들여다보게 해준다. 일부 탄소질 콘드라이트에는 큰 내화성 포유물, 즉 CAI가 풍부하게 들어 있어 태양계 생성의 첫 번째 장면을 연구할 수 있는 재료를 제공한다. 또한, 탄소질 콘드라이트에는 놀랍도록 다양하고 많은 양의 유기 분자와 아미노산이 들어 있고, 게다가 물까지 많이 있다. 그래서 많은 과학자는 지구 생명의 기원이 지구에 일찍이 도착한 이런 운석들과 직접적 관련이 있다고 생각한다. 탄소질 콘드라이트가 지구에 미친 영향력 수준은 당연히 논란의 대상이 될 수 있지만, 매우 중요하고 흥미로운 운석이라는 사실만큼은 의심의 여지가 없다. 또한 이 집단에서 가장 중요한 두 운석이 인간이 목격한 큰 낙하 운석이라는 사실도 연구에 큰 도움을 주었는데, 둘 다 1969년에 떨어졌다. 그해 2월에 무게가 2톤이 넘는 아옌데 운석이 멕시코 북부에 떨어졌다. 그리고 그해 여름이 끝나갈 무렵이던 9월 말에는 머치슨 운석이 오스트레일리아 남부에 떨어졌다. 앞에서 이야기했듯이, 이 극적인 두 운석의 낙하는 인간이 달을 밟은 사건으로 온 세상이 우주과학에 열광하던 시대 상황과 맞아떨어졌다. 세계 각지에 연구소들이 세워져 달에서 가져올 월석 표본의 분배에 대비했다. 사람들은 우주를 올려다보면서 열광했고, 바로 그때 과학적으로 매우 흥미로운 두 운석이 떨어지면서 상당히 많은 양의 운석 물질을 제공했다. 모든 운석은 특별하고 당연히 블루리본을 받을 자격이 있지만, 가치라는 관점과 운석에 포함된 정보로 따진다면, 최고의 영예는 당연히 탄소질 콘드라이트에 돌려야 한다.

녹은 적이 있는 암석의 분류: 아콘드라이트

위에서 이야기했듯이, 아콘드라이트는 충분히 높은 열에 노출되어 한때 녹았던 적이 있는 운석이기 때문에, 콘드라이트와 달리 본래의 조직이 보존돼 있지 않다. 사실, 많은 아콘드라이트는 현무암인데, 현무암은 가장 흔한 종류의 화성암으로 지각 위를 걷다 보면 자주 마주치는 암석이다. 이 때문에 그것이 운석인지 알아보기가 쉽지 않다. 하지만 운석 현무암을 지구의 현무암과 쉽게 구별할 수 있는 방법이 있다. 지구의 현무암은 대체로 하늘에서 떨어지지 않는 반면, 운석 현무암은 반드시 하늘에서 떨어진다. 만약 이 방법이 통하지 않고, 낙하 장면이 목격된 장소가 아닌 곳에서 아콘드라이트로 의심되는 암석이 발견되었다면, 그 진위 여부를 가리기 위해 다양한 검사를 거쳐야 한다.•

아콘드라이트는 용융을 통해 원래의 조직이 사라졌을 수 있지만, 그렇다고 해서 모두가 똑같은 것은 아니다. 아콘드라이트는 행성에 합류하지 못한 수많은 미행성체를 대표하기 때문에 사촌인 콘드라이트에 비해 훨씬 다양하다. 상당히 광범위한 암석을 아우

• 여러 가지 검사 중에서 암석에 포함된 철/니켈 비율을 살펴보는 방법이 있다. 일반적으로 운석은 지구의 암석에 비해 니켈 함량이 훨씬 높으므로, 이것은 그 기원을 파악하는 데 훌륭한 단서가 된다.

르는 '아콘드라이트' 집단에는 파괴된 행성과 미행성체 파편이 포함되는데, 그중에는 각각 지각과 맨틀, 철질 핵에서 유래한 것도 있다. 이 명단에는 현재 우리가 수집한 화성과 달 운석(각자 나름의 분명한 차이점을 가진) 수백 개도 포함된다.

콘드라이트와 비슷하게 아콘드라이트도 풍화 정도와 신선함의 정도에 따라, 또는 충격(이 운석들은 상당히 큰 암석 덩어리의 충돌 사건으로 모체에서 튀어나왔다.)에 영향을 받은 정도에 따라 분류할 수도 있

철질 운석
(놀랍게도 대부분 철 금속으로 이루어져 있음.)

석질 운석
(지구의 많은 암석처럼 보임. 규산염이 거의 100%를 차지함.)

식철질 운석
(핵과 맨틀의 경계가 있음. 약 50%는 금속, 약 50%는 규산염.)

모체 단면과 다양한 종류의 아콘드라이트가 유래한 장소.
아콘드라이트의 특성을 만들어내는 주요인은 대체로 화성 작용(용융)이다.

다. 운석의 모체에 대한 원래 정보를 찾으려고 한다면, 당연히 풍화와 충격의 등급이 낮을수록 더 가치가 높다. 하지만 암석의 나이 같은 다른 정보와 함께 비교한다면, 풍화와 충격의 정도 같은 정보도 태양계가 진화하는 동안 존재했던 조건에 대해 많은 것을 알려줄 수 있다. 따라서 모든 우주 암석은 소중한 정보를 담고 있는 기록 보관소가 될 수 있다. 그 정보를 얻어내는 비결은 답을 찾길 원하는 질문이 무엇이냐와 암석을 얼마나 제대로 심문하느냐에 달려 있다.

일부 아콘드라이트에 관한 흥미로운 사실

철질 운석(핵 표본)

운석이라고 하면 많은 사람들은 철질 운석을 떠올리는데, 운석 사냥꾼들이 금속 탐지기나 자석으로 운석을 찾을 때 철질 운석을 손쉽게 확인할 수 있기 때문이다. 거의 순수한 금속 덩어리인 철질 운석은 '비정상' 암석이라는 것을 쉽게 확인하고 식별할 수 있다. 철질 운석과 비슷하게 생긴 인공 표본이 일부 있다. 제강 과정에서 나오는 슬래그가 그런 예이지만, 자유롭게 생성된 불규칙한 모양의 고체 금속 덩어리는 대개 우리 세계에서는 정상적인 것이 아니며, 지상에 놓여 있을 때 뭔가 특별한 존재감을 드러낸다.

철질 운석이 흥미로운 이유는 여러 가지가 있지만, 가장 중요한 이유는 지구에서 접근할 길이 전혀 없는 물질을 대표하기 때문인

데, 그것은 바로 행성의 핵을 이루는 물질이다. 내부에 자리잡고서 강력한 자기장을 만들어내는 지구의 핵은 지표면에서 약 2900km 아래에서부터 시작된다. 깊어질수록 압력과 온도가 점점 상승하는 암석층을 2900km나 뚫고 내려가야 하기 때문에, 아무리 큰 관심과 동기가 있다 하더라도 우리가 그 표본을 채취한다는 것은 꿈도 꾸기 힘든 일이다. 지구 외핵의 가장 바깥쪽 표면까지 가는 것만 해도 얼마나 힘든지 감을 잡는 데 도움을 주는 기록이 있다. 지금까지 인간이 가장 깊이 판 구멍인 콜라 초심층 시추공(러시아 콜라반도에서 과학 시추 계획의 일환으로 굴착된 시추공—옮긴이)은 겨우 약 12km 깊이까지 내려가는 데 그쳤다. 이것은 외핵 표면까지 가는 거리의 0.5%도 되지 않는데, 거기까지 뚫고 들어가는 데만도 20년 이상이 걸렸다.* 그래서 우리가 지구에서 접근할 수 없는 장소의 물질을 대표하는 철질 운석은 행성체의 중심에서 어떤 일이 일어나는지 이해하는 데 도움을 준다.

    수집된 전 세계의 운석 중에서 철질 운석은 규산염을 더 풍부하게 포함한 운석에 비해 우주에서의 실제 존재 비율보다 훨씬 큰 비

---

* 콜라 초심층 시추공은 지하의 온도가 예상했던 100°C보다 높은 180°C에 이르는 바람에 시추 작업이 여의치 않게 된 데다가 소련의 붕괴로 예산 지원마저 끊겨 결국 중단되었다. 혹시 아이들과 함께 재미있게 보낼 휴가 장소처럼 보인다면, 그 생각은 접는 게 좋다. 이곳은 지금은 방치된 장소일 '뿐만 아니라' 환경 위험까지 있어 휴가를 보내기에 그다지 좋은 곳이 아니다.

중을 차지한다. 여기에는 두 가지 이유가 있다. 첫째, 철질 운석은 대다수 암석들보다 훨씬 오래 지속되며, 대기권을 통과하는 여행과 지표면 충돌의 충격에서도 잘 살아남는다. 둘째, 앞에서 이야기했듯이 철질 운석은 특이한 금속 덩어리여서 외계의 방문객으로 쉽게 식별되고 채집되는 반면, 규산염이 풍부한 운석은 자신의 기원을 숨기는 데 더 능숙하다.

석철질 운석(핵과 맨틀의 경계 지역)

솔직하게 말해서 나는 석철질 운석을 잘 알지 못하지만, 장담하건대 이 주제에 무지한 운석학자는 나뿐만이 아니다. 석철질 운석은 행성체의 핵에서 유래한 철질 운석과 지각에서 유래해 규산염이 풍부한 석질 운석 사이의 간극을 메운다. 이 운석은 파괴된 미행성체의 핵과 맨틀 사이의 경계층에서 유래한 것으로 추정되지만, 이를 놓고 열띤 논쟁이 벌어지고 있다. 대다수 석철질 운석은 금속과 규산염이 거의 절반씩 들어 있기 때문에, 철질 운석(거의 다가 철로 이루어진)과 석질 운석(거의 다가 규산염으로 이루어진)의 중간 범주로 분류하는 게 타당하다. 석철질 운석 중에서 가장 유명한 것은 '팰러사이트pallasite'인데, 약 50%는 철-니켈 금속으로, 나머지 약 50%는 감람석으로 이루어져 있다. 이 배합 때문에 팰러사이트는 매우 아름답다. 반짝이는 금속 기반 사이에서 초록색 감람석 결정이 영롱하게 빛나는 모습은 마치 딴 세계에서 온 듯한 인상을 주

에스켈 펄러사이트 운석의 아름다운 모습.

며, 그래서 펄러사이트는 수집가들 사이에서 비싼 가격에 거래된다. 흥미롭게도 과학계가 지구가 아닌 다른 곳에서 암석이 날아올 수 있다는 사실을 확신하는 데 도움을 준 것은 최초로 알려진 펄러사이트*의 독특한 모습(그리고 특성)이었다. 충분히 상상이 가겠지만, 이 깨달음은 운석학계에 아주 큰 사건이었다. 메소시더라이트 mesosiderite 같은 다른 석철질 운석은 덜 알려져 있는데, 아마도 그 모

---

* 이것은 앞에서 소개한 바 있지만, 독일 박물학자 페터 팔라스가 발견해 같은 집단에 '펄러사이트'라는 이름이 붙게 된 크라스노야르스크 운석이다.

습이 덜 아름답고, 사람들이 매우 천박한(특히 암석을 채집할 때에는) 존재이기 때문일 것이다.

석질 운석(지각과 맨틀의 표본)

모체의 지각과 맨틀에서 유래한 운석은 식별하기가 가장 어려운 운석이다. 이런 운석은 대부분 지구의 지각에 존재하는 암석과 별로 달라 보이지 않으며, 따라서 운석으로 확인될 날을 기다리며 숨어 있는 운석이 당연히 아주 많을 것이다. 외계에서 온 암석으로 확인된 운석들은 태양계에서 분화$_{分化}$*가 일어난 모든 물체를 이해하는 데 큰 도움을 주었다. 아콘드라이트는 종류가 많은데, 그중에서 '앙그라이트$_{angrite}$'라는 운석들에는 태양계에서 알려진 것 중 가장 오래된 화성암이 포함돼 있고, '유크라이트$_{eucrite}$'라는 운석들은 소행성대에서 두 번째로 큰 천체인 소행성 4-베스타에서 날아왔을 가능성이 높다. 이 운석들과 다른 운석 집단들은 많은 과학적 정보를 제공했지만, 지금까지 가장 인기 있는 아콘드라이트는 달에서 온 운석이며, 그보다 더 인기가 높은 것은 화성에서 온 운석이다.

지구와 마찬가지로 태양계의 나머지 큰 천체들도 지난 45억 년 동안 끊임없이 충돌을 겪었다. 가끔 아주 큰 규모의 충돌이 일어나

• '분화'란 용어는 그 구조가 지각/맨틀과 금속 핵으로 나누어진 천체를 가리킬 때 사용한다.

면, 그 충격으로 표면 물질 일부가 공중으로 치솟으면서 많은 파편이 우주 공간으로 나간다. 그리고 그렇게 해방된 행성 물질이 떠도는 장소를 가끔 지구가 지나갈 때가 있는데, 그러면 달과 화성에서 유래한 물질이 외계 암석 컬렉션에 추가될 기회가 생긴다. 달과 화성 표면에서 튀어나온 암석 덩어리를 우리가 갖고 있다는 사실이 아주 경이롭다고 생각한다면, 그 생각이 옳다. 그것은 아주 경이롭다. 물론 달의 암석 표본은 아폴로 우주 비행사들이 가져온 것들이 있고, 그 표본들은 달이 언제 어떻게 생겨났느냐는 질문에 통찰력을 제공했을 뿐만 아니라, 중요한 여러 가지 과학적 질문에 다른 방법으로는 도저히 알아내기 힘든 답을 제시했다.* 달 운석은 이러한 달 물질 기록 보관소를 크게 확장시켰는데, 지금까지 달 표면에서 온 것으로 확인된 운석은 450개가 넘는다.

화성에 대해 말하자면, 화성 운석은 그 역사를 이해하기 위해 우리가 현재 가진 유일한 물리적 증거이기 때문에 아주 소중한 자원이다. 6장에서 다루었듯이 지난 수십 년 동안 화성으로 보낸 여러 무인 탐사선에서 얻은 정보를 바탕으로 말한다면, 화성은 화산과 빙하, 액체 상태의 물이 흐른 시기, 생명의 발달에 적절할 수도 있는 환경(심지어 그런 조건이 지구에 존재하기 이전 시기에)을 비롯해 아주

• 달에서 가져온 암석 표본들은 또한 우리가 소장하고 있는 일부 운석이 달에서 유래했다는 사실을 확인시켜주었다.

매력적인 역사를 지녔다.

특정 우주 암석이 어떻게 분류되건 간에, 그것은 태양계의 생성과 진화에 관한 정보를 많이 담고 있다. 달 운석은 우리가 가보지 못한 달 지역의 표본을 제공한다. 화성 운석은 이웃 행성의 길고 흥미로운 역사에 대해 많은 것을 알려준다. 철질 운석은 행성 핵의 행동을 알려주며, 우리 발밑 아래 깊은 곳에 무엇이 있고 어떤 일이 일어나는지 많은 정보를 제공한다. 다양한 종류의 아콘드라이트는 완전한 행성이 되지 못하고 격렬한 충돌로 파괴된 행성체의 이야기를 들려준다. 태양계의 가장 이른 시기를 담고 있는 스냅 사진 같은 원시적인 운석들도 있는데, 이것들은 태양계가 탄생한 분자 구름이 아주 약간 변형된 버전의 표본에 해당한다. 사실, 운석들 사이의 차이는 상당히 크지만, 각자 독특한 종류의 운석들은 태양계의 역사와 진화에 대해 조금씩 다른 것들을 가르쳐주기 때문에 모두 중요한 정보를 제공한다. 그런 정보는 그 운석들이 없었더라면 얻기가 매우 어려웠을 것이다.

부록 2

장비 혁명

새로운 운석이 지구에 떨어져 그 조각들이 연구를 위해 실험실에 도착하면, 어떤 일이 일어날까? 연구자는 멋진 흰색 실험복을 입고 화려한 색상의 라텍스 장갑을 끼는 것 외에 어떤 일을 할까? 표본의 나이가 얼마나 되고, 그것이 어디에서 왔으며, 거기에 우주에서 온 아미노산이 포함돼 있는지 등을 어떻게 알아낼까? 어떤 운석에 대해서도 수많은 질문을 던질 수 있는데, 오늘날의 운석 연구자는 이런 종류의 연구에 도움을 주는 경이로운 기술을 많이 사용한다. 그런데 과연 어떤 종류의 기계들을 사용하고, 그 기계들은 도대체 어떤 원리로 작동할까?

19세기로 접어들 무렵에 운석은 과학적 대상으로 인식되기 시작했지만, 이 새로운 호기심의 대상을 연구하는 장비와 기술은 오늘날의 기준에서 본다면 매우 제한돼 있었다. 예를 들면, 19세기 초에는 운석을 조사하는 데 사용된 주요 도구는 사람의 눈이었고, 가장 보편적인 과학적 절차는 질량과 밀도 측정이었다. 이러한 관찰과 측정은 결국 하늘에서 떨어지는 암석이 지구에서 유래한 것이 아님을 충분히 입증할 수는 있었지만 매우 소박한 과학 기술이었다. 그 당시에도 관심이 있는 연구자들은 이 불가사의한 암석들을 더 높은 수준에서 이해하려면, 기존의 기술과 방법을 개선할 필요가 있다는 사실을 알았다. 다양한 분야에서 과학적 관심은 새로운 기술을 추진하는 엔진이 될 때가 많지만, 운석 연구에서는 특히 그렇다.

수백 년 동안 자연과학계에 널리 퍼진 주제가 여러 가지 있다. 그중에서 가장 끈질기게 살아남은 것은 학자들이 양말을 신은 발에 샌들을 신는 것이었지만, 이 분야에서 이에 못지않게 중심적 위치를 차지한 주제는 유행을 앞서가는 연구자들이 연구 대상의 구성 성분을 파악하려는 경향이었다. 연구 대상이 가까이에서 보면 어떻게 보일지 또는 어떤 원소들로 이루어져 있는지 알고 싶은 것은 당연해 보일 수 있지만, 그게 언제나 가능했던 것은 아니다. 그리고 운석학이 정식 연구 분야로 부상하던 무렵에 이 혁명이 시작된 것은 우연의 일치가 아니다. 운석학 연구(그리고 모든 표본의 화학적 분석)에서 처음 일어난 주요 발전 중 하나는 4장에서 다룬 바 있다. 사람들에게 이 암석들이 우주에서 날아왔다고 확신하게 만든 핵심 증거는, 하늘에서 떨어진 암석에 포함된 원소들이 하늘에

• 사람 눈의 인상적인 능력을 폄하하려는 의도는 전혀 없다. 눈은 단순한(하지만 아주 중요한) 관찰을 하는 데에는 아주 효과적으로 사용되었다.

서 떨어지지 않은 암석에 포함된 원소들과 다르다는 사실을 밝혀낸 에드워드 하워드의 연구에서 나왔다. 하늘에서 떨어지는 암석의 기원을 밝혀내는 그런 분석의 중요성은 아무리 과장해도 지나치지 않은데, 1802년에 프랑스 화학자 루이-니콜라 보클랭Louis-Nicholas Vauquelin이 하워드의 연구를 언급하면서 예리하게 지적했다. 사실, 프랑스 화학자가 영국인 과학자를 칭찬한다는 것은(그것도 19세기 초에) 그 자체만으로도 아주 대단한 일이었다.●

> 온 유럽에 하늘에서 떨어진 암석에 대한 보고가 넘쳐나고, 이 문제를 놓고 의견이 갈린 과학자들은 각자의 견해에 따라 이 암석의 기원을 설명하는 갖가지 가설을 만들고 있을 때, 유능한 영국 화학자 에드워드 하워드는 이 문제의 해결책으로 우리를 안내할 유일한 길로 조용히 나아가고 있었다.

에드워드 하워드가 한 일은 몇 년 전에 개발된 기술을 발전시킨 것이었는데, 그것은 표본 속에 포함된 니켈 원소의 양을 알아내는

● 영국인과 프랑스인은 오랫동안 대립하는 관계였지만, 18세기와 19세기에는 영국-프랑스 전쟁과 나폴레옹 전쟁(둘 다 주로 영국과 프랑스가 맞서 싸운 전쟁) 등으로 양국 간에 전쟁이 끊이지 않았다는 사실을 명심할 필요가 있다. 따라서 한쪽이 상대방에게 듣기 좋은 말을 하는 것은 흔한 일이 아니었다.

기술이었다. 지금은 하찮은 이야기처럼 들릴 수 있지만, 하워드는 이 기술을 사용해 하늘에서 떨어지는 암석(높은 니켈 함량)과 지구의 암석(낮은 니켈 함량)을 화학적으로 구분할 수 있었다. 하지만 구분보다 더 중요한 것은 하워드의 연구가 표본의 기원을 알아내는 화학적 연구의 잠재력을 보여준 것이었는데, 그럼으로써 화학 분석 분야에서 일어날 장래의 (실로 놀라운) 발전을 위한 길을 닦았다.

표본을 가까이에서(인간의 눈으로 지각할 수 있는 것보다 훨씬 가까이에서) 바라보는 능력은 표본의 화학적 조성을 알아내는 것 외에도 많은 정황적 단서를 제공함으로써 완전히 다른 수준에서 표본을 이해하는 데 도움을 주었다. 암석(우주에서 온 것이건 아니건) 연구에서 다음 단계의 주요 발전은 '광학' 현미경, 즉 '암석' 현미경의 등장과 함께 일어났다.

왜 일반 현미경을 사용하지 않고 굳이 암석 현미경을 사용해야 하는지 궁금할 것이다. 일반 현미경은 빛을 표본(잎이나 벌레를 얇게 자른 시료)을 통과하게 함으로써 그 부분을 크게 확대해 보여준다. 19세기에도 생물의 개개 세포를 볼 수가 있었고, 그럼으로써 다양한 생물학적 과정을 이해하는 데 큰 도움이 되었다. 하지만 작은 암석을 단순히 확대해 보는 것은 그다지 큰 도움이 되지 않는다. 차라리 큰 암석 덩어리를 맨눈으로 보는 편이 더 나을 수 있다. 심지어 잎이나 벌레처럼 암석을 아주 얇게 잘라 그 단면을 고배율로 확대해 볼 수도 있지만, 생물 표본과 달리 암석의 경우에는 이 방법이 그다지 큰 이점이 없다. 암석에 관심을 가진 과학자들은 개개 광물(사실상 암석의 세포에 해당하는)을 조사하고 확인할 필요가 있었는데, 일반 현미경은 그러한 기대에 부응하지 못했다. 열쇠는 빛에 있었다. 그 빛은 일반적인 빛이 아니라 '편광偏光'이어야 했다. 편광이 아닌 일반적인 빛은 세 차원으로(즉, x축, y축, z축에서—옮긴이) 진동하는 파동을 이루어 나아간다. 그래서 대나무 잎 같은 물체를 통과한 빛은 들어갈 때와 똑같은 형태로(즉, 진동 방향이 특정 방향으로만 늘어서지 않은 채) 나온다. 그래도 연구자들은 광학 도구와 거울을 사용해 상을 확대할 수 있지만, 이 방법으로는 표본의 광학적 성질을 아무것도 알아낼 수 없다. 그저 대나무 잎을 크게 확대한 모습만 볼 수 있을 뿐이다.

마찬가지로 얇게 자른 암석 조각*에 비편광 빛을 통과시키면, 여전히 특별한 방향성이 없는 빛이 그 반대쪽으로 나온다. 상은 크게 확대되지만, 그게 전부다. 하지만 편광, 즉 그 파동이 한쪽 방향으로만 진동하는 빛이 암석 박편을 통과하면 특별한 일이 일어난다. 각각의 광물은 자신만의 독특한 방식으로 편광의 방향을 바꾸기 때문에, 과학자들은 편광에 생긴 변화로 표본 속에 든 광물들을

---

* 이것을 '박편薄片'이라고 부르는데, 그 두께는 30미크론(μ), 즉 0.03mm 정도이다. 이것은 빛이 대부분의 광물을 쉽게 통과할 만큼 충분히 얇으면서도, 시료를 제대로 조작할 수 있을 만큼 충분히 두껍다.

확인할 수 있다. 물론 광물은 비편광 빛의 방향성도 바꾸지만, 일반적인 빛은 애초에 모든 방향으로 진동하기 때문에, 방향성에 약간의 변화가 일어나더라도 그것을 식별하기가 어렵다. 그래서 '입력 빛'을 표준화시킬 필요가 있는데, 편광을 사용해 그렇게 할 수 있다. 편광은 알려진 입력을 제공한다. 편광을 사용하는 이 기술은 스코틀랜드 물리학자 윌리엄 니콜_{William Nicol}이 1828년에 방해석 광물 결정을 특정 방향으로 잘라 자신이 원하는 편광을 만들어내는 방법을 발견함으로써(그리고 암석의 광학적 성질을 알아내는 방법을 제공함으로써) 돌파구를 열었다. 편광을 그 당시의 현미경과 결합해 사용하면서 암석기재학_{petrography}이라는 새 과학 분야가 탄생했다.

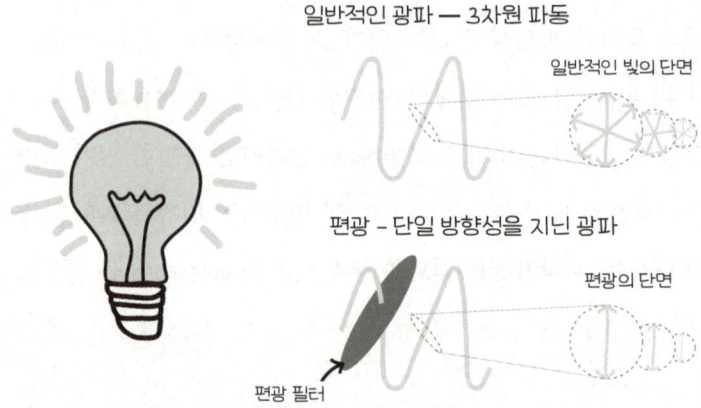

편광은 현미경으로 암석을 관찰하는 비법이다. 편광을 암석 박편에 통과시키면, 광물의 종류에 따라 빛이 반응하는 방식이 달라 각각의 광물을 확인할 수 있는 특징이 나타난다. 이것이 바로 과학의 힘이다!

'암석을 기술하고 분류하는' 분야인 암석기재학은 처음에는 매우 따분하게 들릴 수 있지만, 이 분야 덕분에 모든 과학 분야가 행복해졌는데, 운석학자들은 특히 그렇다. 니콜의 발명 이전에 우리가 할 수 있었던 최선은 직접 손으로 암석 표본을 들고 자세히 들여다보는 것뿐이었다. 암석 현미경이 발명된 뒤에는 암석 속에 어떤 광물들이 어디에 있는지 현미경적 수준에서 손쉽게 파악하고, 다른 상들끼리 서로 어떻게 반응하며, 종류가 다른 암석들 속에 어떤 광물이 있는지(혹은 없는지) 알 수 있게 되었다. 이 새로운 현미경이 제공한 정보 보물 창고는 화산학자, 퇴적학자, 광물 탐사자, 우주 암석을 연구하는 과학자를 포함해 온갖 종류의 암석 사냥꾼들

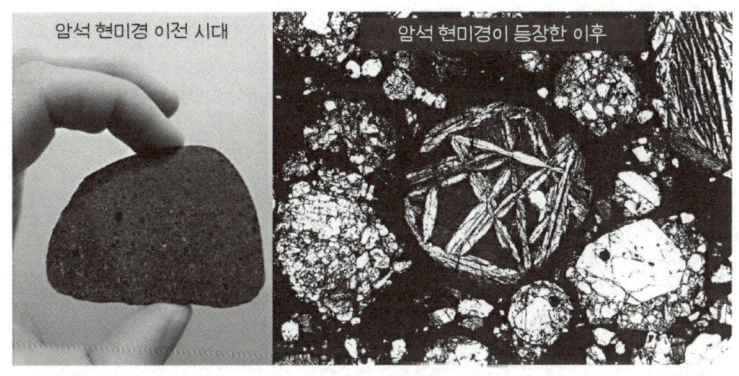

암석 현미경이 발명되기 이전에는 콘드라이트 운석을 손으로 잡고 맨눈으로 보는 수밖에 없었다(왼쪽). 하지만 이제는 콘드라이트 운석을 편광으로 확대해 그 결정들을 눈으로 일일이 쉽게 확인할 수 있다(오른쪽). 모든 것은 암석 현미경의 발명 덕분에 가능해졌다. 이 새로운 도구의 발명으로 연구자들이 일하기가 훨씬 편해졌다.

에게 큰 축복이었다.

  광학 기술과 화학 분석의 발전은 운석 연구 초기에 일어난 가장 중요한 두 가지 기술 발전이었다. 암석 연구 기술 발전의 역사에서 일어난 모든 단계를 상세히 이야기하는 것은 이 책의 목적이 아니지만, 오늘날 우주지질학 연구에 보편적으로 쓰이는 도구와 장비를 대략적으로 소개하려고 한다.

  앞에서 언급한 광학 분석과 화학 분석이라는 두 분야는 현대 운석학에도 여전히 남아 있지만, 서로 훨씬 긴밀한 분야로 성장했다. 어떤 장비는 놀랍도록 질이 높은 광학 측정을 제공하도록 설계된 반면, 어떤 장비는 표본의 조성을 상상하기 힘들 정도로 정밀하게 알아내도록 특별히 설계되었다. 그런가 하면 어떤 장비는 아주 인상적인 수준으로 두 가지 측정을 다 할 수 있다. 하지만 많은 경우에 어떤 표본을 아주 가까이에서 본 모습을 제공하는 것과 그 구성 성분을 밝혀내는 연구를 결합할 수 있지만, 각각의 정보를 최첨단 수준에서 제공하는 기술의 구분은 여전히 남아 있다.

  첫째, 암석을 온전한 상태로 관찰함으로써 정보를 제공하는 기술이 있다. 이것을 라틴어 용어를 빌려와 '인 시투in situ(in situ는 '제자리' 또는 '원 상태'로 번역할 수 있다.—옮긴이) 기술이라고 부르는데, 뭐든지 라틴어로 표현하면 뭔가 있어 보이기 때문이다. 인 시투 기술의 큰 이점은 원래의 영광을 그대로 간직한 시료의 공간적 정보를 유지할 수 있다는 점이다. 연구자들은 최소한의 준비 작업을 거친 시료를 취해 확대한 모습으로 보면서 모든 부분이 어떻게 배열돼 있는지 조사하는 동시에 암석을 이루는 모든 부분의 기본 조성도 파악할 수 있다. 시료에 존재하는 광물들의 배열과 기본 성분을 보는 것만으로도 많은 정보를 얻을 수 있기 때문에, 인 시투 기술은 모든 시료를 파악하는 데 아주 중요한 도구이다. 이 기술을 선호하는 연구자들은 미술사학자들이 레오나르도 다빈치Leonardo da Vinci가 어떤 종류의 물감을 사용했는지 알아내기 위해 작품을 믹서에 집어넣는다면, 〈모나리자〉도 별 볼 일 없는 그림이 되고 말 것이라고 주장할 수 있다.

하지만 이 비유는 우리를 '벌크bulk' 분석이라 부르는 두 번째 기술로 안내하는데, 이것은 시료를 완전히 가루로 으깨 산에 녹인 뒤 그 구성 성분이 무엇인지 분석하는 방법이다. 이것은 인 시투 기술을 감안할 때 불필요하게 파괴적인 방법으로 들릴 수 있지만, 두 종류의 분석에서 얻는 데이터의 양과 정밀도는 수십 배 이상 차이가 날 수 있다. 또한 원하는 정보에 따라 다르지만, 벌크 기술을 사용하기 위해 '그다지' 많은 물질을 녹일 필요가 없는데, 대개의 경우 1~2mg(사람의 맨눈으로는 보일까 말까 한 수준)의 시료만으로도 충분하다. 물론 인 시투 기술과 벌크 기술은 제각각 나름의 장점과 단점이 있다. 어떤 분석 방법이 더 나은가 하는 것은 답을 얻고자 하는 질문이 무엇이냐에 따라 다르다.

현대적인 화학 분석 방법은 225년 전은 말할 것도 없고 불과

25년 전과 비교하더라도 놀랍도록 쉽고 효율적이어서 비교하는 것조차 민망할 정도로 큰 차이가 난다. 에드워드 하워드와 그 밖의 많은 사람들이 한 선구적인 화학 분석 작업에서는 시료 속에 주요 원소 한두 가지가 얼마나 많이 들어 있는지 대략적으로 파악하기 위해 몇 주일 또는 몇 개월의 화학 실험과 준비 과정이 필요했다. 지금은 불과 몇 분 만에 주기율표의 전체 원소들 중 절반 이상을 5% 이내의 오차로 정밀하게 분석하는 것이 가능하다. 게다가 그 과정에서 암석의 모습을 10만 배 이상 확대한 상도 얻을 수 있다. 현대의 이 정량화 기술은 대체 어떻게 이 놀라운 일을 해낼까? 그것은 물론 마술이다. 음, 정확하게는 거의 마술 같은 재주이다.

광학 분석과 조성 분석에 대해 이야기할 때에는 현대 장비들이 아주 다양하다는 사실을 명심할 필요가 있는데, 특정 장비들은 매우 구체적인 특정 성질이나 양을 측정하도록 맞춤 제작된 것이기 때문이다. 그 모든 종류와 이유를 자세히 다루려면 많은 책이 필요하겠지만, 여기서는 운석에 초점을 맞춰 지질학에서 가장 자주 사용되는 장비들의 아주 기본적인 내용만 다루기로 하자.

많은 것과 마찬가지로 장비 기술의 최첨단은 전문화에 있다. 어떤 장비는 광학 분석과 조성 분석을 다 할 수 있는 반면, 최고의 광학 장비는 광학에 초점을 맞추고, 최고의 화학 분석 장비는 화학 분석에 초점을 맞춘다.

광학적으로 가장 놀라운 결과를 얻을 수 있는 챔피언은 전자 현

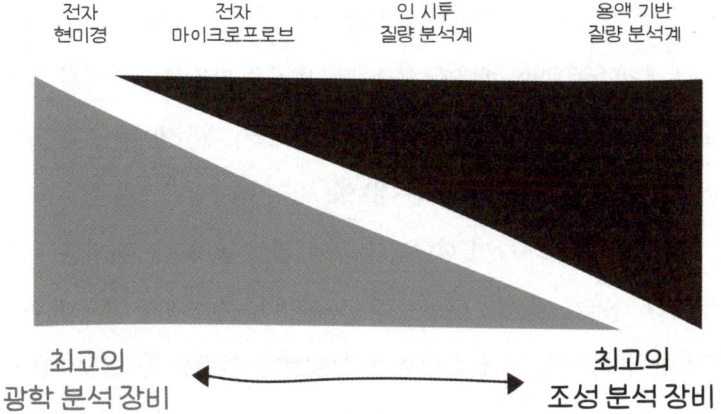

'최고의' 장비는 표본에 던진 질문에 따라 달라진다. 놀라운 시각 정보를 원한다면, 최첨단 조성 분석 정보가 필요하진 않을 것이다. 반대로 구성 성분을 최대한 정확하게 알길 원한다면, 시각 정보가 필요하지 않을 것이다. 왼쪽에서 시작해 오른쪽으로 차례로 전자 현미경, 전자 마이크로프로브, 표본을 측정하는 동시에 그 확대 모습을 보여주는 질량 분석계, 산에 녹인 표본을 측정하는 질량 분석계가 늘어서 있다.

미경이다. 주사 전자 현미경scanning electron microscope, SEM과 투과 전자 현미경transmission electron microscope, TEM은 전자를 사용해 놀랍도록 큰 배율로 확대한 상을 만든다. 둘 다 전자 빔을 사용해 아주 큰 배율로 확대한 상을 만들어내지만, 중요한 차이점이 몇 가지 있다. 첫째, 주사 전자 현미경은 전자를 시료에 발사해 튀어나오는 전자를 특수 코일로 붙잡아 상을 재구성함으로써 표면 구조에 대한 정보를 마치 지형학적 특징처럼 제공한다. 어떤 행성의 지형학적 지도를 분석하면 그 행성의 구조(산과 골짜기, 크레이터와 침식 지형 등)에 대해 얼마나 많은 것을 알아낼 수 있을지 생각해보라. 이번에는 눈으로 볼 수 있는 것보다 1000배나 작은 포자에 대해 같은 작업을 한다고 생각해보라. 게다가 백금처럼 무거운 원소와 규소처럼 가벼운 원소가 흡수하는 전자의 양에 차이가 있기 때문에, 주사 전자 현미경은 조성에 관한 기본적인 정보도 일부 제공할 수 있다.

두 번째 종류의 슈퍼 현미경인 투과 전자 현미경은 전자를 시료에 투과시키기 때문에 이런 이름이 붙었다. 시료를 통과한 전자를 통해 시료의 내부 구조에 대한 정보를 원자 수준에서 얻을 수 있다. 이를 통해 결정격자의 미소한 특징에 대한 정보를 얻을 수 있는데, 여기서 시료에 작용한 과정들과 시료 속에 숨어 있는 나노 크기 불순물의 존재에 대한 중요한 정보도 얻을 수 있다.

두 종류의 전자 현미경은 사람의 눈으로 볼 수 있는 것보다

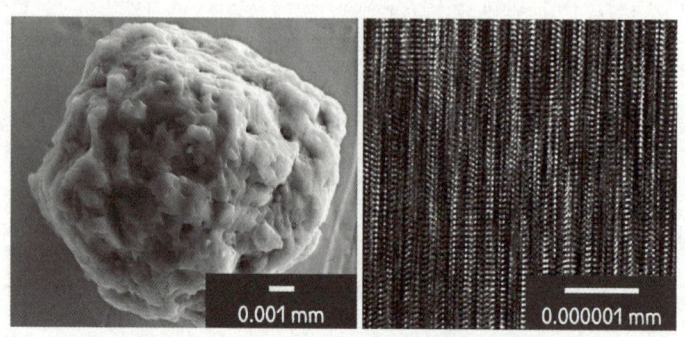

왼쪽 | 태양 이전 탄화규소 알갱이를 주사 전자 현미경으로 본 모습. 탄소질 운석에서 발견된 이 탄화규소 알갱이는 오래전에 죽은 별의 화석이다.
오른쪽 | 태양계 밖에서 생성된 광물인 히보나이트의 원자 구조를 보여주는 투과 전자 현미경 상. 기준 자의 척도에 주목하라. 이 현미경들의 확대 능력은 실로 놀랍다.

100만 배나 작은 물체의 상을 만들 수 있다. 만약 사람의 눈으로 볼 수 있는 가장 작은 크기가 콜로라도주의 가로 방향 길이라면, 전자 현미경으로는 이 주에 있는 쿠어스 맥주 공장 시음실에 놓인 스툴을 볼 수 있는 셈이다.

최첨단 고성능 장비 중에는 전자 마이크로프로브electron microprobe도 있다. 그 이름으로 미루어 전자 마이크로프로브도 항상 편리한 전자를 사용하겠구나 하고 짐작할 수 있겠지만, 이 장비는 초고해상도 상 대신에 조성에 관한 정보를 제공한다. 주사 전자 현미경과 마찬가지로 전자 마이크로프로브도 시료에 전자를 발사한다. 하지만 튀어나온 전자들을 모아 지도를 작성하는 대신에 조성에 관한 정보를 살핀다. 여기서 물리학이 관여하므로, 내 이야기를 끈기 있게 잘 들어주기 바란다.

우주 로켓을 포함해 모든 물체는 그것을 이루는 각각의 원자들에 딸린 전자가 있다. 정상 상황에서는 이 전자들은 '바닥상태'를 유지하면서 별다른 소란을 피우지 않고 각자의 원자 주위를 평화롭게 돈다. 하지만 전자들을 정상 궤도에서 벗어나게 하면, 전자들의 행동에서 중요한 정보를 얻을 수 있다. 전자가 어떤 원인으로 많은 에너지를 얻으면, 바닥상태에서 뛰어올라 잠깐 동안 들뜬상태가 된다. 그랬다가 시간이 지나 안정한 상태인 바닥상태로 다시 내려갈 때, 여분의 에너지를 X선의 형태로 방출한다. 우리에게는 편리하게도 들뜬상태의 전자가 에너지를 잃을 때 방출하는 X선의 패턴은 각 원소마다 다르다. 따라서 방출되는 X선의 에너지 지문을 분석함으로써 거기에 어떤 원소들이 있는지 알아낼 수 있다. 전자 마이크로프로브는 바로 이 원리를 바탕으로 작동한다.* 분석할 시료를 마이크로프로브 진공실에 집어넣고 전자 빔을 아주 작은 점(예컨대 한 변이 0.005mm인 정사각형 지역)에 초점을 맞춰 발사한다. 이것은 시료를 손상시키지 않으면서 그곳 원자들에 붙들린 전자들을 들뜬상태로 만들기에 충분한 에너지이다. 잠깐 동안의 들뜬상태가 지난 뒤에 전자들이 다시 바닥상태로 내려갈 때 특유의 X선 지문을 방출하는데, 기계가 포착한 이 정보를 가지고 연구자는 시료의 어느 지역에 어떤 원소들이 있는지 보여주는 지도를 작성한다.

놀랍도록 강력한 이 도구는 시료 속에 들어 있는 주요 원소들의 지도를 작성하는 작업에 마법과도 같은 위력을 발휘할 뿐만 아니라 비파괴적이기 때문에, 일단 시료의 지도를 작성하고 나면 다음 단계로 넘어가 다른 과학적 조사와 분석을 계속 진행할 수 있다는 이점이 있다. 주요 단점은 이 방법이 모든 원소에 다 통하는 것은 아니며, 일반적으로 시료의 주요 구성 성분인 원소들에만 통한다는 점이다. 예를 들어 시료 속에 은이 얼마나 들어 있는지 알길

● 나는 이것을 종류가 비슷한 소음이 난무하는 놀이터에서 자신의 아이가 우는 소리를 귀신같이 알아채는 부모에 비유하고 싶다. 아이가 들뜬상태가 되어 특유의 파장을 지닌 소리를 내면, 부모가 그것을 금방 알아챈다. 이것이 전자 마이크로프로브의 기본 개념이다.

X선으로 산소 원자를 확인하는 방법

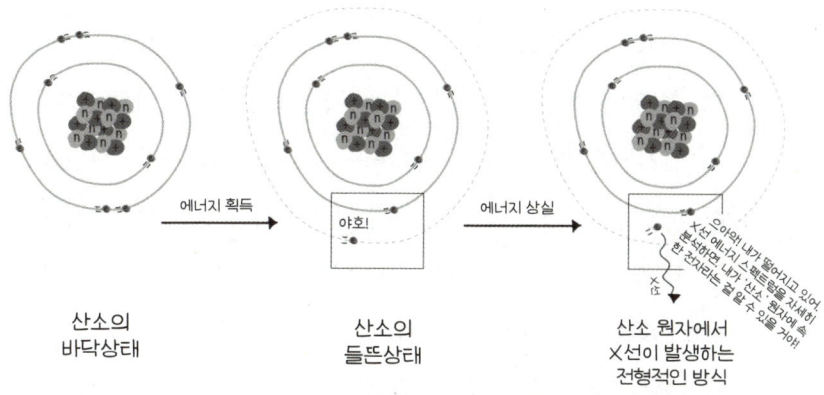

이 시료에 포함된 산소에서 X선이 발생하는 과정과
그것을 이용해 산소 원자를 확인하는 방법을 보여주는 예.

원한다면, 대다수 암석에서 은의 함량은 0.1% 미만이기 때문에(은 광상 같은 특수한 경우를 제외하고는) 이 방법은 성공하지 못할 가능성이 높다. 하지만 마그네슘, 알루미늄, 칼슘, 나트륨 같은 주요 원소나 그 밖의 주요 광물의 양을 알길 원한다면, 전자 마이크로프로브만큼 좋은 방법도 없다.

광학적 상을 얻기 위해 설계된 장비를 떠나 조성을 알아내기 위해 설계된 장비 쪽으로 옮겨가면, 어떤 원소들이 존재하는지 아는 것만으로는 충분하지 않은 영역으로 발을 들여놓게 된다. 이제 우리는 동위 원소 조성의 영역으로 들어선다.

동위 원소에 관한 여담*

만약 시간을 거슬러 올라 먼 과거에 무슨 사건이 일어났는지 밝혀내는 데 큰 도움을 줄 도구를 원한다면, 동위 원소가 바로 그 답이다. 그 사건은 지구의 대기에 일어난 변화처럼 대규모적 사건일 수도 있고, 뉴욕주 북부의 한 호수에 일어난 역사적 변화를 추적하는 것처럼 더 국지적인 사건일 수도 있다. 만약 그 상황에서 화학 반응이 일어났다면, 어떤 일이 일어났는지 파악하는 데 동위 원소가 도움을 줄 수 있다. 그리고 동위 원소는 그 사건이 '언제' 일어났는지 추정하는 데에도 도움을 줄 때가 많다. 동위 원소는 놀랍도록 유용하지만, 불운하게도 동위 원소가 무엇이고, 어떻게 유용하게 쓰이는지 전혀 모르는 사람들(지질학자를 포함해)도 상당히 많다.

원소의 종류는 원자핵에 들어 있는 양성자 수에 따라 결정된다. 사랑스러운 원소인 산소는 양성자가 8개이지만, 중성자는 8개나 9개 또는 10개를 가질 수 있어 ^{16}O, ^{17}O, ^{18}O의 세 가지 동위 원소가 존재한다. 여기서 원소 기호 앞에 붙어 있는 숫자는 각 동위 원소의 질량수(양성자 수와 중성자 수를 더한 수)를 나타낸다. 이 세 동위

---

* 솔직히 말하면, 동위 원소 측정은 나의 전공 분야이다. 이번에도 나는 이 주제에 지나치게 몰두하지 않도록 주의할 테지만, 정확한 동위 원소 측정은 큰 전환을 가져온 도구인데, 특히 지구과학 분야에서 그랬다. 이 이야기에 동의할 사람이 적어도 15~20명은 있을 것이라고 확신한다.

원소, 즉 서로 다른 버전의 산소는 화학적 성질은 똑같지만(모두 양성자 수가 8개이므로) 질량에서 약간의 차이가 난다. 커피는 여러 가지 사이즈의 컵에 담겨 나오지만, 그 맛은 모두 똑같다. 유일한 실질적 차이는 사이즈가 작을수록 들고 다니기가 더 쉽다는 것뿐이다. 이 개념—같은 원소의 동위 원소들은 화학적 성질은 동일하지만, 질량 차이 때문에 그 행동에 약간의 차이가 있다는—은 사람들이 동위 원소의 차이에 관심을 가지는 주요 이유 중 하나이다. 같은 원소의 동위 원소들이 서로 '약간' 다른 반응을 보이는 이유는 질량에 차이가 있기 때문이다. 자연에서 어떤 원소가 관여하는 화학 반응이 일어나면, 그 원소의 가벼운 동위 원소가 무거운 동위 원소보다 약간 더 빨리 반응하여 반응 생성물에 그 동위 원소가 더 많이 포함된다. 예를 들면, 동위 원소 조성으로 보면 구름이 바닷물보다 더 가벼운데, 가벼운 산소 동위 원소가 조금 더 빨리 증발하여 구름을 생성하기 때문이다.

동위 원소 연구자들은 질량 차이라는 이 특성을 이용해 연구하는데, 기계로 특정 원소를 이루는 각 동위 원소의 상대적 양을 측정한다. 동위 원소들의 이 차이는 화학 반응이 일어날 때마다 그 결과에 반영돼 기록으로 남는다. 표본들 사이의 동위 원소 비율 차이는 그 표본이 겪었던 환경에 대한 정보를 제공하는데, 때로는 다른 방법으로는 알아내기 힘든 수십억 년 전의 환경도 알려준다.

동위 원소 연구가 매우 중요한 두 번째 이유는 동위 원소 연대

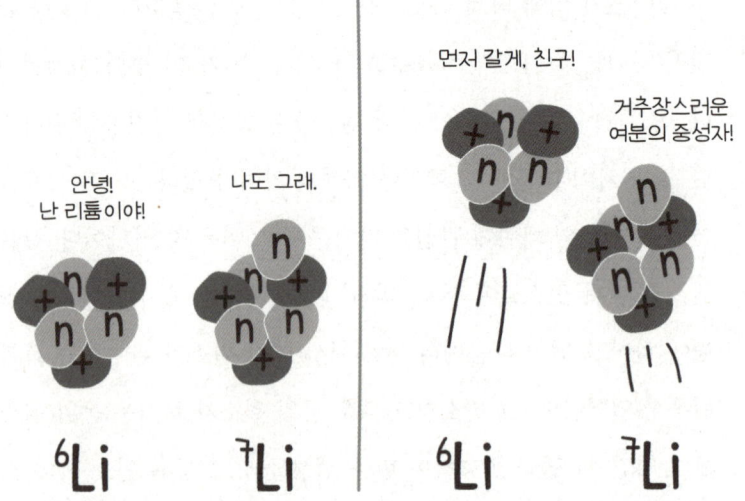

같은 원소의 동위 원소들 간 행동의 차이를 보여주는 그림. 가벼운 동위 원소는 무거운 동위 원소보다 더 빨리 반응하는 경향이 있다. 이것은 동위 원소가 여럿 있는 모든 원소에서 성립한다. 리튬을 예로 든 것은, 양성자가 3개인 리튬이 예컨대 양성자가 80개인 수은보다 그림으로 묘사하기가 훨씬 쉽기 때문이다.

측정법에 있는데, 연구자들은 일반적으로 이 방법을 사용해 표본의 나이를 결정한다. 나이테를 셈으로써 나무의 나이를 대략 짐작할 수 있다는 사실은 거의 모든 사람이 안다. 동위 원소 연대 측정법은 나이테를 세는 것보다 훨씬 복잡하지만, 그래도 결국은 마찬가지로 수를 일일이 세는 작업인데, 나이테 대신에 각 종류의 동위 원소를 일일이 센다. 동위 원소 연대 측정법은 오랜 시간에 걸쳐 변하는 방사성 동위 원소의 성질을 이용하는데, 그래서 이 방사성 붕괴 과정과 관련된 동위 원소들의 수를 일일이 센다. 그리고 이 정보를 이용해 달이 탄생한 시기나 어떤 운석이 지구에 떨어진 시기처럼 어떤 사건이 일어난 시기를 알아낸다.

특정 동위 원소의 원자핵은 중성화시키지 않은 테리어처럼 원래부터 너무 많은 에너지를 지니고 있다. 중성화시킨 테리어는 유순해진다. 불안정한 동위 원소는 방사성 붕괴를 통해 여분의 에너지를 잃으면서 다른 원소로 변한다. 고맙게도 이 과정은 그 결과로 생겨나는 원소와 반응 속도를 충분히 예측할 수 있는 방식으로 일어난다. 이것을 설명하기에 좋은 비유(비록 100% 정확한 것은 아니지만)는 프라이팬에서 팝콘을 튀기는 과정이다. 만약 뜨거운 프라이팬에 옥수수 알이 1000개 놓여 있다면, 그것들은 안정한 상태가 아니며, 결국은 모두 팍 하고 터질 것이다. 그중에서 특정 옥수수 알이 언제 터질지는 알 수 없지만, 우리는 수백 번의 경험을 통해 전체 옥수수 알 중 절반이 터지는 데에는 약 2분이 걸린다는 사실을 알고 있다. 이것이 '반감기' 개념이다. 튀겨진 팝콘을 하나라도 먹지 않도록 자제하면서 거기서 한 단계 더 나아가면, 어느 시점에, 예컨대 시작한 지 약 6분이 지났을 때, 터진 옥수수 알과 터지지 않은 옥수수 알을 일일이 셈으로써 옥수수 알들이 프라이팬에 얼마나 오랫동안 있었는지 계산할 수 있다. 이것이 동위 원소 연대 측정법의 기본 개념이

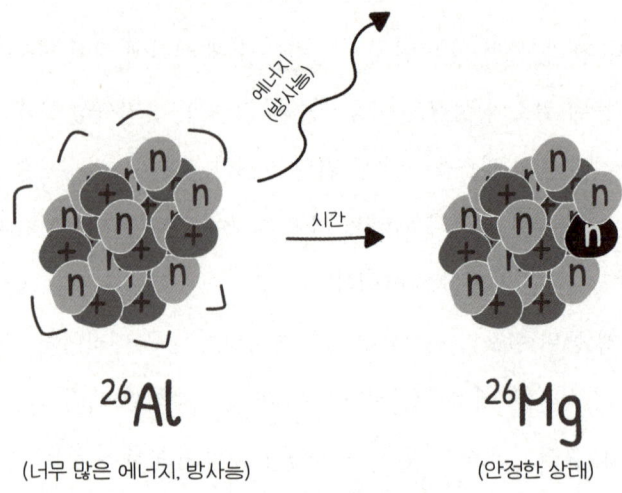

(너무 많은 에너지, 방사능)   (안정한 상태)

동위 원소 연대 측정법은 암석의 나이를 측정하는 산업에서 근간을 이루는 기술이다. 이 사례는 알루미늄의 한 방사성 동위 원소(양성자 13개, 중성자 13개를 가진 ^{26}Al)의 방사성 붕괴 과정을 보여준다. ^{26}Al은 방사성 붕괴가 일어나면, 여분의 에너지를 잃고 양성자 하나가 중성자(어두운 회색으로 나타낸)로 바뀌면서 훨씬 안정한 마그네슘의 한 동위 원소(양성자 12개, 중성자 14개를 가진 ^{26}Mg)로 변한다. 방사성 붕괴 속도는 알려져 있기 때문에, 시료 속에서 ^{26}Mg 동위 원소의 수를 셈으로써 그 암석이 얼마나 오래되었는지 알 수 있다.

다. 이 연구를 하는 사람들에게는 다행스럽게도 팝콘은 단 한 종류만 있는 게 아니다. 제각각 다른 속도로 터지는 여러 종류의 팝콘이 있어 연구자들은 여러 가지 방법으로 얻은 결과를 비교할 수 있다.

기록된 인류의 역사보다 더 오래된 것의 나이를 알고자 한다면, 동위 원소의 수를 세는 것이 아주 중요한데, 이 방법은 사실상 태양계의 전체 역사에 이르는 시간까지 사용할 수 있다. 만약 20세기 전반에 동위 원소 연대 측정법이 등장하지 않았더라면, 지구의 나이는 아직도 실제 나이보다 극히 적은 것으로 추정되고 있을지 모른다. 어떤 것의 나이를 아는 것은 얼핏 보면 사소한 일처럼 들릴 수 있지만, 익숙한 다른 과학 개념에 미치는 영향을 생각해보라. 첫째, 지질학에서는 제 정신을 가진 사람이라면 아프리카와 남아메리카처럼 지금은 약 7800km나 떨어져 있는 거대한 대륙들이 불과 수천 년 전에 서로 붙어 있었다는 개념을 아무도 믿으려 하지 않았을 것이다. 그랬다면 대륙들은 아주 빠른 속도로 이동해야 했을 것이다. 하지만 지구의 나이는 40억 년이 넘기 때문에, 해분海盆(해양분지)과 산맥 생성처럼 느리고 점진적으로 진행되는 과정들이 긴 시간에 걸쳐 일어날 수 있고, 따라서 판 구조론처럼 혁명적이고 매우 중요한 개념도 충분히 성립할 가능성이 있다. 마찬가지로 생물학에서도 우리가 비교적 나이가 어린 지구에서 계속 살아왔다면, 진화와 자연 선택 개념이 설 자리가 전혀 없었을 것이다. 다윈은 몇몇 핀치 집단을 자세히 연구해, 이들이 수백 년 내지 수천 년 동안 많은 세대가 지나면서 각자 자신의 환경에 맞춰 전문화된 부리가 발달했다고 지적했다. 아무리 열린 마음을 가진 사람이라고 하더라도, 만약 수억 년의 시간을 허용하지 않는다면, 우리가 화학적 에너지를 섭취하던 단세포 생물에서 물속에서 산소를 호흡하는 물고기로, 그리고 서서히 누텔라를 대량 생산하는 능력을 갖춘 호모 사피엔스로 진화했다는 사실을 절대로 믿으려 하지 않을 것이다.

동위 원소의 차이를 측정하는 장비

동위 원소에 관한 여담으로 놀라운 광학적 상과 원소 조성 외에 다른 것을 조사해야 할 이유는 충분히 알아보았으니, 이제 동위 원소를 어떻게 측정하는지 자세히 살펴보자. 여기에는 질량 분석계라는 장비를 사용한다. 질량 분석계는 종류가 많지만, 각각의 종류를 자세히 살펴보기 전에 질량 분석계가 무슨 일을 하고, 어떻게 그 일을 해내는지 일반적인 개념을 알아둘 필요가 있다. 이름이 암시하듯이 질량 분석계mass spectrometer는 '질량 스펙트럼mass spectrum'을 만들어내는데, 이것은 질량 분석계가 수행하는 분석 임무의 든든한 출발점이 된다.(질량 분석계는 기본적으로 동위 원소들의 수를 세어, 조사하는 시료에 각각의 동위 원소가 얼마나 들어 있는지 분석한다.) 그런데 어떤 과정을 거쳐 그런 일을 해낼 수 있을까? 여기에는 거대한 자석이 관여한다. 그 과정은 실로 경이롭다.

질량 분석법에서 알아야 할 가장 중요한 단어는 '이온'인데, 거의 모든 일이 이온을 기반으로 일어나기 때문이다. 이온은 양전하나 음전하를 띤 원자를 말하는데, 여기서 중요한 것은 원자가 전하를 띠면 전기장이나 자기장을 사용해 원자를 이리저리 옮길 수 있다는 사실이다. 질량 분석계는 그 종류에 따라 분석하는 시료에서 이온을 만드는 방법에 큰 차이가 있다. 하지만 모든 질량 분석계는 다음의 동일한 기본 원리를 바탕으로 작동한다. ① 질량 분석계가 이온을 만든다. ② 이온들을 모퉁이를 돌아가게 하는데, 이때 무거운 이온은 가벼운 이온보다 꺾이는 각도가 더 작다. ③ 질량 분석계가 무거운 이온과 가벼운 이온의 수를 센다. 모퉁이를 도는 개념은 이해하기 어렵지 않은데, 단순히 운동량 개념에 기반을 두고 있기 때문이다. 만약 세인트버나드와 치와와를 나란히 직선으로 달리게 한 뒤에 한쪽 옆으로 스테이크를 던지면, 작은 치와와가 훨씬 큰 세인트버나드보다 더 빨리 방향을 홱 바꿀 것이다. 그리고 나서 세인

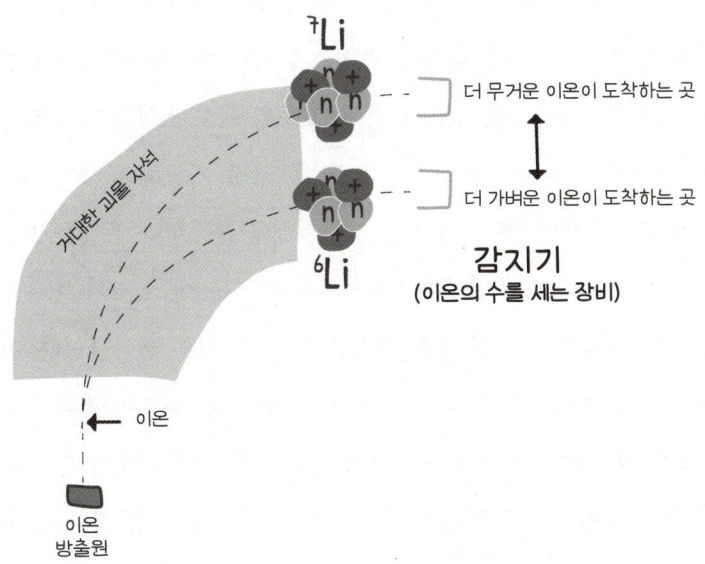

운동량을 이용한 질량 분석계의 작동 원리. 무거운 물체는 가벼운 물체보다 방향을 바꾸기가 더 어렵기 때문에, 이온들을 모퉁이를 돌아가게 하면, 질량에 따라 무거운 이온과 가벼운 이온이 분리된다. 오늘날의 질량 분석계는 그림에 나타낸 단 2개 대신에 8~12개 이상의 질량을 동시에 측정할 수 있다.

트버나드가 스테이크와 치와와를 모두 먹는다면, 이 비유는 더 이상 물리학에 적용할 수 없겠다.

동위 원소 분석은 우리를 계속 조성 분석을 우선시하는 길로 나아가게 하지만, 그렇다고 해서 시료의 광학적 상을 포기할 필요까진 없는데, 두 가지 능력을 겸비한 '2차 이온 질량 분석계secondary ion mass spectrometer, SIMS'라는 장비가 있기 때문이다. 시료에서 고품질의 시각 데이터와 훌륭한 동위 원소 데이터를 모두 얻길 원한다면, 2차 이온 질량 분석계가 답이다. 이것은 현미경과 질량 분석계를 합친 것이어서 현미경으로 흥미로운 특정 상을 포착하는 동시에 그 상을 표적으로 삼아 동위 원소 측정을 할 수 있다. 현미경으로 관찰하다가 뭔가 흥미로운 것을 발견해 그 동위 원소 조성을 알고 싶다면, 고에너지 이온('정말로' 작은 탄알 같은) 총을 가동해 표적에 이온들을 집중시켜 측정하고자 하는 시료 부분을 폭격한다. 폭격을 받은 물질은 전하를 띤 입자(그래서 '2차 이온')가 되는데, 이 2차 이온을 전체 장비 중에서 질량 분석계에 해당하는 부분이 빨아들인다. 이온들은 질량에 따라 분리되어 우리가 원하는 정보를 제공한다.

2차 이온 질량 분석계는 장점이 여러 가지 있다. 무엇보다도 동위 원소 데이터와 짝을 이룬 공간 정보를 얻을 수 있는 것이 큰 이점이다. 하지만 단점도 있는데, 시료 중 일부분을 떨어져 나오게 할 때 질량 분석계로 측정하고자 하는 것보다 훨씬 많은 원소가 이온화된다. 이 불청객 이온들은 전체적인 정밀도를 해칠 수 있다. 스키

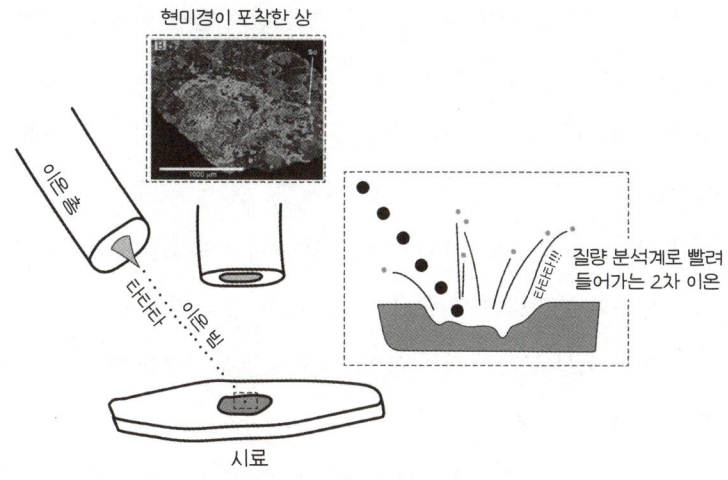

2차 이온 질량 분석계의 작동 방식. 먼저 현미경으로 관찰한 특징을 사용해 조준할 목표를 정한다. 그런 다음, 시료에서 아주 작은 부분을 떨어져 나오게 한 뒤 그것을 질량 분석계로 보낸다.

틀즈를 한 움큼 위로 던지고는 초록색 알을 입으로 받으려고 시도해보라. 애초에 무지개 색의 모든 맛을 보려고 하지 말고 초록색 알들만 가지고 시작하면 성공하기가 훨씬 쉬울 것이다.

이번에는 동위 원소 분석에서 가능한 최고의 정밀도를 얻는 방법을 살펴보자. 그러려면 시각적 상의 영역을 떠나 용액화학 영역으로 옮겨가야 한다. 불행하게도 이 분석을 하려면, 관심을 가진 시료를 분쇄해 산에 녹임으로써 물리적으로 파괴해야 한다. 따라서 시료를 현미경으로 본 모습을 원한다면, 그 단계를 먼저 시작하는 게 좋다. 만약 동위 원소 측정을 위해 어떤 원소를 표적으로 정한다면, 공중으로 너무 많은 스키틀즈를 던져 올린 상황처럼 함께 존재하는 다른 원소들이 방해가 된다. 따라서 측정하고자 하는 원소를 먼저 화학적으로 분리해야 하는데, 이것은 사실상 스키틀즈 봉지를 쏟아 초록색 알만 골라낸 뒤에 그것들을 공중으로 던지는 것과 같다. 즉, 측정에 방해가 될 수 있는 다른 원소들을 우리가 원하는 원소와 분리하기 위해 화학적 처리 과정을 거치는 것이다. 그러고 나서 조성 분석의 왕인 용액 기반 질량 분석계를 사용하는 단계로 넘어간다.

시료를 용액에 담그고 원하는 원소를 분리하기 위해 화학적 과정을 거치느라 몇 주일 또는 몇 개월을 보냈다면, 이제 용액 기반 질량 분석계로 옮겨갈 수 있다. 주요 종류는 열 이온화 질량 분석계와 플라스마 이온화 질량 분석계라는 두 가지가 있는데, 측정하려는 원소의 종류에 따라 각자 장단점이 있다. 두 기계의 유일한 실질적인 차이점은 이온화하는 방법에 있다. 열 이온화 질량 분석계에서는 시료를 필라멘트(백열전구의 필라멘트와 매우 비슷한) 위에 올려놓는다. 필라멘트에 에너지를 가하면, 달아오른 필라멘트에서 나오는 열이 시료를 이온화시킨다. 플라스마 이온화 질량 분석계는 아르곤 원소를 사용해 화염을 만드는데, 그러면 아주 좁은 지역이 태양 표면 온도의 약 두 배에 이를 정도로 가열되고, 용액 상태의 시료가 그 열을 흡수하면서 이온화된다. 이온화 방법으로 어떤 것을 사용하건, 용액 기반 질량 분석계는 아주 다양한 원소들에 대해 놀랍도록 정밀한 동위 원소 측정을 할 수 있어 광범위한 분야의 흥미로운 질문들에 답을 얻는 데 큰 도움을 주는 도구이다.

또 다른 여담: 운석에 포함된 유기 화합물 연구

더 단순한 형태로 분해할 수 없는 원소와 달리 유기 분자는 다양한 수의 탄소 원자들 주위에 수많은 방법으로 조립된 원소들의 집단이다. 그래서 유기 분자를 연구할 때에는 분자의 원래 구조를 유지하는 것이 무엇보다 중요하다. 암석 전체를 부글거리는 산에 집어넣어 녹이거나 완전히 이온화시켜서는 안 된다. 그렇게 했다간 연구하고자 하는 화합물 중 상당수가 파괴되고 말 것이기 때문이다. 하지만 다행히도 앞에서 소개한 많은 방법은 비록 약간의 변형이 필요하긴 하지만 운석의 유기 물질 연구에도 적용된다. 원소 분석과 마찬가지로 유기 물질 연구도 인 시투 기술과 벌크 기술로 나뉘며, 기본적인 장단점도 동일하게 적용된다. 시료 속에서 유기 물질이 위치한 장소에 대해 정말로 훌륭한 시각적 정보를 얻거나(인 시투 기술), 시료 속에 든 유기 물질의 종류와 양을 정확히 계량화할 수 있다(벌크 기술).

운석에 포함된 주요 유기 화합물은 크게 두 종류로 나눌 수 있다. 물과 알코올 같은 용매에 녹는 분자인 가용성 유기 물질과 강한 산으로 처리한 뒤에도 녹지 않는 불용성 유기 물질이 그것이다. 연구를 위해 불용성 물질을 분리하는 것은 그리 어렵지 않다. 그냥 운석을 분쇄해 산 용액에 노출시킨 뒤에도 녹지 않고 남은 걸쭉한 물질이 불용성 물질이다. 건초 더미에서 바늘을 찾기 위해 건초 더미를 태우는 것과 비슷한 방법이다. 덜 강인한 가용성 유기 물질을 얻으려면, 가루로 만든 운석 시료를 여러 차례 용매로 처리해 (파괴하지 않고) 분리하는 과정이 필요하다. 표적으로 삼은 유기 물질을 나머지 운석 물질에서 분리해 농축하는 데 성공하면 정말로 재미있는 일이 시작되는데, 그것은 바로 그 속에 어떤 분자들이 들어 있는지 알아내는 것이다.

시료 속에 포함된 유기 물질의 종류를 알아내는 방법은 여러 가지가 있지만, 가장 흔히 사용되는 방법은 우리의 친구인 질량 분석법이다. 유기 물질을 파악하기 위한 질량 분석법은 앞에서 설명한 원소를 파악하기 위한 방법과 동일한 원리를 따르지만(여전히 질량으로 물질들을 분리한다.), 모든 것을 구성 원자들로 분해하는 대신에 특정 화학 물질을 사용해 유기 물질에서 특정 종류의 결합만 끊는다. 그러고 나서 그 물질을 특수한 질량 분석계에 넣고 돌리는데, 이 질량 분석계는 결합이 끊어진 유기 물질 파편들의 질량을 측정할 뿐만 아니라, 잘린 파편들을 도로 조립하는 방법을 추정할 수 있게 해준다. 이렇게 분자들을 복원하는 작업이 가능한 것은 그 과정에서 어떤 결합들이 의도적으로 끊어졌는지 알기 때문이다.[*]

유기 물질의 종류를 알아내는 두 번째 방법은 핵자기 공명 nuclear

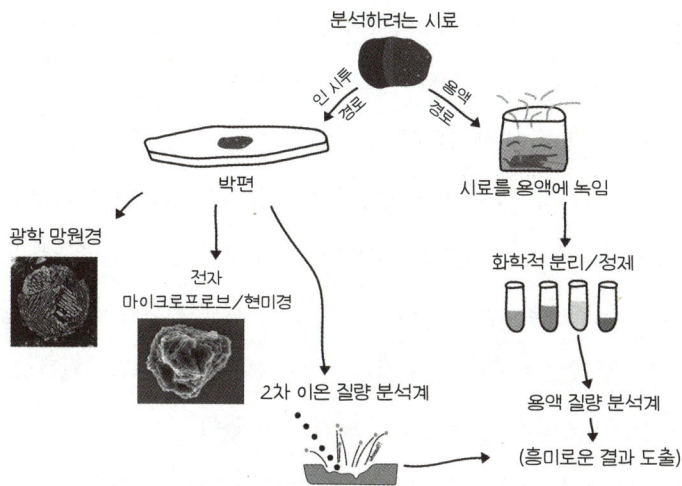

경이로운 암석 시료를 연구하기 위해 다양한 장비를 사용해 진행하는 과정.
기회와 시간이 허락한다면, 여러 경로를 택하는 것도 가능하다.

magnetic resonance, NMR이다. 이것은 의학 분야에서 핵자기를 사용해 영상을 촬영하는 것과 동일한 기술이지만 사람들은 '핵'이란 단어를 두려워하기 때문에, 의학계에서는 이 단어를 떼어내고 그냥 자기 공명 영상magnetic resonance imaging, MRI••이라 부른다. 이 기술은 양성자가 본래 가지고 있는 자기 스핀 성질을 이용하는데, 강한 자기장을

- • 이것은 개개 조각으로 자르기 전의 모습을 볼 수 없는 퍼즐과 같다. 하지만 자른 뒤에는 개개 퍼즐 조각들을 볼 수 있다. 그 조각들을 어떻게 맞추면 완성된 모습이 될지 짐작할 수 있는 것은 처음에 그것들을 어떻게 잘랐는지 알고 있기 때문이다.
- •• 농담으로 Marketing. Really. Important(마케팅이 정말로 중요하다.)의 약자라고 말하기도 한다.

가해 양성자의 자기 스핀을 자극한다. 자기장을 통해 시료에 에너지가 전달되면, 거기서 측정 가능한 신호가 방출되는데, 이것을 사용해 시료 속에 어떤 분자들이 들어 있는지 재구성할 수 있다.

앞에서 이야기했듯이 연구자들은 인 시투 기술과 벌크 기술을 모두 사용해 운석에서 지구의 생명에 필수적인 많은 화합물뿐만 아니라, 지구의 생물권에서 발견되지 않은 유기 분자 수백 가지를 확인하고 분리했다. 우리가 어떻게 만들어졌는지 알아내기 위한 기계를 만드는 과학자들. 이보다 더 멋진 일도 없다.

어떤 종류의 연구에 필요한 기술을 바탕으로 생각한다면, 운석은 매우 값비싼 연구 대상이 될 수 있다. 현대적인 장비는 특수한 실험실 공간과 오염을 방지하는 초청결 시설, 이 모든 것을 관리하는 기술 전문가들이 필요하므로 수십만 내지 수백만 달러를 투자해야 한다. 이러한 장비와 인프라를 갖추려면 전 세계의 국립 연구소와 대학교, 연구 기관의 대대적인 투자가 필요하다. 하지만 이러한 투자에는 막대한 수익이 따른다. 지난 약 225년 동안 운석과 그 밖의 지질학 표본을 연구하기 위해 발명되고 개선된 장비들은 우리가 지구와 태양계를 생각하는 방식에 혁명을 가져왔고, 그와 동시에 기술 발전과 공학적 성과를 낳아 수많은 산업과 연구 분야에 혜택을 가져다주었다. 그러는 한편으로 비판적 사고 능력을 가진 사람들과 문제 해결자들을 양성하는 데에도 기여했다.

분야에 상관없이 과학 발전은 창조적인 생각과 훌륭한 장비와 헌신적인 사람만으로 일어나는 것이 아니다. 거기에는 이 모든 것을 일어나게 하는 헌신적인 자금 지원도 필요하다. 과학 분야는 경이롭고 영감을 불러일으키고 흥미진진하고 발전에 기본적이며⋯⋯ 그 밖에 수백 가지 수식어를 갖다 붙여도 모자랄 정도로 훌륭하지만, 결코 공짜로 얻을 수 있는 것이 아니다. 위에서 언급한 장비들과 인프라에는 돈이 드는데, 그것은 물질도 마찬가지다. 그리고 과학자들은 일반적으로 자신이 하는 일을 사랑하지만, 그래도 일을 하려면 먹어야 한다. 그렇다면 운석 연구에 필요한 돈은 어디서 나올까?

전 세계 여기저기에 소규모 민간 연구 보조금과 지원금을 제공하는 곳들이 있지만, 운석 관련 연구에 가장 많은 지원금을 제공하는 곳은 유럽연구위원회와 일본의 JAXA, 그리고 무엇보다도 단일 기구로는 가장 큰 예산을 쓰는 NASA이다. 금액 측면에서 볼 때, NASA는 약 200억 달러의 예산 중에서 매년 약 1000만 달러(전체 예산 중 약 0.05%)를 운석 연구와 관련된 일에 쓴다. 이것은 단지 미국 내 여러 연구 집단에 배분하는 연구비만 책정된 금액이 아니다. 운석을 찾고 관리하는 일, 교수와 박사 후 연구원과 대학원생의 급여, 학회를 주최하거나 학회에 참석하는 연구자들에게 지원하는 경비, 표본 분석에 드는 비용, 표본 구입 비용, 연구 결과 발표 비용 등을 포함해 모든 것을 망라한 예산이다. 1년에 1000만 달러라면 꽤 큰 액수처럼 보일 수 있지만, 2009년에 나온 〈엑스맨 탄생: 울버린〉의 기원 이야기를 들려주는 데 약 1억 5000만 달러가 들었다는 사실을 생각해보라. 그리고 울버린은 마블 유니버스Marvel Universe에 등장하는 가공의 인물이다. 나는 '실제' 우주에서 우리의 기원 이야기와 태양계의 기원 이야기를 알아내는 일은 그 이상의 투자를 할 가치가 있다고 생각한다.

과학을 위한 계속적인 자금 지원과 첨단 장비가 없다면, 주변의 자연계를 이해하려는 우리의 노력은 크게 위축될 것이다. 그리고 전문화된 장비는 종종 굉장한 연구 결과를 내놓는 운석 연구에 사용되는 현대적인 도구와 방법 중 일부를 대표하지만, 매일 연구자들이 단순한 암석 현미경과 예리한 사람의 눈을 사용해 얻는 중요한 정보도 놀랍도록 많다. 어떤 분야에서건 진전을 이루려면, 다양한 재능과 생각을 가진 사람들이 많이 필요하다. 앞에서 소개한 최신 장비들은 최첨단 운석 연구 방법을 대표하지만, 이 분야에는 아직도 태양계와 우리의 기원에 관해 그 답을 얻지 못한 흥미로운 질문들이 많이 남아 있다.

감사의 말

감사를 드려야 할 일이 아주 많지만, 나는 만사를 시간적 순서대로 하길 좋아하기 때문에 우선 부모님부터 시작하기로 하자. 뭔가 특별한 것이 있어서가 아니라 단지 내가 부모님의 아들로 태어난 것 자체가 대단한 행운이기 때문에, 그리고 부모님은 단순히 훌륭한 사람들이고, 적어도 내 평생 동안은 늘 그랬기 때문이다. 부모님을 만난 사람 중에서 그렇지 않다고 생각한 사람은 아무도 없고(나는 그렇다고 절대적으로 확신한다.), 두 사람은 그저 이곳에 존재하는 것만으로 지구를 모두에게 더 나은 곳으로 만든다. 그다음으로는 사랑하는 아내 셀레스트에게 고마움을 전하고 싶다. 셀레스트는 분명히 멋진 만화 속 주인공 같은 이름을 가졌지만, 어른이 되어 살아가는 나의 삶 중 상당 부분은 말할 것도 없고, 이 책의 모든 단계에서 긍정적인 힘으로 작용했다. 아내는 늘 든든한 조언과 끊임없는 지원을 제공하고, 인생을 살아가는 과정에서 나를 행복하게 만든다. 당신은 정말로 대단한 사람이야!

다음으로는 잰 렌더, 퀸 숄렌버거, 팀 라일리와 앤 라일리에게 감사드린다. 어떻게 그럴 수 있는지 모르겠지만, 이들은 썩 좋지 못한 모든 장의 초고를 불평도 없이 읽고서 솔직하고 사려 깊은 비평을 해주어 이 책을 더 훌륭하게 만들었다. 일부 장들에 매우 유익한 비평을 해준 레베카 하인스, 에밀리 더넘, 세라 마자, 지타 마틴스, 코넬 알렉산더에게도 감사드린다.

또한, 이 책에 대한 아이디어를 초기에 지지해준 나탈리 스타키와 루이스 다트넬에게도 감사드린다. 게다가 루이스 다트넬은 나를 이언 보나파트에게 소개해주기까지 했는데, 에이전트계의 슈퍼스타인 이언은 안개처럼 모호했던 이 책의 출판 과정을 명료하고 즐겁고 가능한 것으로 만들어주었다. 담당 편집자 마우로 디프레타에게도 감사드린다. 그는 첫 번째 저서를 내겠다는 저자를 위험을 감수하면서 받아주고, 유익한 비평으로 책의 질을 크게 높여주었을 뿐만 아니라, 글을 쓰는 과정에서 나 자신의 역량을 마음껏 펼치도록 허용해주었다.

특정 질문이나 사진이나 그림 사용을 위해 접촉했던 많은 사람들의 친절에도 감사드린다. 그 덕분에 이 책의 질이 한층 높아졌으니 그 고마움은 이루 말로 표현할 수 없다.

그리고 인생을 살아가고 경력을 밟으면서 도움을 준 친구와 멘토에게 고마움을 표현할 기회가 드물기 때문에, 위에서 언급하지 않은 사람들 중 몇몇을 더 언급하고 싶다. 이들과 거명되지 않은 그 밖의 많은 사람들은 늘 내게 멋진 과학을 하고 훌륭한 사람이 되고 인생을 즐기도록 영감을 주었다. 알파벳순으로 나열한 그 사람들은 다음과 같다. 에이리얼 앤바, 브래드 디벨비스, 에릭 라몬, 제프 브레네카, 이언 허치언, 키스 모리슨, 라스 보그, 리바이 맥스웰, 미니 와드와, 패트릭 누넌, 피터 미저브, 라이언 스미스, 샌드라 피터스, 토머스 크루이저, 소스턴 클라인, 버지니아 배럿, 잭 곤시어. 세상에 당신들 같은 사람이 있어서 매우 고맙다.

마지막으로 과학에 깊은 관심을 가지고, 운석이 우리 세계를 어떻게 만들었는지 읽는 데 시간을 내준 독자 여러분에게 감사드린다. 내가 작지만 위대한 연구자들 세계의 일원이 된 것은 큰 행운이었고, 우리가 기여한 것 중 일부를 여러분과 함께 나누는 것은 정말로 황홀하다.

참고 문헌과 추천 자료

내 연구에 큰 도움을 준 중요한 자료들은 다음과 같다.

Bevan, A., and J. De Laeter. (2002). *Meteorites: A Journey Through Space and Time*. University of New South Wales Press, Sydney.

Burke, J. G. (1986). *Cosmic Debris: Meteorites in History*. Berkeley: University of California Press.

Golia, M. (2015). *Meteorite*. London: Reaktion Books.

McCall, G. J. H., A. J. Bowden, and R. J. Howarth (eds.). (2006). "The History of Meteoritics and Key Meteorite Collections: Fireballs, Falls and Finds." Geological Society, London, Special Publications, 256, 305~23.

Nield, T. (2011). *The Falling Sky: The Science and History of Meteorites and Why We Should Learn to Love Them*. Guilford, CT: Lyons Press.

Starkey, N. (2018). *Catching Stardust: Comets, Asteroids and the Birth of the Solar System*. Bloomsbury.

기본적으로 어슐러 마빈이 쓴 모든 논문들을 참고했으며, 위키피디아(https://www.wikipedia.org/)와 위키미디어 커먼즈(https://commons.wikimedia.org)에서 방대한 정보와 많은 사진들에 접근할 수 있었다. 운석학회의 운석 편람 데이터베이스 또한 큰 도움이 되었다(https://www.lpi.usra.edu/meteor/).

본문에 언급된 것과 위에 소개한 참고 문헌 외 더 자세한 세부 내용이 궁금하다면 다음을 참고하라.

프롤로그

Gudel, M. (2007). "The Sun in Time: Activity and Environment." *Living Reviews in Solar Physics* 4, 3.

플로리다 악어 사육에 관한 정보는 다음을 참고하라. http://myfwc.com/

1장

Alvarez, L.W., W. Alvarez, F. Asaro, and H. V. Michel. (1980). "Extraterrestrial Cause for the Cretaceous–Tertiary Extinction." *Science* 208 (4448): 1095~1108.

Flanders, S.E. (1962). "Did the Caterpillar Exterminate the Giant Reptile?" *Journal of Research on the Lepidoptera* 1, no. 1: 85~88.

Hildebrand, A. R., G. T. Penfield, et al. (1991). "Chicxulub Crater: A Possible Cretaceous/ Tertiary Boundary Impact Crater on the Yucatan Peninsula, Mexico." *Geology* 19, no. 9: 867~71.

Hull, P. M., et al. (2020). "On Impact and Volcanism across the Cretaceous-Paleogene Boundary." *Science* 367, 266~72.

Ivany, Linda C., William P. Patterson, and Kyger C. Lohmann. (2000). "Cooler Winters as a Possible Cause of Mass Extinctions at the Eocene/Oligocene Boundary." *Nature* 407: 887~90.

Levison, H. F., et al. (2009). "Contamination of the Asteroid Belt by Primordial Trans-Neptunian Objects." *Nature* 460: 364~66.

Walsh, K. J., A. Morbidelli, S. N. Raymond, D. P. O'Brien, and A. M. Mandell. (2011). "A Low Mass for Mars from Jupiter's Early Gas-Driven Migration." *Nature* 475: 206~9.

Wielicki, M., M. Harrison, and D. Stockli. (2014). "Popigai Impact and the Eocene/Oligocene Boundary Mass Extinction." Goldschmidt abs. #2704.

Zahnle, K., et al. (2007). "Emergence of a Habitable Planet." *Space Science Review* 129: 35~78.

Zahnle, K., et al. (2010). "Earth's Earliest Atmospheres." *Cold Spring Harbor Perspectives on Biology* 2: a004895.

2장

Xi Z-z. (1984). "The Cometary Atlas in the Silk Book of the Han Toeb at Mawangui." *Chinese Astronomy and Astrophysics* 8, 1~7.

3장

Barrows, T. T., et al. (2019). "The Age of Wolfe Creek Meteorite Crater(Kandimalal), Western Australia." *Meteoritics & Planetary Science* 54, 2686~97.

Bevan, A. W. R., and P. Bindon. (1996). "Australian Aborigines and Meteorites." *Records of the Western Australian Museum* 18, 93~101.

Bjorkman J. K. (1973). "Meteors and Meteorites in the Ancient Near East." Meteoritics 8, no. 2.

Buchner, E., et al. (2012). "Buddha from Space—An Ancient Object of Art Made of a Chinga Iron Meteorite Fragment." Meteoritics & Planetary Science 47, 1491~1501.

Comelli, D., et al. (2016). "The Meteoritic Origin of Tutankhamun's Iron Dagger Blade." Meteoritics & Planetary Science 51, no. 7: 1301~9.

D'Orazio, M. (2007). "Meteorite Records in the Ancient Greek and Latin Literature: Between History and Myth." Geological Society, London, Special Publications, 2007, vol. 273, pp. 215~25.

Gettens, R. J., R. S. Clarke Jr., and W. T. Chase. (1971). "Two Early Chinese Bronze Weapons with Meteoritic Iron Blades." Occasional Papers 4, 1e77, Freer Gallery of Art Washington, D.C.

Hamacher, D. W. (2014). "Comet and Meteorite Traditions of Aboriginal Australians." Encyclopaedia of the History of Science, Technology, and Medicine in Non-Western Cultures, 2014.

Hamacher, D. W., and R. P. Norris. (2009). "Australian Aboriginal Geomythology: Eyewitness Accounts of Cosmic Impacts?" Archaeoastronomy, 22, 60~93.

Hartmann, W. K. (2015). "Chelyabinsk, Zond IV, and a Possible First-Century Fireball of Historical Importance." Meteoritics & Planetary Science 50, 368~81.

Jambon, A. (2017). "Bronze Age Iron: Meteoritic or Not? A Chemical Strategy." Journal of Archaeological Science 88, 47~53.

Johnson, D., et al. (2013). "Analysis of a Prehistoric Egyptian Iron Bead with Implications for the Use and Perception of Meteorite Iron in Ancient Egypt." Meteoritics & Planetary Science 48, no. 6, 997~1006.

Kohman, T. P., and P. S. Goel. (1963). "Terrestrial Ages of Meteorites from Cosmogenic C14." In Radioactive Dating, International Atomic Energy Agency, Vienna, 395~411.

Marvin, U. (1992). "The Meteorite of Ensisheim: 1492 to 1992." Meteoritics 27, 28~72.

Marvin, U. (1996). "Ernst Florens Friedrich Chladni (1756–1827) and the Origins of Modern Meteorite Research." Meteoritics & Planetary Science 31, 545~88.

Photos, E. (1989). "The Question of Meteoritic Versus Smelted Nickel-Rich Iron: Archaeological Evidence and Experimental Results." World Archaeology 20, no. 3, Archaeometallurgy (February 1989), pp. 403~21.

Pillinger, C. T., and J. M. Pillinger. (1996). "The Wold Cottage Meteorite: Not Just Any Ordinary Chondrite." Meteoritics & Planetary Science 31, 589~605.

Remler, P. (2010). Egyptian Mythology A to Z. 3rd ed. New York: Chelsea House.

Thomsen, E. (1980). "New Light on the Origin of the Holy Black Stone of the Ka'ba." Meteoritics 15, 87~91.

Wainwright, G. A. (1932). "Iron in Egypt." Journal of Egyptian Archaeology 18, 3~15.

Yau, K., et al. (1994). "Meteorite Falls in China and Some Related Human Casualty Events." Meteoritics & Planetary Science 29, 864~71.

4장

Sears, D. W. (1975). "Sketches in the History of Meteoritics: The Birth of the Science." Meteoritics 10, 3, 215~25.

Sears, D. W., and H. Sears. (1977). "Sketches in the History of Meteoritics 2: The Early Chemical and Mineralogical Work." Meteoritics 12, 1, 27~46.

5장

Bland, P. A., et al. (1996). "The Flux of Meteorites to the Earth over the Last 50,000 Years." *Monthly Notices of the Royal Astronomical Society* 283, 551~65.

Chyba, C., and C. Sagan. (1992). "Endogenous Production, Exogenous Delivery and Impact-Shock Synthesis of Organic Molecules: An Inventory for the Origins of Life." *Nature* 355, 125~32.

Dodd, M. S., et al. (2017). "Evidence for Early Life in Earth's Oldest Hydrothermal Vent Precipitates." *Nature* 543, 60~65.

Elsila, J. E., et al. (2016). "Meteoritic Amino Acids: Diversity in Compositions Reflects Parent Body Histories." *ACS Central Science* 2016, 2, 6, 370~79.

Evatt, G. W., et al. (2020). "The Spatial Flux of Earth's Meteorite Falls Found via Antarctic Data." *Geology* 48, G46733.1.

Hashimoto, G. L., et al. (2007). "The Chemical Composition of the Early Terrestrial Atmosphere: Formation of a Reducing Atmosphere From CI-like Material." *Journal of Geophysical Research* 112, E05010.

Iglesias-Groth, S., et al. (2011). "Amino Acids in Comets and Meteorites: Stability under Gamma Radiation and Preservation of the Enantiomeric Excess." *Monthly Notices of the Royal Astronomical Society* 410, 1447~53.

Kitadai, N., and S. Maruyama. (2018). "Origins of Building Blocks of Life: A Review." *Geoscience Frontiers* 9, 1117~53.

Martins, Z. (2019). "Organic Molecules in Meteorites and Their Astrobiological Significance." In *Handbook of Astrobiology* (CRC Press, Boca Raton, 2019), 177~94.

Pizzarello, S., G. Cooper, and G. Flynn. (2006). "The Nature and Distribution of the Organic Material in Carbonaceous Chondrites and Interplanetary Dust Particles." In *Meteorites and the Early Solar System II*, edited by D. Lauretta, L. Leshin, and H. McSween Jr. (Tucson, University of Arizona Press), 625~51.

Pizzarello, S., and E. Shock. (2010). "The Organic Composition of Carbonaceous Meteorites: The Evolutionary Story Ahead of Biochemistry." *Cold Spring Harbor Perspectives in Biology* 2:a002105.

Prasad, M. S., et al. (2013). "Micrometeorite Flux on Earth during the Last ~50,000 Years." *Journal of Geophysical Research: Planets* 118, 2381~99.

Ritson, D. J., et al. (2020). "Supply of Phosphate to Early Earth by Photogeochemistry after Meteoritic Weathering." *Nature Geoscience* 13, 344~48.

Weiss, I. M., et al. (2018). "Thermal Decomposition of the Amino Acids Glycine, Cysteine, Aspartic Acid, Asparagine, Glutamic Acid, Glutamine, Arginine and Histidine." *BMC Biophysics* 11: 2.

6장

Borg, L. E., et al. (1996). "The Age of the Carbonates in Martian Meteorite ALH84001." *Science* 286, 90~94.

Brennecka, G. A., et al. (2014). "Insights into the Martian Mantle: The Age and Isotopics of the Meteorite Fall Tissint." *Meteoritics & Planetary Science* 49, 412~18.

Cassata, W. S., et al. (2012). "Trapped Ar Isotopes in Meteorite ALH84001 Indicate Mars Did Not Have a Thick Ancient Atmosphere." *Icarus* 221, 461~65.

Head, J. (2012). "Mars Climate History: A Geological Perspective." Lunar and Planetary Science Conference Abstract #2582.

McKay, D. S., et al. (1996). "Search for Past Life on Mars: Possible Relic Biogenic Activity in Martian Meteorite ALH84001." *Science* 273, 924~30.

McSween, H. Y., Jr. (1994). "What We Have Learned About Mars from SNC Meteorites." *Meteoritics* 29, 757~79.

Merino, N., et al. (2019). "Living at the Extremes: Extremophiles and the Limits of Life in a Planetary Context." *Frontiers in Microbiology*, 10, doi:10.3389/fmicb.2019.00780.

NASA. Mars Meteorite Compendium.

Rampelotto, P. H. (2013). "Extremophiles and Extreme Environments." *Life* 3, 482~85.

Schopf, J. W. (1999) "Life on Mars: Tempest in a Teapot? A First-Hand Account." *Proceedings of the American Philosophical Society* 143, 359~78.

7장

Drouard, A., et al. (2019). "The Meteorite Flux of the Past 2 M.Y. Recorded in the Atacama Desert." *Geology* 47, 673~76.

https://www.nationalgeographic.com/science/article/130215-meteorite-hunter-russian-moon-interstellar-rocks-space-meteor-asteroid.

8장

Unsalan, O., et al. (2020). "Earliest Evidence of a Death and Injury by a Meteorite." *Meteoritics & Planetary Science*, 1~9.

Yau, K., et al. (1994). "Meteorite Falls in China and Some Related Human Casualty Events." *Meteoritics & Planetary Science* 29, 864~71.

9장

Bland, P. A., et al. (2009). "An Anomalous Basaltic Meteorite from the Innermost Main Belt." *Science* 325, 1525~27.

Bryson, J. F. J. et al. (2020). "Constraints on the Distances and Timescales of Solid Migration in the Early Solar System from Meteorite Magnetism." *Astrophysical*

Journal 896, 103.

Cameron, A. G. W., and J. W. Truran. (1977). "The Supernova Trigger for Formation of the Solar System." *Icarus* 30, 447~61.

Ceplecha, Z. (1961). "Multiple Fall of Pribram Meteorites Photographed. Double-Station Photographs of the Fireball and Their Relations to the Found Meteorite." *Bulletin of the Astronomical Institute of Czechoslovakia* 12, 21~47.

Gemelli, M., et al. (2014). "Chemical Analysis of Iron Meteorites Using a Hand-Held X-Ray Fluorescence Spectrometer." *Geostandards and Geoanalytical Research* 39, 55~69.

Glavin, D. P., et al. (2018). "The Origin and Evolution of Organic Matter in Carbonaceous Chondrites and Links to Their Parent Bodies." In *Primitive Meteorites and Asteroids*, ed. N. Abreu (Amsterdam: Elsevier), 205~71.

Render, J. H., and G. A. Brennecka. (2021). "Isotopic Signatures as Tools to Reconstruct the Primordial Architecture of the Solar System." *Earth and Planetary Science Letters* 555, 116705.

부록 1

Uluozlu, O. D., et al. (2009). "Assessment of Trace Element Contents of Chicken Products from Turkey." *Journal of Hazardous Materials* 163, 982~87.

부록 2

Howard, E. (1802). "Experiments and Observations on Certain Stony and Metalline Substances, Which at Different Times Are Said to Have Fallen on the Earth; Also on Various Kinds of Native Iron."

도판 출처

다음을 제외한 삽화와 사진은 저자가 직접 제공한 것이다.

49쪽(위): Steve Jurvetson from Menlo Park, USA, CC BY 2.0
55쪽: Lawrence Berkeley Laboratory
68쪽: Luc Viatour
71쪽: National Portrait Gallery
75쪽: Andrew Harnik/AP
77쪽: NASA, ESA, J. Hester and A. Loll (Arizona State University)
81쪽: Public domain
82쪽: Giotto Di Bondone, public domain
98쪽(위): Mark Fischer, CC BY-SA 2.0
98쪽(아래): ⓒ Griffith Institute, University of Oxford
107쪽: Stipich Bela, CC BY-SA 3.0
110쪽: Freer Gallery of Art, Smithsonian Institution, Washington, D.C.: Purchase—Charles Lang Freer Endowment, F1934.10 and F1934.11a-c.
116쪽(위): Dainis Dravins—Lund Observatory, Sweden
116쪽(아래): By Boxer Milner, a Djaru Elder from Billiluna, WA. [https://web.sas.upenn.edu/psanday/exhibition/painting-gallery/]
119쪽: "Persia by a Persian: being personal experiences, manners, customs, habits, religious and social life in Persia." Author: Isaac Adams. Published by: E. Stock, 1906.
123쪽(위): Zee Prime, CC BY-SA 2.5
123쪽(아래): Classical Numismatic Group, Inc.
131쪽: Bartolome Esteban Murillo
132쪽: Photo courtesy of Dr. Elmar Buchner
134쪽(위): Adli Wahid, CC BY-SA 4.0
134쪽(아래): saudipics, CC BY-SA 4.0
144쪽: Ludovisi Collection, Museo Nazionale Romano
149쪽: Sir Godfrey Kneller (1689)
153쪽(위): "Diebold Schilling-Chronik 1513," Eigentum Korporation Luzern
153쪽(아래): Daderot, CC0
158쪽(위): Public domain
158쪽(아래): Eunostos, CC BY-SA 4.0
161쪽: Public domain

167쪽: John Russell, 1745~1806
169쪽(왼쪽): Mike Thornton, March 2003
169쪽(오른쪽): Chemical Engineer, CC BY-SA 3.0
171쪽: King, Edward, 1735?~1807
179쪽(왼쪽): Public domain
179쪽(오른쪽): Adolf Vollmy
221쪽: Public domain
222쪽: Henrique Alvim Corrêa
230쪽: NASA
234쪽(위): NASA
234쪽(아래): J. William Schopf, "Life on Mars: Tempest in a Teapot? A First-Hand Account," Proceedings of the American Philosophical Society, Volume 143, Number 3, pg. 373 (1999)
238쪽(위): Palauenc05, CC BY-SA 4.0
238쪽(아래): Provided by Ian Hunter
241쪽: NASA
261쪽: Public domain
279쪽(두 사진): Antarctic Search for Meteorites Program, Case Western Reserve University/Emilie Dunham
283쪽: American Museum of Natural History
294쪽: University of Alabama Museums, Tuscaloosa, Alabama
298쪽: Vokrug Sveta, 1931
302쪽: Alex Alishevskikh, CC BY-SA 2.0
303쪽: Pospel A, CC BY-SA 3.0
314쪽: European Fireball Network, CC BY-SA 3.0
369쪽: Vahe Martirosyan, CC BY-SA 2.0
379쪽(오른쪽): Courtesy Emilie Dunham, sample collected by ANSMET
384쪽(왼쪽): Photo courtesy of Philipp Heck
384쪽(오른쪽): Image provided courtesy of Thomas Zega

저 별은 어떻게 내가 되었을까

초판 1쇄 발행 2024년 12월 16일

지은이 그레그 브레네카
옮긴이 이충호

발행인 이봉주 단행본사업본부장 신동해
편집장 김경림 기획편집 이민경 외주편집 라헌
디자인 최희종 마케팅 최혜진 이인국 홍보 반여진 허지호 송임선
국제업무 김은정 김지민 제작 정석훈

브랜드 웅진지식하우스
주소 경기도 파주시 회동길 20
문의전화 031-956-7430(편집) 031-956-7089(마케팅)
홈페이지 www.wjbooks.co.kr
인스타그램 www.instagram.com/woongjin_readers
페이스북 www.facebook.com/woongjinreaders
블로그 blog.naver.com/wj_booking

발행처 ㈜웅진씽크빅
출판신고 1980년 3월 29일 제406-2007-000046호

한국어판 출판권 © ㈜웅진씽크빅, 2024
ISBN 978-89-01-29067-6 (03440)

- 웅진지식하우스는 ㈜웅진씽크빅 단행본사업본부의 브랜드입니다.
- 이 책은 저작권법에 의해 한국 내에서 보호를 받는 저작물이므로 무단 전재와 무단 복제를 금합니다.
- 책 내용의 전부 또는 일부를 이용하려면 반드시 저작권자와 ㈜웅진씽크빅의 서면 동의를 받아야 합니다.
- 책값은 뒷표지에 있습니다.
- 잘못된 책은 구입하신 곳에서 바꾸어 드립니다.